W0268989

*Unseren Töchtern Jessica und Vanessa,
Johanna und Sophie gewidmet*

Willy Bierter
Uta von Winterfeld (Hrsg.)

Zukunft der Arbeit –
welcher Arbeit?

Springer Basel AG

Die Deutsche Bibliothek — CIP-Einheitsaufnahme

Zukunft der Arbeit – welcher Arbeit? / Willy Bierter ; Uta von Winterfeld (Hrsg.). –
Berlin ; Basel ; Boston : Birkhäuser, 1998
  (Wuppertal Texte)

© Springer Basel AG 1998
Ursprünglich erschienen bei Birkhäuser Verlag 1998
Wuppertal Institut, Döppersberg 19, D-42103 Wuppertal
Redaktion: Beate Schöne
Satz und Gestaltung: Dorothea Frinker, Wuppertal Institut
Umschlaggestaltung: Matlik & Schelenz, Essenheim
Gedruckt auf säurefreiem Papier, hergestellt aus chlorfrei gebleichtem Zellstoff. ∞

ISBN 978-3-7643-5931-7   ISBN 978-3-0348-6335-3 (eBook)
DOI 10.1007/978-3-0348-6335-3

9 8 7 6 5 4 3 2 1

Inhalt

Einleitung
Arbeit und Ökologie – Ansätze zu vertrauensbildenden Maßnahmen zwischen zwei schwierigen Partnerinnen

> Wir machen ja alles kaputt – die ganze Natur. Das ist die übliche Stimme. In der Tat – entreißen wir ihr zuviel? Wird sie uns zur Müllhalde? *Zerstören* wir nicht mehr als wir *aufbauen*? Ist unsere Arbeit wirklich produktiv und nicht viel mehr destruktiv? Müssen wir gegen *die Arbeit* kritisch werden?
>
> Eine andere Stimme: Eure Sorgen möcht ich haben. Ich bin arbeitslos; und das nimmt immer noch zu. »Strukturelle Arbeitslosigkeit« heißt es bereits. Inzwischen würde ich gern auf einer Deponie arbeiten. Da sollen die Schmiergelder ja nur so fließen. Wenn jetzt gar nichts aufkommt, geh ich als Söldner nach Mittelamerika.
>
> Eine ziemlich helle Stimme: Ich muß sagen, ich arbeite zwölf bis vierzehn Stunden am Tag, und es macht mir immer noch Spaß. Und die Crew ist super! Das ist das erste Mal, daß ich wirklich merke, man braucht mich, und ich kann was.
>
> Das alles gehört zum Thema *Arbeit* ...
>
> Lars Clausen[1]

Zwei große gesellschaftliche Problembereiche brennen uns auf den Nägeln: Arbeit und Ökologie. Beängstigend die Arbeitslosigkeit von Millionen von Menschen; ebenso beängstigend die fortschreitende Zerrüttung der Ökosphäre. Bislang wurde beides – ›Arbeit‹ und ›Ökologie‹ – getrennt wahrgenommen und behandelt, in der Politik, in der Wirtschaft und auch in unseren eigenen Köpfen. Ziemlich erfolglos, wie wir meinen.

Die Debatte über die Zukunft der Arbeit und jene über das Schicksal unserer Erde werden seit Beginn der siebziger Jahre mit wachsender Intensität geführt. Doch beide Debatten fanden weitgehend in völlig getrennten Sphären statt. In den Zirkeln, in denen über die ›Zukunft der Arbeit‹ gestritten wurde, war Ökologie weitgehend ein Fremdwort, und umgekehrt. Wurde das Thema Arbeit und ihre möglichen Zukünfte in Verbindung mit der ökologischen Problematik gebracht, so stand im Mittelpunkt der Debatte lediglich die Frage, ob eine ökologische Wende zu weniger oder zu mehr Arbeit führen werde – und mit Arbeit waren immer Arbeitsplätze gemeint.

Auch da, wo versucht wurde und wird, Arbeit und Ökologie allmählich zusammen ins Bild zu bringen, bleiben die mit diesen beiden Begriffen bezeichneten Bereiche nach wie vor seltsam getrennt. Abfälle, verschmutzte Gewässer, dreckige Luft, verschandelte Landschaften, vom Aussterben bedrohte Tier- und Pflanzenarten usw. werden selten zum Anlaß genommen, die Arbeit selbst etwas genauer unter die Lupe zu nehmen und darüber nachzudenken, inwiefern und inwieweit wir den Begriff von Arbeit, und wie wir ihn gedanklich verwenden und propagieren, nur einseitig wahrnehmen. Denn wie so viele Dinge im Leben hat auch die Arbeit mindestens zwei Seiten: Arbeit ist produktiv und schöpferisch, sie ist aber immer auch destruktiv und zerstörerisch.[2] Meistens wollen wir nur die Sonnenseite der Arbeit sehen, ihren produktiven, schöpferischen und werteschaffenden Charakter. Daß Arbeit als menschliche Tätigkeit immer auch Natur-, Kultur-, Mitmenschen- und Selbstzerstörung[3] einschließt, lassen wir lieber im Dunkeln.

Doch mit jeder Arbeit wird eben nicht nur der ›Fortschritt‹, sondern immer auch ›Abfall‹ hervorgebracht. Die unübersehbar sich türmenden Abfallberge, die die Wege unserer Bemühungen um Leistung, Erfolg, Reichtum und Fortschritt säumen, symbolisieren die Fragwürdigkeit unseres durch Arbeit und ihre rational-effiziente Organisation erwirkten Wohlstandes. Wir in den nordwestlichen Industrieländern übersehen geflissentlich, daß wir einen beträchtlichen Teil unserer – vor allem schmutzigen – Arbeit in die Länder der ›Dritten Welt‹ verschoben und dort fremden Kulturen aufgepropft haben, daß die hier Arbeitenden sich nur deshalb von der

Arbeit zu ›verabschieden‹ oder sie zu ›bagatellisieren‹ beginnen, weil sie anderswo von anderen geleistet wird. Vermutlich verschieben wir einen nicht unerheblichen Teil der Arbeit, die hier und jetzt zu leisten wäre, auf die nachfolgenden Generationen. Mit Sicherheit wälzen wir enorme Kosten menschlicher Ordnungsproduktion[4] auf die Natur bzw. die Umwelt ab – Natur- und Umweltzerstörung als Zusammenbruch unter der Arbeit an den Folgen der menschlichen Arbeit. Doch wir versuchen dem Skandal, den Abfälle für unseren Fleiß, für unsere Betriebsamkeit und unseren Hang zur ›sauberen‹ Funktionalität darstellen, dadurch zu entgehen, daß wir die Abfälle auf die Form von bloß materiellem Müll und die Abfallproblematik auf ein rein technisches Problem reduzieren. Dessen ungeachtet heißt auf Abfälle verweisen eben immer auch auf uns verweisen, auf unsere Arbeit und ihre Organisation, heißt anerkennen, daß ausnahmslos alle, die den ›Fahrstuhleffekt‹ westlicher Wohlstandssteigerung genießen, an der Ausbeutung beflissentlich ausgeblendeter Dritter parasitieren. Deswegen ist die fast durchgehend gepflegte Blindheit gegenüber der Abfälle erzeugenden Qualität der Arbeit so irritierend – ein kurzer Blick in die jüngere Vergangenheit der Debatte zum Thema Arbeit und ihre Zukunft bestätigt dies.

Begonnen wurde diese Debatte in den siebziger Jahren, als die Ära von Massenproduktion und Massenkonsum in die Krise geriet. Die damalige Ölkrise hatte dabei nur verstärkende und keine auslösende Wirkung – allerdings legte sie die Verletzlichkeit der fossilen Grundlage, auf der das Industriesystem aufruht, unmißverständlich bloß, auch wenn diese Tatsache ziemlich schnell und erfolgreich kollektiv verdrängt wurde. Mit der Rezession von 1975 ging das ›Goldene Vierteljahrhundert‹ von 1950 bis 1975 – die vielleicht letzte glorreiche Manifestation des Industriesystems – zu Ende.[5] Nach dem Erwachen aus dem ›kurzen Traum immerwährender Prosperität‹ machte sich Katerstimmung breit. Produktionsrückgänge und Überkapazitäten in einer wachsenden Zahl industrieller Branchen, die durch den Einzug der Elektronik ausgelöste Rationalisierungs- und Automatisierungswelle, vielfach stagnierende oder gar abnehmende Investitionsraten und der Vorrang von Rationalisierungs- vor Ersatz- und Erweiterungsinvestitionen führten zu Kurzarbeit und Massenentlassungen. Der einstige Überfluß an Arbeitsplätzen hatte sich in kurzer Zeit in einen Mangel verwandelt. Statt Vollbeschäftigung gab es plötzlich Arbeitslosigkeit – und sie verharrte auf einem für damalige Verhältnisse anhaltend hohen Niveau in der Größenordnung von 2 bis 3 Prozent. Als in der kurz darauffolgenden nächsten großen Rezession – im Zuge der zweiten Ölkrise von 1979 – die Sockelarbeitslosigkeit auf 5 bis 6 Prozent anstieg, da machten die Schlagzeilen vom Ende der Arbeitsgesellschaft die Runde.

Die offizielle Rezeptur zur Behebung des Mangels an Arbeitsplätzen hieß selbstverständlich nach wie vor Wachstum. Doch die keynesianische Medizin zur Ankurbelung der Wirtschaft in der Form von staatlichem ›deficit spending‹ war nur mehr begrenzt einsetzbar und in ihrer Wirksamkeit zweifelhaft geworden. Begrenzt einsetzbar deshalb, weil angesichts stark gestiegener staatlicher Ausgaben für Arbeitslosigkeit, Kurzarbeit usw. einerseits und geringerer Steuereinnahmen aufgrund verringerter Besteuerungsmöglichkeiten der Unternehmen sowie stagnierender bzw. teilweise sogar sinkender Realeinkommen der privaten Haushalte andererseits, die finanziellen Handlungsspielräume der öffentlichen Hand – vorsichtig ausgedrückt – eng geworden waren. Diese konnten allenfalls durch staatliche Kreditaufnahme, d. h. durch Erhöhung der Staatsverschuldung, erweitert werden. In seiner Wirksamkeit war staatliches ›deficit spending‹ deshalb zweifelhaft geworden, weil die vom Staat für die private Wirtschaft erbrachten höheren Vorleistungen – in der Absicht, vermehrt Inlandsinvestitionen seitens der Unternehmen zu stimulieren und so Arbeitsplätze zu schaffen – in der Regel für Rationalisierungsinvestitionen oder für die Durchführung kostspieliger Technologieprojekte genutzt wurden. Zweifelhaft war die Wirksamkeit aber auch aus Gründen der Marktsättigung auf vielen Gütermärkten. Vor allem bei dauerhaften Gütern wie Autos, Haushaltsgeräten und Wohnungen lebte die Industrie zunehmend vom Ersatzbedarf. Ein Hinausschieben der Sättigungsgrenzen war allenfalls noch durch eine künstliche Verringerung der Produktlebensdauer möglich. Jedenfalls zeigte sich bald einmal, daß die Arbeitslosigkeit mit herkömmlichen und massiven Konjunkturförderungsmaßnahmen nicht mehr auf ein erträgliches Maß reduziert werden konnte.

Einzelne weltweit tätige Großunternehmen verzeichneten hingegen vielfach zunehmende Investitionen, Produktionskapazitäten, Beschäftigtenzahlen, Umsätze und Erträge. Sie hatten begonnen, ihre Produktion neu zu organisieren, und zwar weltweit an verschiedenen Standorten. Insbesondere eine Reihe von Ländern der Dritten Welt wurde zunehmend zu Standorten verarbeitender Industrie, deren Produktion auf dem Weltmarkt wettbewerbsfähig geworden war. Dies alles waren Indizien dafür, daß die wirtschaftlichen Spielregeln sich zu ändern begannen. Eine neue internationale Arbeitsteilung war im Entstehen begriffen. Sichtbares Zeichen dafür war die zunehmende weltwirtschaftliche Verflechtung, unter anderem daran ablesbar, daß der Welthandel schneller wuchs als die industrielle Weltproduktion sowie an der wachsenden Zahl von Produktionsverlagerungen in die Länder der Dritten Welt, aber auch innerhalb der traditionellen Industrieländer.

Diese Situation bildete den Hintergrund und den Auslöser für die aufkommende Debatte um die Zukunft der Arbeit. Geprägt war sie von wachsenden ökologischen und wirtschaftspolitischen Bedenken gegen einen erzwungenen Wachstumskurs, angeregt vor allem durch den Bericht »Grenzen des Wachstums« des Club of Rome.[6] Welches waren die beherrschenden Themen dieser aufkommenden Debatte um die Zukunft der Arbeit? Welche Vorschläge wurden gemacht? Und um welche Arbeit ging es dabei?

Da gab es einmal – ganz im Geiste und im Glauben an keynesianische Globalsteuerung der wirtschaftlichen Nachfrage – Vorschläge zur Stimulierung einer arbeitsplatzfördernden Nachfrage. Vorgeschlagen wurden hauptsächlich Investitionen der öffentlichen Hand im Bildungs-, Gesundheits- und Sozialwesen, im Wohnungs-, Städte-, Landschaftsbau und Verkehrswesen sowie für den Ausbau regional unterentwickelter Infrastrukturen. Arbeitsplätze sollten also vorrangig durch Vermehrung und Verbesserung von öffentlichen Gütern und Dienstleistungen geschaffen werden. Eine Stimulierung des privaten Konsums um der Arbeitsplätze willen wurde im allgemeinen eher skeptisch und als wenig sinnvoll erachtet.

Einen breiten Raum nahm das Thema Arbeitszeitverkürzung ein. Von ihr erhoffte man sich eine deutliche Verbesserung der Beschäftigungslage. Sollte die Anwendung keynesianischer Instrumente keine Vollbeschäftigung bewirken – diese Vermutung sollte sich alsbald als richtig herausstellen –, so müsse sowohl durch systematische Arbeitszeitverkürzung als auch durch Umverteilung des verfügbaren Arbeitsvolumens dafür gesorgt werden, daß alle Arbeitswilligen eine Beschäftigungsmöglichkeit erhielten. Vor allem zwei Argumente wurden für die Begründung und Untermauerung dieser Forderung vorgebracht: Erstens ein Gerechtigkeitsargument: Im Sinne eines Rechtes auf Arbeit – allerdings nicht verstanden als vermeintliches Recht auf einen vollen Arbeitsplatz – sei die andauernde und vollständige Arbeitslosigkeit einer Minderheit sowie die Bedrohung einer wachsenden Zahl von Menschen mit Arbeitsplatzverlust ein vermeidbares, schweres Unrecht, und deshalb müsse das Arbeitsvolumen gerechter auf alle Arbeitswilligen verteilt werden. Zweitens ein sozialpolitisches Argument: anhaltend hohe Arbeitslosigkeit bedeute ein Anwachsen sozialer Spannungen, die ihrerseits weitere Kosten für den Staat zur Folge haben würden. Diese ›Arbeitslosen-Kosten-Spirale‹ könne den Staat eines Tages an den Rand seiner Leistungsfähigkeit bringen.

Die Palette an Vorschlägen zur Verkürzung der Arbeitszeit war reichhaltig. Daß einzelne Vorschläge teilweise recht unterschiedliche Effekte auf den Arbeitsplatzkuchen haben, entging so manchem Diskutanten in der Hitze der Redeschlachten. Insbesondere die Plädoyers für eine generelle Verkürzung der Gesamtarbeitszeit – der Lebensarbeitszeit – übersahen oft, daß dadurch kaum neue Arbeitsplätze geschaffen, geschweige denn die Arbeitslosigkeit beseitigt oder gar Vollbeschäftigung wiederhergestellt werden konnten. Weil die Verkürzung der Lebensarbeitszeit die Nachfrage nach Arbeitsplätzen verringert, droht vielmehr, daß Menschen – vor allem jüngere und ältere – vom Erwerbsleben ferngehalten oder ausgeschlossen werden. Hingegen vergrößert die Verringerung der Jahres-, Wochen- und Tagesarbeitszeit das Angebot an Arbeitsplätzen und bezieht somit Menschen in das Erwerbsleben ein. Dasselbe gilt für praktisch alle Formen flexibler Teilzeitarbeit. Beschäftigungspolitisch gehörten – so der Grundtenor vieler Argumentationen – solche Arbeitszeitverkürzungen fraglos zu den wirksamsten Maßnahmen, um kurz- und mittelfristig das Ausmaß der Arbeitslosigkeit erheblich zu verringern; selbst hohe, aber nicht erreichbare und aus ökologischen Gründen auch nicht wünschenswerte Wachstumsraten hätten keinen so starken Arbeitsmarkteffekt – inzwischen haben wir jobloses Wachstum bei einer auf 12 Prozent angestiegenen Sockelarbeitslosigkeit.

Die Debatte um das Thema Arbeitszeitverkürzung drehte sich aber keineswegs bloß um kürzere Arbeitszeiten und um Arbeitsplätze. Es ging darüber hinaus vor allem um Lebenszeit und um jene Arbeit, für die kein Lohn bezahlt wird und die zum großen Teil von Frauen geleistet wird, um Frauen- und Männerarbeit, und darum, wie eine bessere Balance zwischen bezahlter und unbezahlter Arbeit aussehen könnte. Arbeitszeit beinhaltet eben mehr als nur die von einer Person erwerbswirtschaftlich eingesetzte Lebenszeit. Von Arbeitszeit muß eigentlich immer dann gesprochen werden, wenn Zeit mit Arbeit verbracht und ausgefüllt wird. Dementsprechend beginnt jenseits von Erwerbsarbeit keineswegs das Reich der Freizeit und der Freiheit, sondern zunächst und vor allem das Reich der unbezahlten Arbeit in der Form von Hausarbeit, Selbsthilfe, Nachbarschaftshilfe, ehrenamtlichen Engagements in Vereinen usw. Neben der Sphäre der Erwerbsarbeit mit ihren spezifischen Zeitstrukturen wurde die Sphäre der unbezahlten Arbeit – wofür u. a. der Begriff der Eigenarbeit geprägt wurde – mit ihren vielfältigen zeitlichen Regimes wiederentdeckt, die unterschlagene oder verdrängte andere Hälfte des Wirtschaftens und mehr noch des Lebens aus dem Schatten ans Licht gebracht. Beides, Erwerbsarbeit und Eigenarbeit, gehören zum Lebensganzen. Um das Verhältnis dieser beiden Sphären in ein besser balanciertes Verhältnis zu bringen und sie vor allem wechselseitig durchlässiger zu machen, so daß Männer und Frauen, Berufstätige und Arbeitslose die Chance und die Pflicht haben, in beiden Sphären tätig zu sein, seien flexible und vielfältige Arbeitszeitregelungen, die individuell mehr oder weniger wählbar und kombinierbar sein müßten, eine wichtige Voraussetzung.

Um die industrielle Welt wieder sozial- und umweltverträglicher zu gestalten, plädierten einige kritische ZeitgenossInnen dafür, vor allem den hohen Stellenwert der Erwerbsarbeit zu relativieren und dafür Zeitwohlstand und Zeitsouveränität höher zu bewerten. Im Sinne der Utopie »weniger arbeiten, besser leben« solle einmal Erwerbsarbeitszeit freigegeben werden, damit mehr Zeit für Eigenarbeit und für Muße bleibe. Zum anderen sollen im Sinne von

»weniger kaufen, mehr selbermachen« weniger industrielle Güter und Dienste hergestellt und gekauft werden, und an ihre Stelle mehr Selbsthilfe und Eigenproduktion treten. Hinter dieser Utopie steckte die – oft unausgesprochene – Auffassung, die Welt der Erwerbsarbeit bedeute ausschließlich Fremdbestimmung und Knechtschaft, während Eigenarbeit weitgehend durch Selbstbestimmung und Freiheit geprägt sei. Erst die Frauen mußten die – mehrheitlich – so argumentierenden Männer daran erinnern, daß Eigenarbeit keineswegs das Reich der Freiheit darstelle und nicht wenig an schweißtreibender Schufterei und nervenaufreibenden Tätigkeiten beinhalte, selbst wenn einiges davon an technische Haushaltsgeräte abgetreten werden könne. Dies mag ein Grund sein, weshalb solche etwas naiv-romantischen Vorstellungen kaum ein Echo in der breiten Bevölkerung fanden. Zudem war vielen Leuten bald einmal klar, daß unter industriellen Bedingungen »weniger kaufen« auch weniger Wohlstand und weniger Lebensqualität heißen würde, und weniger Geld geringeren sozialen Status und weniger Bewegungs- und Handlungsspielräume, also weniger Freiheit in einem ganz nüchternen Sinn. Erwerbsarbeit und Eigenarbeit waren und sind im industriellen System eben eng miteinander verstrickt: Eigenarbeit innerhalb und außerhalb der eigenen vier Wände ist in höchstem Maße von materiellen und finanziellen Leistungen durch Markt und Staat abhängig, ebenso wie Erwerbsarbeit von den Leistungen der Eigenarbeitssphäre – Erholung, Zuwendung, Pflege, Essen usw. – abhängig ist. Allerdings ein zentraler Unterschied bleibt: die Eigenarbeit wird nicht bezahlt und sie wird nach wie vor zum größeren Teil von Frauen erbracht.

Was das Thema ›Arbeit und Umwelt‹ anbelangt, so wurde zwar ganz allgemein für mehr Investitionen in den Umweltschutz plädiert, und für mehr Gesundheits-, Arbeits- und Umweltschutz in den Betrieben. Doch was bei den damaligen Debatten und Vorschlägen auffällt, ist zweierlei:

1. Was mit ›Umwelt‹ gemeint war, blieb oft seltsam unscharf, allenfalls begann sich da und dort das Denkmuster ›Gifte und Schadstoffe‹ herauszukristallisieren, was dann allmählich in den nachsorgenden Umweltschutz ›end-of-pipe‹ mündete.

2. Arbeit und Umwelt wurden als zwei getrennte Sachverhalte angesehen, die kaum etwas miteinander zu tun haben. Allenfalls wurden sie über das Bindeglied ›Technologie‹ in Bezug gebracht, z. B.
in den Vorschlägen zur Förderung von arbeitsintensiveren, men-
schengemäßeren und umweltgerechteren Technologien (sog.
›Angepaßte Technologien‹). Aber selbst bei der einsetzenden Kritik des Großtechnologie-Trends spielte der Faktor ›Umwelt‹
gegenüber den Fragen der wirtschaftlichen und politischen
Machtballung sowie der Verstärkung gesellschaftlicher Polarisie-
rungstendenzen durch Höherqualifikation der einen und durch
Dequalifikation der anderen, insbesondere im Hinblick auf Einkommen und Beschäftigungslage, eine eher zweitrangige Rolle.

Dies änderte sich zunächst auch nicht wesentlich mit dem Fortgang der Debatte bis weit in die achtziger Jahre. Zwar war der industrielle Fortschrittskonsens, diese entscheidende kulturelle Hinter-
grundkonstante für die Gestaltung von Arbeit und Wirtschaft,
brüchig geworden, doch eine der aufbrechenden Zukunftsgefähr-
dungen, die Zerstörung der Umwelt, hatte offensichtlich noch keinen derartigen Grad von Dringlichkeit und Unaufschiebbarkeit
erreicht, um etwa Arbeit und Umwelt als die zwei Seiten ein und
derselben Münze zu betrachten und daraus neue, handlungsrelevante Schlüsse zu ziehen. Erst in den Leitbildern zu einer nachhaltig
zukunftsfähigen Wirtschaft und Gesellschaft wird allmählich begonnen, konkretere Vorstellungen über vertrauensbildende Prozesse
zwischen den beiden Großthemen ›Arbeit‹ und ›Ökologie‹ zu entwickeln.

*

Vom ›Ende der Arbeitsgesellschaft‹ wurde nicht zuletzt auch in der
Welt der SozialwissenschaftlerInnen gesprochen[7]. Ihre bange Frage:
Wenn tatsächlich die Arbeit selbst aus der Arbeitsgesellschaft zu ent-
schwinden droht, entschwindet dann nicht überhaupt die Zentral-
kategorie Arbeit, die betriebliche und gesellschaftliche Prozesse und
Strukturen derart geprägt hat – und droht sie dann nicht auch
(intellektueller) Abfall zu werden? »Wird die Gesellschaft objektiv

weniger durch die Tatsache der Arbeit geprägt? (...) Kann man, trotz der fortbestehenden Tatsache der Erwerbstätigkeit des ganz überwiegenden Teils der Bevölkerung davon sprechen, daß Arbeit individuell und kollektiv weniger zentral geworden ist – sozusagen von einer Implosion der Arbeitskategorie?«[8] Die Antwort von Claus Offe war: Es ist eine Dezentrierung der Arbeitssphäre gegenüber anderen Lebensbezügen im individuellen Lebensentwurf zu konstatieren. Hierzu ließe sich anmerken, daß der Lebenszusammenhang deshalb nicht mehr zentral von der Arbeit aus konstruierbar ist, weil die arbeitsbiographischen Diskontinuitäten – Arbeitsplatz, Tätigkeits- und Berufswechsel, Weiterbildung, Umschulung, Arbeitslosigkeit – mittlerweile ›normal‹ geworden sind und weil die Freizeit – was diese auch immer beinhalten mag – immer umfangreicher und bedeutender geworden ist. Beides zusammengenommen läßt Arbeit zu einer Angelegenheit ›neben anderen‹ werden, so daß arbeitsferne Erfahrungen, Bedürfnisse und Orientierungen an subjektiver Relevanz gewinnen. Doch trifft diese in der Welt der SozialwissenschaftlerInnen gemachte Feststellung tatsächlich auch für die Welt der NormalbürgerInnen zu? Oder muß man sich angesichts solcher summarisch vorgetragener Argumente nicht unweigerlich an den Aphorismus von Lichtenberg erinnern: »Man muß zuweilen wieder die Wörter untersuchen; denn die Welt kann wegrücken und die Wörter können stehen bleiben.«[9]

Arbeit bedeutet ursprünglich Mühsal, Fron und Plackerei, doch – so belehrt uns das Grimm'sche Wörterbuch – »seitdem allmählich die Tätigkeit der Menschen unknechtischer und freier wurde, war es natürlich, den Begriff der Arbeit auf leichtere und edlere Geschäfte auszudehnen«.[9] Angesichts der Aussicht, daß es höchstwahrscheinlich keine Vollbeschäftigung für alle mehr geben würde und daß die Erwerbsarbeit nicht länger der Schwerpunkt der Lebensfristung bleiben könne, wurden – fast wie aus dem Hut gezaubert – ganz neue Formen der Arbeit ›entdeckt‹: Plötzlich war die Rede von Hausarbeit, Konsumarbeit, Schattenarbeit, Erziehungsarbeit usw. – ja sogar von Liebesarbeit. Der Haushalt galt nicht mehr nur als eine konsumierende, sondern als eine produzierende Einheit, in der ›Güter‹ und ›Dienste‹ produziert werden, mit dem Unterschied, daß sie nicht verkauft, sondern selbst konsumiert werden. Da und dort war die

16

Stunde der Entdeckung der reinen Gebrauchswerte-Produktion für die Lebensgemeinschaft jenseits von Markt und Staat, die Revitalisierung eines Stücks ursprünglicher Unterhaltswirtschaft, unberührt und unbeeinflußt von der industriellen Produktions- und Lebensweise, angebrochen. In diesen oft romantisch verzückt daherkommenden Utopien – so kommentiert Rudolf Lüscher – »verbinden sich die Bilder schöner, anachronistischer Arbeit mit dem alten Traum vom Schlaraffenland. Sehe ich recht, dann gilt zweierlei Arbeit als wünschenswert: die des Bauern und die des frühbürgerlichen Handwerker-Intellektuellen: Hinzu kommen Verklärungen weiblicher Hausarbeit.«[10]

Einige Jahre zuvor hatte André Gorz bereits »Abschied vom Proletariat«[11] genommen, dafür aber Hoffnung gemacht mit einem Zukunftsentwurf einer nachindustriellen Gesellschaft, die Freiheit und Sicherheit, ökologisches Bewußtsein und urbane Kultur zu vereinen versprach. Damit schien ihm scheinbar die Quadratur des Kreises gelungen zu sein: wir können der Welt der fremdbestimmten (heteronomen) Arbeit getrost den Rücken kehren und müßten dabei auf nichts verzichten, was wir wirklich wollten, denn im selbstbestimmten (autonomen) Sektor würden die Menschen mit Lust und Freude für die Erzeugung und Verteilung der lebensnotwendigen Güter sorgen; für die Erzeugung und Verteilung der noch gewünschten Luxusgüter müßte jeder allerdings noch etwa 20.000 bis 30.000 Lebensarbeitsstunden in den ›kapitalistischen‹ Sektor investieren. Dafür, daß dies alles funktionieren werde, sei der ›kapitalistische‹ Sektor von alleine besorgt, indem die Industrialisierung durch Automatisierung und den Einsatz von Hochtechnologien radikal vorangetrieben werde mit der Folge, daß wir uns dann endgültig aus der fremdbestimmten und trivial gewordenen Erwerbsarbeit verabschieden können. Stand also der Wunschtraum, daß der Mensch endlich von Arbeit befreit werde, kurz vor seiner Realisierung? Konnte der Fluch, den die Menschen bei ihrer Vertreibung aus dem Paradies begleiteten, sie müßten fortan ihr tägliches Brot im Schweiße ihres Angesichts erarbeiten, endlich gebannt werden?

Nein, weit davon entfernt. Den Pferdefuß in der – nicht nur – Gorz'schen Argumentation deckt ein feministischer Blick auf. Was zunächst auffällt ist, daß die entworfenen Utopien über mögliche

Wege ins Paradies jenseits der Erwerbsarbeit fast ausschließlich von Männern verfertigt wurden. Wie jeder Blick, so sieht eben auch der Männerblick nur das, was er sehen will – der Rest sind blinde Flecken. Claudia von Werlhof wirft diesen neuen Utopisten zumindest Einäugigkeit vor, denn dieses Jenseits der Erwerbsarbeit sei absolut nichts Neues, arbeiteten doch weltweit 80 bis 90 Prozent der Bevölkerung, vorwiegend Frauen, Bauern, Handwerker und Kleinhändler, in diesem oft als ›informell‹ apostrophierten Sektor. Die da geleistete Arbeit – in der Form von illegaler Arbeit, Leiharbeit, unentlohnter Arbeit, ›Eigenarbeit‹, ›Schattenarbeit‹, Subsistenzarbeit und vor allem Hausarbeit – sei alles andere als frei.[12] Daß man das Leben von HausarbeiterInnen attraktiv und erst noch ›alternativ‹ finde, leuchtet ihr nicht ein, zumal – so ihre These – ohnehin die Hausfrauisierung sämtlicher Arbeitsvollzüge als allgemeiner Trend zu beobachten sei. »Nicht die Verallgemeinerung der Lohnarbeit, sondern die Verallgemeinerung der Hausarbeit ist daher der Traum aller Kapitalisten: Es gibt keine billigere und produktivere, fruchtbarere menschliche Arbeit, und man kann sie auch ohne Peitsche erzwingen. Ich glaube, die Umstrukturierung unserer Ökonomie wird der Versuch sein, das weibliche Arbeitsvermögen auch den Männern anzuerziehen und aufzuzwingen, soweit möglich. Denn der Lohnarbeiter macht zuwenig und kann zuwenig. Er kann nur tun, was bezahlt wird und was vertraglich vereinbart wurde. Er tut nichts darüber hinaus, und er hat keine Ahnung von Menschenproduktion. Er funktioniert als Roboter, Anhängsel der Maschine, entemotionalisiert, er vermeidet und sabotiert jeden Versuch, ihm noch mehr des Lebens abzupressen. Er arbeitet zu kurz und ist zu schnell erschöpft. Er hat keinen Grund, initiativ zu werden, und kein Motiv für die Arbeit, er ist nicht rundherum, als Person, als ganzer Mensch, mobilisierbar. Das männliche Arbeitsvermögen ist viel zu unflexibel und ›unfruchtbar‹, es ist blutleer. Deswegen wird es so selten verwendet.«[13]

Die feministische Kritik legt uns einen weiteren Abschied ans Herz, den Abschied von all jenen Modellen nämlich, die glauben, die Ökonomie ließe sich zweiteilen in eine offizielle, von Erwerbsarbeit geprägte, und in eine inoffizielle, von mütterlich-wärmender Eigenarbeit geprägte Ökonomie. Es gibt aber nicht diese und eine alternative Ökonomie. Es gibt nur diese Ökonomie. Selbstverständlich gibt es die Gorz'sche Dualwirtschaft. Es gibt Hausarbeit, Schwarzarbeit, Selbstversorgung, Selbstverwaltung in kleinen Betrieben usw., doch diese Dualwirtschaft ist insgesamt in der Ökonomie. Und in dieser einen Ökonomie gilt es, neue, autonomere und ökologieverträgliche Lebens- und Arbeitszusammenhänge zu entwickeln, die nicht mehr unter dem Verdikt der Wertmaximierung stehen. Und dazu »brauchen wir allerdings nicht nur keine Proletarier, sondern auch keine Hausfrauen«.[14]

*

Wie gesagt, erst im Zusammenhang mit der Erarbeitung von Leitbildern einer nachhaltig zukunftsfähigen Wirtschaft und Gesellschaft wird versucht, ›Arbeit‹ und ›Ökologie‹ gemeinsam in den Blick zu nehmen. Dies kann nur gelingen, wenn Arbeit nicht nur einseitig als werteschaffend, schöpferisch und produktiv symbolisiert wird, sondern immer auch ihre bisher ausgeschlossene dunkle Seite, ihre destruktiv-zerstörerischen Aspekte gesehen und in unsere Beobachtungen und Beschreibungen eingeschlossen werden. Jetzt können wir vielleicht »etwas besser die beiden Gesichter der Arbeit sehen, jener Arbeit, an die wir bislang unsere Wohlstands- und Fortschrittshoffnungen geknüpft haben. Indem wir die Abfälle, also die destruktive Seite der Arbeit, zugunsten der ›Wertschöpfung‹ ausgeklammert haben, konnte die Arbeit ihren Siegeszug antreten und die historische Illusion verbreiten, sie vermöchte Freiheit, Fortschritt und Wohlstand zu produzieren. Doch im Rücken des Parasiten Arbeit ist der Parasit Abfall aufgetaucht. Angesichts der nicht länger zu leugnenden Tatsache, daß der Abfall, Ergebnis der im Dunkeln gelassenen, ausgeschlossenen destruktiven Seite der Arbeit, wächst und uns damit die Grenzen des Wachstums unerbittlich vor Augen führt, müssen wir die Janusköpfigkeit der Arbeit – daß sie immer Werte- und Abfallproduktion zugleich ist – endlich akzeptieren – und den Abfall wieder in unser System einschließen.«[15]

Mit der Konzipierung ›Neuer Wohlstandsmodelle‹ am Wuppertal Institut wurden erste Gehversuche in dieser Richtung unternommen. »Mit dem Terminus ›Neue Wohlstandsmodelle‹ ist jener

Such- und Diskussionsprozeß über Nachhaltigkeit (»sustainability«) gemeint, der davon ausgeht, daß die gegenwärtige Lebens-, Arbeits- und Versorgungsweise und die langfristige Tragfähigkeit unserer alten Erdbühne zwei einander strikt ausschließende Größen sind, und daß das Gesamtsystem in der Ideologie einer nicht-reproduktiven Produktivität verwurzelt ist; d.h. daß der industrielle Prozeß im Großen mehr natürliche und menschliche ›Ressourcen‹ abbaut, als er selbst erzeugen oder regenerieren kann. Insofern ist er so schöpferisch wie ein Feuerwerk, so produktiv wie der Anbau von Drogen. Was mehr als zweihundert Jahre lang fast unangefochten als menschliche Produktivität gefeiert wurde, wird zunehmend in seinem destruktiven und suchthaften Charakter durchschaubar.«[16]

Am Wuppertal Institut wurden in den letzten Jahren einige Fraktale möglicher »Neuer Wohlstandsmodelle« erarbeitet.[17] Zumindest implizites Leitbild ist so etwas wie eine ›plurale‹ oder ›konviviale‹ Ökonomie, d.h. eine Ökonomie, die vielfältige Formen von Produktion und Konsum ermöglicht, die langfristig ökologisch verträglich ist, und die die kulturelle Autonomie und den sozialen Zusammenhalt befördert und unterstützt. Die ökonomisch-kulturelle Autonomie einer Stadt, einer Region oder eines Landes braucht nicht nur weltmarktorientierte Unternehmen, sondern auch die Existenz eines lebensfähigen und nicht notwendigerweise extrem profitablen wirtschaftlichen und sozialen ›Gefüges‹, das jeder Bewohnerin und jedem Bewohner das Gefühl gibt, daß er wertvoll ist. Dieses Gefüge setzt sich zusammen aus

- weltmarktorientierten Unternehmen, für die bei all ihren Aktivitäten die Schlüsselkonzepte »Dematerialisierung«, öko-intelligente Prozesse, Produkte und Dienstleistungen eine große Rolle spielen;
- Handwerks-, Klein- und Landwirtschaftsbetrieben, die sich in ihrer Arbeit und bei ihren Produkten primär um Qualität bemühen, und nicht vorrangig um Wachstum und eine immer größere Marktbeherrschung;
- Nachbarschafts-Dienstleistungen, die marktbezogene und nicht-marktbezogene Ressourcen verbinden, um zahlungsfähige lokale Bedürfnisse zu befriedigen;

- bezahlten wie nicht-bezahlten Tätigkeiten, die nicht unbedingt zur Gründung eines Unternehmens führen, durch die aber wichtige Arbeiten getan werden und die den Menschen das Gefühl der sozialen Nützlichkeit geben.

Dieses gesamte wirtschaftliche und soziale Gefüge – vielleicht könnte man es als »Ökonomie des ganzen Hauses« bezeichnen[18] – kann nicht auf Weltwirtschaft reduziert werden, will man nicht wachsende Bevölkerungsschichten ausschließen[19] und damit den sozialen Zusammenhalt und letztlich den Frieden gefährden. Bei der Realisierung neuer Wohlstandsmodelle geht es also im Kern um die Förderung einer ›pluralen Ökonomie‹, in der die wirtschaftlichen Tätigkeiten sozial, kulturell, ökologisch und räumlich eingebettet sind, eine ›plurale Ökonomie‹ also, die nicht nur unbestimmt weltbezogen ist, sondern die Orte einbezieht, wo die Menschen leben und leben wollen, was nicht zuletzt auch gemeinsame Werte, Vertrauen und eine positivere Einstellung in bezug auf Zusammenarbeit fördert und stärkt.

*

Die Arbeitsgruppe ›Neue Wohlstandsmodelle‹ rief 1994 eine Kerngruppe aus interessierten MitarbeiterInnen des Wuppertal Instituts ins Leben mit dem Ziel, die beiden Themenfelder ›Arbeit‹ und ›Ökologie‹ gemeinsam in den Blick zu nehmen. Der Fokus sollte auf dem <u>und</u> von ›Arbeit und Ökologie‹ liegen. Wir waren der Auffassung, daß nur das Und es ermöglicht, in den Debatten um die Zukunft der Arbeit und um ökologische Problematiken ausgetretene Trampelpfade zu verlassen, blinde Flecken zu erhellen, Ambivalenzen aufzuspüren, Widersprüchliches zu benennen, Mehrdeutiges zuzulassen, verstaubte und etwas blaß gewordene Argumentationsfiguren aus den Vitrinen der eigenen Denkboutiquen zu entfernen.[20] Gerade in der Forderung einer nachhaltig zukunftsfähigen Entwicklung ist ein grundlegender Widerspruch enthalten, nämlich zwischen Erhaltung und Entwicklung. In der uns gewohnten zweiwertigen Logik formuliert: zwischen Nicht-Entwicklung und Entwicklung. Dieser Widerspruch wird selten artikuliert, bleibt verborgen, ist unser blinder Fleck und führt gerade deshalb oft zu erheblicher Verwirrung.

Seit wir die Abfälle nicht mehr länger nach dem Motto »aus den Augen, aus dem Sinn« aus unserem Alltag verbannen können, sondern sie in unser System einschließen müssen, seit wir Ökologisches nicht länger als etwas wahrnehmen können, das irgendwie unbestimmt zu einer Welt da draußen gehört, die uns nichts angeht, sondern wir nicht mehr darum herumkommen, Ökologisches in unsere Gesellschaft und in unsere eigene Lebensführung integrieren zu müssen und Problemlösungen zu finden, ist Verwirrung angesagt und brechen politische Konflikte auf. Da richten sich dann viele Hoffnungen auf die Wissenschaften, sie mögen endlich die richtigen und richtungsweisenden Antworten geben, indem sie ihre Natur- bzw. Ökologievergessenheit aufgeben und Natur bzw. Ökologisches in sich aufnehmen und zu integrieren versuchen. Doch bei diesen Versuchen entsteht zunächst wiederum Verwirrung, weil beispielsweise eben der obige Widerspruch von Nicht-Entwicklung und Entwicklung sich unbemerkt in die Denkgehäuse einschleicht. Da kann dann aus den Kathedralen der Wissenschaft – jedenfalls für längere Zeit – kaum weißer Rauch aufsteigen, was die Politik, ist sie in Entscheidungsnöten, sofort zum Anlaß nimmt, Eindeutigkeit herzustellen, indem sie sich klar für eine Seite des Widerspruchs entscheidet – heutzutage meistens für jene, die von ihr keine ›Leadership‹ abfordert und gleichzeitig ›alteingesessenen‹ Macht- und Geschäftsinteressen entgegenkommt. Dafür nur ein Beispiel: Obwohl sich inzwischen die Einsicht doch recht verbreitet hat, daß eine entscheidende und tragfähige vertrauensbildende Maßnahme zwischen den beiden schwierigen Partnerinnen ›Arbeit‹ und ›Ökologie‹ darin bestehen könnte, den mit steuerlichen Abgaben zu hoch belasteten Produktionsfaktor Arbeit zu entlasten und im Gegenzug die Ressourcen, vorab die fossilen Energieträger, steuerlich stärker zu belasten[21], fegen die Politiker – wozu auch die höchsten Repräsentanten mächtiger Verbände gehören – die Vorschläge einer ökologischen Steuerreform unwirsch vom Tisch[22] – und versprechen trotzdem vollmundig weiter, die Arbeitslosigkeit bis zum Jahr 2000 halbieren zu wollen.

Die Kerngruppe war sich also durchaus bewußt, daß sie mit dem

Thema ›Arbeit *und* Ökologie‹ einen Raum betritt, der noch kaum vermessen ist und deshalb mit Orientierungsschwierigkeiten und Verwirrung zu rechnen sein würde. Um mit Zygmunt Baumann zu sprechen: »In jenem Raum (der an sich ohne Richtung ist; W. B.) entstehen Wege beim Gehen und verwischen sich wieder, wenn die Wanderer vorüber sind. Vor den Wanderern (und vorne ist da, wo der Wanderer hinschaut) ist die Straße markiert durch die Entschlossenheit des Wanderers weiterzugehen; hinter ihnen können die Wege aus den dünnen Linien der Fußabdrücke erschlossen werden, die auf beiden Seiten von dickeren Linien von Müll und Abfall gesäumt werden.«[23] Oder man könnte mit dem französischen Dichter und Essayisten Edmond Jabès auch sagen: »In einer Wüste gibt es keine Avenuen, keine Boulevards, keine Sackgassen und keine Straßen. Nur – hier und da – bruchstückhafte Fußabdrücke, die schnell ausgelöscht und vernichtet werden.«[24] In der Hoffnung, dieses Schicksal vielleicht vermeiden zu können, luden wir eine Reihe von kompetenten WissenschaftlerInnen – von denen wir wußten, daß sie sich dieser Thematik ebenfalls angenommen hatten – ein, uns auf der vorgesehenen Erkundungsreise zu begleiten.

Diese Begleitung fand in der Form von zwei Workshops statt. Der erste Workshop war der Thematik ›Arbeitszeit und Ökologie‹ gewidmet, und der zweite befaßte sich mit dem Thema ›Zur Morphologie der Eigen- und Reproduktionsarbeit‹. Den TeilnehmerInnen der beiden Workshops wurden eine Reihe von Leitfragen gestellt, die sie versuchen sollten, in einem Kurzreferat zu beantworten. Diese Antworten bildeten den Einstieg in die jeweils nachfolgenden gemeinsamen Debatten.

Die Debatten verliefen derart anregend, lebhaft, aber eben auch widersprüchlich und verwirrend, daß wir beschlossen, auf der Grundlage dieser Referate ein Buch herauszugeben – also einen kleinen Fußabdruck zu hinterlassen. Dieses Buch sollte zwar eine Anthologie, aber keine unverbundene Ansammlung von Texten sein. Deshalb legten wir den AutorInnen für die Überarbeitung ihrer Referate einen Rahmentext vor, der helfen sollte, daß die einzelnen Texte sich inhaltlich aufeinander bezogen bzw. ergänzten, ohne jedoch die AutorInnen in eine von uns vorgegebene Zwangsjacke zu stecken. Um gewisse Fragestellungen, die in unseren beiden Work-

shops etwas zu kurz kamen, dennoch in unser Buch aufnehmen zu
können, baten wir zudem einige AutorInnen, entsprechende Texte
zu verfassen.

Das Buch ist in drei Teile gegliedert. In Teil I ›Grundlagen – grundlegende Zweifel‹ gehen im ersten Beitrag Adelheid Biesecker und Uta
von Winterfeld vergessenen Arbeitswirklichkeiten nach. Es geht um
Arbeiten, die wirklich fehlen, wie selbstbestimmtes Arbeiten, ein das
Zusammenleben der Menschen in ihrer sozialen Lebenswelt förderndes Arbeiten, sowie ein die natürliche Mitwelt pflegendes und
gesund erhaltendes Arbeiten. Die beiden AutorInnen plädieren für
ein pluralistisches Arbeitsmodell, in dem es neben den vielen verschiedenen Sphären der Erwerbsarbeit ebenso viele und vielfältige
Formen eines sorgenden/vorsorgenden Arbeitens gibt.

Otto Ullrich geht der Frage nach, wie es gelingen könnte, den
Produktivismus unseres Wirtschaftens zu durchbrechen und eine
lebensweltlich orientierte Ökonomie aufzubauen, in der nur das
produziert wird, wofür die Menschen auch einen Bedarf haben.
Dafür reiche es allerdings nicht aus, vor die industriegesellschaftlichen Leitvokabeln wie Effizienz, Produktivität, Entwicklung usw. das Adjektiv ›ökologisch‹ zu setzen. Solange die Debatte
um die Zukunft der Arbeit dem herrschenden Produktionsverständnis verhaftet bleibe, würden auch Veränderungen des -
Normalarbeitsverhältnisses, die Flexibilisierung von Arbeitszeiten
oder neue Verteilungsmuster der Arbeit zwischen den Geschlechtern nicht zu mehr ›Zukunftsfähigkeit‹ führen. Dazu brauche es
schon einen ›Ausstieg‹ aus dem Mythos der Arbeitsgesellschaft auf
allen Ebenen.

Klaus Grenzdörffer schließt diesen ersten Teil, indem er Möglichkeiten für ein wert-volles Arbeiten skizziert und den Entstehungsprozessen von neuen Werten des Arbeitens nachspürt.

Den zweiten Teil des Buches unter der Überschrift ›Arbeit und
Arbeitszeiten‹ eröffnet Jürgen Rinderspacher. Er beschreibt in zwölf
Thesen die Tendenzen der Arbeitszeitentwicklung in den neunziger
Jahren. Seine auf die nähere Zukunft bezogenen Kernaussagen
lauten: Die in den siebziger Jahren erhobene Forderung nach mehr
Zeitsouveränität lasse sich nur noch realisieren, wenn die Beschäftigten die Perspektive des Betriebes und seines Überlebensinteresses

im Wettbewerb, und nicht primär ihre Familien- und Freizeitinteressen zum Ausgangspunkt nehmen würden. Dementsprechend liege die gesellschaftspolitische und sozio-kulturelle Herausforderung in bezug auf die künftige Arbeitszeitgestaltung hauptsächlich in der Suche nach einem neuen Modell der Verbindung von Arbeit und Leben, das die Ziele Bekämpfung der Arbeitslosigkeit, Verbesserung der ökologischen Situation und die Gleichstellung der Geschlechter miteinander verknüpfe.

Ulrich Mückenberger geht der Frage nach, inwieweit die Erosion des Normalarbeitsverhältnisses ökologische Vorteile in sich birgt. Zunächst weist er nach, daß das ›Normalarbeitsverhältnis‹ empirisch niemals ›normal‹ in dem Sinne war, daß es allgemein gegolten hätte. Immer habe es abweichende Formen von Arbeit gegeben. Dies gelte vor allem für erwerbstätige Frauen, die kaum je ›normal‹ gearbeitet hätten. Seine Antwort in bezug auf mögliche Vorteile des erodierenden ›Normalarbeitsverhältnisses‹ fällt zwiespältig aus. Einerseits seien damit nicht nur automatisch ökologische Risiken verbunden. Sollen andererseits damit aber ökologische Chancen zur Geltung gebracht werden, bedürfe es flankierender arbeitspolitischer Regulierung. Nur wenn es gelinge, die sich abzeichnende Vielfalt von Beschäftigungsformen derart abzusichern, daß Einkommens- und ökologische Interessen nicht in unvereinbare Konflikte miteinander geraten, seien die Beschäftigten konfliktbereit genug, ihrer ökologischen Einsicht zu folgen, selbst wenn diese mit der einzelwirtschaftlichen Rationalität ›ihres‹ Unternehmens in Widerspruch gerate.

Eckart Hildebrandt geht von einer bis heute grundlegenden Trennung von Arbeit und Umwelt aus, die sich in allen individuellen und gesellschaftlichen Bereichen von Bewußtsein und Handeln manifestiere. Anhand von empirischen Ergebnissen aus verschiedenen Forschungsprojekten skizziert er zunächst das vorherrschende Verhältnis von Arbeit und Umwelt im Betrieb und beschreibt darauf bezogene Politikmuster im europäischen Vergleich. Anschließend klopft er die Nachhaltigkeitskonzepte auf ihre direkten und indirekten Aussagen über ein anderes Arbeiten und Leben ab. Sein vorläufiges Fazit: den bisherigen Nachhaltigkeitskonzepten fehlt ein positives Leitbild von zukünftiger Erwerbsarbeit, und die darin skizzierten Vorstellungen eines anderen Wohlstandes sind nicht an die existierenden sozialen Lagen und Interessenorientierungen anknüpfungsfähig, weshalb sie eher Mißtrauen, Verunsicherung und sogar Ablehnung hervorrufen. Vor diesem Hintergrund sowie anhand einer explorativen Fallstudie über das VW-Modell einer beschäftigungssichernden Arbeitszeitverkürzung erkundet er, wie Lernprozesse in Richtung einer nachhaltigen Lebensführung in Gang kommen könnten und welche fördernden und hemmenden Zusammenhänge dabei eine Rolle spielen.

Helmut Spitzley rundet mit seinem Beitrag über Handlungsoptionen in einer solidarischeren Gesellschaft diesen zweiten Teil ab. Er skizziert eine ›plurale Ökonomie‹ als Summe und Wechselspiel zwischen vier verschiedenen Arbeitsfeldern: von Erwerbsarbeit, unbezahlter Eigenarbeit, bezahlter oder unbezahlter Arbeit in und mit Non-profit-Organisationen sowie von Arbeiten an der eigenen Persönlichkeit und bewußtes ›Sein-Lassen‹. Anhand von vier Gedankenexperimenten über eine Verkürzung der Erwerbsarbeitszeiten beschreibt er wichtige Elemente in Richtung eines ökosozialen Zukunftsprojektes der ganzen Arbeit und lotet deren Potentiale und Grenzen aus.

Den dritten Teil ›Zum Ganzen der Arbeit‹ eröffnet Sabine Wolf. Sie geht zwei zentralen Fragen nach: Wie kann der unzeitgemäße Blick auf das Handeln von Männern und Frauen, der eine ungleiche Bewertung der beiden Arbeitsbereiche ›Erwerbsarbeit‹ und ›Hausarbeit‹ nach sich zieht, verändert werden, und welche Ansatzpunkte gibt es, um das duale Denken in der Ökonomie in bezug auf menschliche Arbeitsleistungen und damit auch auf das Geschlechterverhältnis zu überwinden?

Veronika Bennholdt-Thomsen wirft einen Blick auf die Zukunft der Arbeit in der Subsistenzperspektive. Diese Subsistenzperspektive hat für sie nichts zu tun mit einer rückwärtsgewandten Autarkie von Haushalten, wo alle ihren Arbeitsplatz aufgeben, aufs Land ziehen und sich vom eigenen Acker selbst versorgen. Die Subsistenzperspektive will sie vielmehr als eine sehr praktische und pragmatische Lebenshaltung verstanden wissen – wie sie eben zum Wesen der Subsistenz gehört –, wo die Menschen sich um alle jene lebensnotwendigen Dinge wie Essen zubereiten, für die Kinder sorgen, Kranke pflegen, Arbeiten im und ums Haus herum usw. selber kümmern und kümmern sollten, auch mitten im Überfluß der Warengesellschaft und unabhängig von Einkommen und Geschlecht. Dies würde dazu führen, daß Produktion, Tausch und Verbrauch wieder stärker in und aus einer Region stattfinden würden und so zur Entstehung regionaler ökologischer Kreisläufe beitragen.

Liselotte Wohlgenannt plädiert – angesichts von Massenarbeitslosigkeit und ›Krise des Sozialstaats‹ – für eine Trennung von Arbeitseinkommen und Existenzsicherung in der Form der Einführung eines Grundeinkommens, das jeder Bürgerin und jedem Bürger erlauben würde, bescheiden davon zu leben. Die Finanzierung soll nicht über erwerbsarbeitsbezogene Steuern und Abgaben geschehen, sondern über eine Besteuerung nicht-erneuerbarer Ressourcen.

Ruth Becker wirft einen kritischen Blick auf alle jene Vorschläge, welche die Eigenarbeit als Modell für ein ökologisches Wirtschaften propagieren. Für sie ist der Abschied von der Erwerbsarbeit bzw. ihre weitgehende Verringerung keine schlüssige Antwort auf die ökologische Krise. Ein Ersatz der Erwerbsarbeit durch Eigenarbeit biete weder ökologische Vorteile, noch ändere sich etwas an der Geschlechterhierarchie. Zudem führe die in diesem Zusammenhang geforderte Grundsicherung – in der Form eines Grundeinkommens oder einer negativen Einkommenssteuer – zu einer modernisierten Sozialhilfe mit negativen ökologischen Folgen, nämlich der Herausbildung eines Niedriglohnsektors. Die ökologische Qualität der Arbeit liege weniger an ihrer Organisation und Bezahlung, sondern an ihrem Inhalt. In diesem Sinne plädiert sie für die Bezahlung gerade jener Bereiche, die in den vorliegenden Konzepten zur Eigenarbeit vorgesehen sind, damit sie professionell und ökologisch ausgeführt werden.

Die Erkundungsreise in die Räume von ›Arbeit *und* Ökologie‹ beschließen wir mit einem Ausblick.

Liebe Leserin, lieber Leser, jetzt gehen Sie auf eine Erkundungsreise durch die nachfolgenden Texte, schön der Reihe nach oder auch kreuz und quer, wie es Ihnen beliebt, immer aber mit Ihrer Brille, Ihren eigenen Erfahrungen und Fragen. Leider konnten wir nicht am Ende jedes Textes eine leere Seite lassen, damit Sie Ihre

Fragen und spontanen Bemerkungen unmittelbar hinkritzeln können. Doch vielleicht besorgen Sie sich Papier und Bleistift für Ihre
Fragen und Kommentare ... wir wünschen Ihnen eine gute Reise!

Willy Bierter, Uta v. Winterfeld
Giebenach und Wuppertal,
September 1997

Anmerkungen

1 L. Clausen: »Produktive Arbeit, destruktive Arbeit«, Berlin/New York 1988
2 L. Clausen: a. a. O.
3 Lars Clausen: a. a. O., S. 55
4 M. Serres: »Der Parasit«, Frankfurt/M. 1981, S. 132 ff.
5 B. Lutz: »Der kurze Traum immerwährender Prosperität«, Frankfurt/M. 1984
6 D. H. Meadows et al.: »The Limits to Growth«, London 1972
7 So bspw. R. Dahrendorf: »Wenn der Arbeitsgesellschaft die Arbeit ausgeht«, in:
   J. Matthes (Hrsg.): »Lebenswelt und soziale Probleme. Verhandlungen des
   20. Deutschen Soziologentages zu Bremen 1980«, Frankfurt/M./New York
   1983)
8 C. Offe: »Arbeit als soziologische Schlüsselkategorie«, in: J. Matthes (Hrsg.):
   »Lebenswelt und soziale Probleme. Verhandlungen des 20. Deutschen Soziologentages zu Bremen 1980«, Frankfurt a. M./New York, 1983, S. 43
9 Grimm'sches Wörterbuch, 1854, »Arbeit«
10 R. M. Lüscher: »Einbruch in den gewöhnlichen Ablauf der Ereignisse«, Zürich
   1984, S. 200
11 A. Gorz: »Abschied vom Proletariat«, Frankfurt/M. 1980
12 C. v. Werlhof: »Der Proletarier ist tot. Es lebe die Hausfrau?«, in: Technologie
   und Politik 20: »Frauen, die letzte Kolonie«, Reinbek bei Hamburg 1983,
   S. 117/118
13 C. v. Werlhof: a. a. O., S. 129
14 C. v. Werlhof: a. a. O., S. 131
15 W. Bierter/W. R. Stahel/F. Schmidt-Bleek: »Öko-intelligente Produkte, Dienstleistungen und Arbeit«, Wuppertal spezial 2, Wuppertal-Institut für Klima,
   Umwelt, Energie, 1996, Kap. 6 »Zukunftsfähige Arbeit«, S. 77

16 W. Bierter: »Wege zum ökologischen Wohlstand«, Wuppertal Texte, Basel 1995, S. 19

17 siehe bspw. BUND/Misereor (Hrsg.): »Zukunftsfähiges Deutschland. Ein Beitrag zu einer global nachhaltigen Entwicklung«, Studie des Wuppertal-Instituts für Klima, Umwelt, Energie, Basel 1996

18 Für eine kurze kulturhistorische Betrachtung des Begriffes »Ökonomie der ganzen Hauses« siehe: L. Gubitzer: »Alternative Ökonomie. Ein neues Paradigma in der Ökonomie?«, in: W. Berger/A. Pellert (Hrsg.): »Der verlorene Glanz der Ökonomie«, Wien 1993, S. 134

19 V. Forrester: »Der Terror der Ökonomie«, Wien 1997

20 Zum Politischen des Und siehe U. Beck: »Die Erfindung des Politischen«, Frankfurt/M. 1993

21 H. C. Binswanger et al.: »Arbeit ohne Umweltzerstörung. Strategien für eine neue Wirtschaftspolitik«, Frankfurt/M. 1983

22 F. Vorholz: »Wie versprochen, so gebrochen. Die Argumente gegen das Projekt einer ökologischen Steuerreform sind ziemlich verschlissen. Nun sollte die Regierung handeln«, in: Die ZEIT, Nr. 40 vom 26. September 1997

23 Z. Baumann: »Moderne und Ambivalenz. Das Ende der Eindeutigkeit«, Hamburg 1992, S. 23

24 E. Jabès: »Un Etranger avec, sous le bras, un livre de petit format«, Paris 1989, S. 34

Teil I
Grundlagen –
grundlegende Zweifel

Adelheid Biesecker, Uta v. Winterfeld

Vergessene Arbeitswirklichkeiten

»Und ein in der Arbeit sich verbrauchendes Leben ist der einzige Weg, auf dem auch der Mensch in dem vorgeschriebenen Kreislauf der Natur verbleiben kann, in ihm gleichsam mitschwingen kann zwischen Mühsal und Ruhe, zwischen Arbeit und Verzehr, zwischen Lust und Unlust mit derselben ungestörten und unstörbaren, grundlosen und zweckfreien Gleichmäßigkeit, mit der Tag und Nacht, Leben und Tod aufeinanderfolgen. Den Lohn für die Mühe und Arbeit zahlt die Natur selbst, der Lohn ist Fruchtbarkeit; er liegt in dem stillen Vertrauen, daß, wer in Mühe und Arbeit sein Teil getan hat, ein Teil der Natur bleibt in Kindern und Kindeskindern.« (Hannah Arendt, 1981 [1958], S. 97)

Es liegen wohl Welten zwischen den Worten von Hannah Arendt und dem Sprachgebrauch in der Diskussion um die »Zukunft der Arbeit«. Vom Lohn der Fruchtbarkeit (der Natur) ist nichts zu hören bei einem auf die Lohnarbeit verkürzten Arbeitsbegriff. Im Gegenteil ist Lohnarbeit in Industriegesellschaften zumeist eingebettet in ein Produktionssystem, welches mit wachsender Geschwindigkeit Rohstoffe in Müll verwandelt.

Arbeit wird mit Erwerbsarbeit identifiziert. Diese Erwerbsarbeit ist »Vertragsarbeit«. Denn im Arbeitsvertrag wird geregelt, welche Arbeit der sogenannte Arbeitnehmer gibt, welchen Arbeitsplatz dafür der sogenannte Arbeitgeber zur Verfügung stellt und welchen Lohn er dafür zahlt. Ein Vertrag unterstellt immer eine Symmetrie, eine Gegenseitigkeit, eine Reziprozität zwischen den Vertragschließenden. Im Arbeitsvertrag steckt also die Fiktion der Gleichheit zwischen den Arbeitenden und denen, für die gearbeitet wird.

Die unterstellte Symmetrie stimmt jedoch nicht. Der Vertrag wird nicht zwischen Gleichen, sondern zwischen Ungleichen geschlossen. Ungleichheit ist zum einen in der qualitativen Unterschiedlichkeit der verschiedenen Eigentumsarten begründet und in der damit verbundenen unterschiedlichen Bestimmung über die Qualität der Arbeit (Kapitaleigentum versus Arbeitseigentum). Zum anderen liegt die Ungleichheit darin, daß das Arbeitseinkommen lebenswichtig für die Arbeitenden ist. Es ist der Zweck ihres Arbeitens, Lohneinkommen zu erhalten. Nur darüber gelangen sie an die zum Leben notwendigen Konsumgüter. Das ist der ökonomische Kern des bestehenden Gesellschaftsvertrages: Arbeiten gegen Lohn, mit dem Konsumgüter gekauft werden. Diese Arbeit ist der engen ökonomischen Rationalität unterworfen.

Alles, was nicht bezahlt wird, spielt in diesem Gesellschaftsvertrag keine Rolle, erscheint nicht als Arbeit. Die Voraussetzungen des »Normalarbeitsverhältnisses« – unbezahlte »private« Haus-, Familien- und Regenerationsarbeit von Frauen – werden verdrängt. Damit wird jedoch – qualitativ und selbst quantitativ gesehen – der überwiegende Teil der Arbeit vergessen.

Die Zeitbudgeterhebungen in privaten Haushalten haben gezeigt, daß in der Bundesrepublik 47 Milliarden Stunden für bezahlte Arbeit aufgewandt werden, für unbezahlte Arbeit hingegen 77 Milliarden Arbeitsstunden – also fast zwei Drittel mehr. Die unbezahlte Arbeit wird überwiegend von Frauen geleistet – selbst bei Kindern ist sie noch deutlich geschlechtsspezifisch verteilt. (Bundesministerium für Familie und Senioren, 1994, S. 1)

Bei der ins Abseits der gesellschaftlichen Wertschätzung verbannten Arbeit handelt es sich gerade um sorgende, pflegende und regenerative Bereiche von Arbeit. Sie zu vergessen spiegelt im Grunde die ökologische Krise – als Krise der Regenerationsfähigkeit von Natur – auf der Arbeitsebene wider: Die – historisch gesehen noch relativ junge – industrielle Arbeitsteilung stellt soziale wie ökologische Regenerationsfähigkeit zunehmend in Frage. So gesehen stellt »Arbeit« keinen Fortschrittsmotor oder -indikator dar, sondern ist Teil der aktuellen sozialökologischen Problematik.

Aufgrund der Unterwerfung unter die enge ökonomische Rationalität bleibt die Arbeit als »Vertragsarbeit«

- fremdbestimmt
- abgetrennt von der sozialen Lebenswelt mit der in sie eingebetteten Versorgungs- oder Reproduktionsarbeit und dieser hierarchisch gegen-über-gestellt,
- blind gegenüber den Evolutionsbedürfnissen der natürlichen Mitwelt, die trotz Effizienzrevolution und Kreislaufwirtschaft als (natürliches) Mittel für ökonomische Zwecke, d.h. als Ressource oder Senke, angesehen wird.

Diese Art des Arbeitens trägt damit bei zur Störung bzw. Zerstörung von Individuen, sozialer Lebenswelt und natürlicher Mitwelt. Die »Zukunft der Arbeit«, so unsere *These*, liegt nicht in der Stabilisierung und Expansion dieser Form der Erwerbsarbeit, sondern in der Wiederentdeckung »vergessener Arbeitswirklichkeiten« und deren gesellschaftlicher Neugestaltung.

Um diese These zu verdeutlichen, soll zunächst das, was »vergessen« wurde, in den Blick geholt werden, um sodann die schon erkennbaren Ansatzpunkte wie auch Hindernisse für eine Neugestaltung zu diskutieren. Abschließend wird die Qualität dessen, worum es geht – Arbeiten, das *wirklich* fehlt – diskutiert.

1. Zu den vergessenen Voraussetzungen der »Normalarbeit«

Die Krise der Arbeitsgesellschaft als Chance folgenreicher feministischer Kritik und für Reformen zu nutzen, scheint schwer zu sein. Ein Grund liegt darin, daß das »Normalarbeitsverhältnis« nicht als in einem bestimmten historischen Prozeß gemacht und damit überwindbar erscheint, sondern als schon immer vorhanden und immer vorhanden sein Müssendes. Folglich wird der Ausweg aus der Krise nur in der Umgestaltung und Ausdehnung des Normalarbeitsverhältnisses gesucht. Sehen wir jedoch dieses Verhältnis als spezifisch historische Form des Arbeitens an, so kommen auch von ihm ausgeschlossene bzw. abgetrennte Bereiche in den Blick. Die Auflösung des Normalarbeitsverhältnisses bedeutet für sie Befreiung aus der Unsichtbarkeit. »Vergessene Arbeitswirklichkeiten« werden deutlich. Daher wollen wir uns zunächst den vergessenen Voraussetzungen der Normalarbeit zuwenden.

1.1 Die vergessenen sozialen Voraussetzungen der Normalarbeit

Ein grundlegendes Merkmal des Industriekapitalismus ist seine geschlechtliche Arbeitsteilung und die Entstehung der Hausarbeit, wie es die beiden Historikerinnen Gisela Bock und Barbara Duden in ihrem Aufsatz »Arbeit als Liebe – Liebe als Arbeit: Zur Entstehung der Hausarbeit im Kapitalismus« dargelegt haben.

In vorindustriellen Gesellschaften gab es mit Zeit und Arbeit verbundene Herrschaftsformen – beispielsweise die feudale Rente – ebenso wie unterschiedlichste und komplementäre Formen der Arbeitsteilung zwischen den Geschlechtern. Nur eine Form der Arbeitsteilung gab es nicht – die zwischen bezahlter außerhäuslicher Lohnarbeit des Mannes und unbezahlter Hausarbeit der Frau (Bock/ Duden, 1977, S. 126). Für viele Frauen blieb während der frühen Industrialisierung und noch lange Zeit danach die Grenze zwischen häuslicher unbezahlter und außerhäuslicher bezahlter Arbeit fließend, sei es als »Zuarbeiterin« oder als doppelt belastete Fabrikarbeiterin. Gleichwohl wurde durch die Industrialisierung eine bislang unbekannte Art »privater« Hausarbeit erforderlich. Einmal, weil es zum unmenschlichen Ort der Fabrik einen Gegenort geben mußte, zum andern aber auch aus ökonomischen Gründen. Kenneth Galbraith formulierte hierzu 1973 (in: Bock/Duden, 1977, S. 177):

> *»Die Umwandlung der Frauen in eine auf unsichtbare Weise dienende Klasse war eine ökonomische Leistung ersten Ranges. Dienstboten für gesellschaftlich unterbewertete Arbeiten standen einst nur einer Minderheit der vorindustriellen Bevölkerung zur Verfügung; die dienstbare Hausfrau steht jedoch heute auf ganz demokratische Weise fast der gesamten männlichen Bevölkerung zur Verfügung.«*

Gisela Bock und Barbara Duden argumentieren weiter (S. 177/178):

> *»Für einen Lohn erhält der Unternehmer bzw. der Staat zwei Arbeitskräfte, das Lohnverhältnis verbirgt die Gratisarbeit der*

*Frau, alle Arbeit erscheint als entlohnte bzw. als bezahlte Arbeit,
und umgekehrt: was nicht entlohnt wird, erscheint nicht als
Arbeit. Die Frauen sind nicht nur das »Herz der Familie«, sondern das Herz des Kapitals. Es steht und fällt damit, sich ihrer
Liebe, ihrer »Natur«, ihrer Arbeit umsonst bedienen zu können.«*

Ähnlich formuliert Ivan Illich (1982, S.:83)

*»Die Arbeitswerttheorie ließ die Arbeitskraft des Mannes nun als
Katalysator des Geldes erscheinen und degradierte das Heimchen
zu einer ökonomisch abhängigen, und wie nie zuvor, unproduk-
tiven Hausfrau. Sie war nun das schöne Eigentum und die treue
Stütze des Mannes, die für ihre Liebesarbeit auf den Schutz des
Heimes angewiesen war.«*

Ivan Illich spricht von einem Krieg gegen die Subsistenz – gegen
die unterhaltswirtschaftliche Eigenproduktion. In diesen Zusammenhang würde die Einfriedung der Schafe ebenso gehören wie das
Einsperren der Frauen ins Haus.

Mit der Verweisung bestimmter Arbeiten von Frauen in den privaten, häuslichen Bereich werden zugleich Werte wie Fürsorglichkeit und Intersubjektivität in die Privatsphäre gebannt und damit
dem öffentlichen Leben entzogen (vgl. Tronto 1993, Biesecker
1997). Vor diesem Hintergrund argumentiert Christel Eckart mit
dem »vergessenen Prinzip der Fürsorglichkeit« und hat hierzu auf
einem der beiden diesem Buch zugrundeliegenden Workshops einen
Vortrag gehalten. Sie sieht Hindernisse bei der gesellschaftlichen
Neugestaltung von Arbeit gerade in der Entwertung von Fürsorglichkeit und in der Rhetorik von Unabhängigkeit (Eckart, 1995).
Jessica Benjamin und andere feministische Kritikerinnen
bezeichnen die immer noch männlich dominierte Öffentlichkeit mit
ihren vermeintlich sachlichen Verallgemeinerungen vor dem Hintergrund ihrer patriarchalen Entstehungsgeschichte als geschlechtsspezifischen Diskurs. In psychoanalytisch sozialpsychologischer Perspektive schreibt sie über einen Diskurs instrumenteller Orientierung und Depersonalisierung:

*»Dies besagt, daß männliche Herrschaft, ähnlich wie Klassen-
herrschaft, nicht mehr eine Funktion persönlicher Machtbezie-*

Die Brisanz dieser Kritik liegt nicht darin, daß Frauen ausgeschlossen werden oder in unzureichendem Maße teilhaben, sondern darin, daß sich die Folgen einer solchen Entwicklung keineswegs auf die Frauen beschränken. Vielmehr wird erkennbar, daß Widerstände bei der Gestaltung einer gerechteren Gesellschaft und einer Neugestaltung der Arbeitswelt sowohl auf sozialen als auch auf sozialpsychologischen Folgen der geschlechtlichen Arbeitsteilung beruhen. Christel Eckart formuliert hierzu:

*gehoben werden kann, wie also der bisherige soziale Idealtyp des
männlichen Normalarbeiters wieder in sein Alltagsleben und
sein Selbstverständnis integriert, was mit der »Polarisierung der
Geschlechtercharaktere« an versorgender Arbeit und Orientierung an die Frauen delegiert und mit Abhängigkeit konnotiert
wurde.« (Eckart, 1995, S. 3)*

Frauen haben aufgrund dieser Polarisierung nicht nur Abhängigkeit und Unterdrückung erfahren, sondern auch eine spezifische
Kompetenz in der Versorgungsarbeit und deren Handlungsprinzipien (Sorgen, Kooperieren, Verständigen) erworben. Diesem
»Reichtum der Frauen« steht eine entsprechende »Armut der Männer« gegenüber. Eingebunden in das Vollzeit-Erwerbsarbeitsver-
hältnis, sind sie nur in dessen Handlungsprinzipien (Maximierung
des Eigennutzens, Konkurrieren, am Erfolg Orientieren) geübt.
Wenn die »Zukunft der Arbeit« in der Neuentwicklung der vergessenen versorgenden Arbeit liegt, sind folglich Arbeits(Zeit)Modelle
nötig, die auch Männern wieder Erfahrungen im Bereich der
Versorgungsarbeit ermöglichen.

Eine radikale Arbeitszeitverkürzung im Erwerbsbereich bei
gleichzeitiger Vervielfältigung der Erwerbsarbeitsplätze bietet die
Grundlage dafür, daß jeder Mann und jede Frau neben der Erwerbsarbeit auch Versorgungsarbeit leisten. Diese Aufhebung der Trennung von Erwerbsarbeit und Versorgungsarbeit hat auch eine
Gerechtigkeitsdimension: Gegenwärtig besteht eine Hierarchie zwischen Erwerbsarbeit und Versorgungsarbeit derart, daß die entgelt-
liche Erwerbsarbeit die unentgeltliche Versorgungsarbeit voraussetzt. Versorgungsarbeit ist ökonomisch abhängig von Erwerbsarbeit,
Frauen sind ökonomisch abhängig von Männern. Die Aufhebung
der Trennung beider Arbeitsbereiche macht auch ihre Neubewertung möglich.

1.2 Die vergessenen ökologischen Voraussetzungen der Normalarbeit

Der beängstigende – und teilweise irreversible – Anstieg von
Umweltschäden hat sehr viel mit der Art unserer Erwerbsarbeit zu
tun, ist diese doch mit immer mehr Naturverbrauch verbunden.

Rationalisierungsschübe, welche in den letzten 150 Jahren zu einer enormen Erhöhung der Arbeitsproduktivität führten, geschahen größtenteils zu Lasten der Natur. Natur konnte als so definierte Ressource billig oder gar kostenlos im Produktionsprozeß verbraucht werden, während das Kapital verzinst und die Arbeit entlohnt werden mußte. Dies führte dazu, daß heute die anthropogen erzeugten Stoffströme quantitativ über jenen in der Natur vorkommenden bio-geo-chemischen Stoffströmen liegen und qualitativ einen Störfaktor darstellen, weil sie nicht in die Naturkreisläufe eingebettet sind. Hier liegen die Hauptgründe für die fortschreitende Destabilisierung der Ökosphäre. Immer noch ist die industrielle Produktion der Wirtschaft eine Durchlauf-Maschinerie, in der gigantische Mengen von Rohstoffen in riesige Mengen von Abfällen verwandelt werden.

Die permanente und grenzenlose Existenz von Rohstoffen und Energie sowie von Aufnahmekapazität für Abfall wird dabei unhinterfragt vorausgesetzt.

Mit dem Verständnis von Natur in der ökonomischen Theorie hat sich insbesondere Hans Immler (1985) auseinandergesetzt. In der Einleitung zu seinem Buch formuliert er als zentrale These:

>*»Natur hat begrifflich seit Beginn der wissenschaftlichen Ökonomie bis heute außerhalb der ökonomischen Theorie gestanden. Sie ist nur mittelbar, etwa in der Warenform, ökonomisch erfaßt worden. Da sich aber die Praxis von Produktion und Konsumtion immer auch der äußeren Natur bemächtigt hat und dies auch unumgänglich muß, wohnt der ökonomischen Aneignungsweise der Natur ein Widerspruch inne. Die ökologische Krise, d.h. die allmähliche Zerstörung der naturalen Produktions- und Lebensgrundlagen, ist lediglich die späte Frucht einer vor über zweihundert Jahren ausgelegten Saat. (...).*

>*Damit ist auch gesagt, daß die wissenschaftliche Ökonomie niemals von der Einheit von Arbeit und Natur, sondern im Gegensatz von deren Trennung ausging.«* (S. 17)

Diese Naturvergessenheit ist somit eine charakteristische Grundlage der kapitalistisch-industriellen Produktion mit ihrer Erwerbsarbeit in Form der Vertragsarbeit. Wie die Versorgungsarbeit, so verschwindet auch die Natur durch die Symmetriefiktion des Arbeitsvertrages.

Diese Ökonomie und ihre Arbeit ist dem »mechanistischen Paradigma« verpflichtet, das Fritjov Capra folgendermaßen skizziert (Capra 1996, S. 18):

> *»Dieses Paradigma besteht aus einer Reihe von tiefverwurzelten Vorstellungen und Werten, zu denen etwa das Bild des Universums als einem mechanischen System gehört, das aus elementaren Bausteinen zusammengesetzt ist. Dazu gehören auch die Vorstellung vom menschlichen Körper als einer Maschine, die Ansicht vom Leben in der Gesellschaft als einem Konkurrenzkampf ums Dasein, die Überzeugung, der unbegrenzte materielle Fortschritt ließe sich durch ökonomisches und technologisches Wachstum herbeiführen, und – last, not least – der Glaube, daß eine Gesellschaft, in der das Weibliche überall unter dem Primat des Männlichen steht, einem Grundgesetz der Natur folge.«*

Der Produktivitätsfortschritt dieser kapitalistisch-industriellen Produktion mit ihrer Erwerbsarbeit bedeutet, daß ein wachsender Output von Waren und Dienstleistungen mit immer mehr Naturverbrauch und immer weniger Arbeit hergestellt wird. Naturzerstörung ist somit Ausdruck von Fortschritt! Ebenfalls Ausdruck von Fortschritt ist, daß der Gesellschaft ein Teil der herkömmlichen industriellen und dienstleistenden Arbeit ausgeht. Arbeitsplätze gehen infolge dieses Fortschritts verloren. Die Versorgungsarbeit geht dagegen nicht verloren, im Gegenteil, die soziale Arbeit, die nötig ist, die soziale Lebenswelt zusammenzuhalten und zu gestalten, nimmt zu (z.B. Altenpflege, Kinder- und Jugendarbeit, Bildungsarbeit). Auch die Arbeit der Pflege und des sorgenden Umgangs mit der natürlichen Mitwelt wächst ständig. Diese Arbeit des Erhalts von Ökosystemen und der Gesundung zerstörter Natur kommt in den Blick, wenn die natürliche Mitwelt nicht als »unhinterfragte Existenzbedingung« der Produktion und Konsumtion, sondern als gleichberechtige und gleichwertige Kooperationspartnerin der Menschen angesehen wird. Dann wird auch deutlich, daß es darum geht, das »mechanistische Paradigma der Erwerbsarbeit« abzulösen durch das »ökologische Paradigma nachhaltigen Arbeitens«. Die Prinzipien dieses Paradigmas sind nicht mehr die einer mechanistischen Input-Output-Wirtschaft, sondern die einer kooperativen, wertschätzenden Ökonomie: »wechselseitige Abhängigkeit, Zyklizität von Prozessen, Partnerschaft, Flexibilität und Vielfalt« (vgl. Capra 1996, S. 344 ff.).

Der Gesellschaft geht also nicht die Arbeit aus, sondern eine spezifische Form von Arbeiten. Das ist auch gut so, denn: Wollen wir die soziale Lebenswelt und die natürliche Mitwelt von den Zerstörungen durch die industrielle Arbeit befreien und zukunftsfähig bleiben, brauchen wir dafür viel Zeit. Wir haben heute keine Zeit mehr für eine Ganztagserwerbsarbeit. Sie macht uns nicht nur blind gegenüber der Versorgungsarbeit, sondern auch gegenüber der Natur als Kooperationspartnerin. Sie macht uns damit außerdem blind gegenüber der Tatsache, daß die Produktivität der Arbeit nur möglich ist auf der Grundlage der Produktivität der Natur.

»Der von der Frauen- und Ökologiebewegung eingeklagte »Blinde Fleck« in der ökonomischen Theoriebildung ist gerade nicht der ausgeblendete Fleck innerhalb des Ganzen, sondern das Ganze, was im Schatten des Teiles, den man »Ökonomie« nennt, nicht gesehen werden kann, die Produktivität der lebendigen Natur.« (Hofmeister 1995, S. 73).

Die Ausblendung von natürlicher und von weiblicher Produktivität ist eng miteinander verknüpft. Einmal, weil Frauen seit dem Beginn der Moderne eine größere Naturnähe zugeschrieben wird, zum anderen, weil Natur und die Arbeit von Frauen als kostenlose Ressource benutzt und für die Zwecke der Industriegesellschaft instrumentalisiert werden (siehe auch den Ausblick zu diesem Buch).

Beim ersten Workshop zu »Arbeitszeit und Ökologie« ist von Christel Eckart die »Alltagsvergessenheit« der Männer angesprochen, und es ist gefragt worden, ob diese etwas mit der Naturvergessenheit der Ökonomie zu tun hat. Dafür spricht, daß der männliche Maßstab von Normalität (und Normalarbeit) auf der Grundlage der reproduktiven, ungemessenen und unbezahlten Arbeit von Frauen errichtet worden ist, während der berufstätige Mann von diesen Tätigkeiten und von der Erwartung, sie verantwortlich zu übernehmen, »freigestellt« ist. Materielle Sicherheit, soziale Anerkennung und Sinnhaftigkeit gewährt das »Normalarbeitsverhältnis« jedoch nur jenem Teil der Gesellschaft, der sich aus den elementaren Tätigkeiten der Reproduktion des Lebens heraushält. Für diese Tätigkeiten ist in dem Schema Arbeit – Freizeit kein Platz vorgesehen. Dies bedeutet, daß die Hervorbringung und Reproduktion von Leben im Normalarbeitsverhältnis als bedeutungslos erscheinen.

2. Zur gesellschaftlichen Neugestaltung der Arbeit und ihren Hindernissen

Bei der anstehenden gesellschaftlichen Neugestaltung der Arbeit geht es insbesondere um das In-Wert-Setzen und Kräftigen der regenerativen Arbeiten. Die Neugestaltung stößt jedoch auf eine Vielzahl von Hindernissen. Diese sind derzeit auch und gerade da spürbar, wo von der »Zukunft der Arbeit« mit zumeist sorgenvollem Unterton die Rede ist. In der Hauptsache lassen sich zweierlei Hindernisse, ja sogar Blockaden ausmachen. Einerseits ist es das In-Konkurrenz-Setzen von Politikbereichen, welches einer Neugestaltung im Wege steht. Andererseits ist es die Unfähigkeit von Politik und Ökonomie, die Arbeit als Ganzes zu sehen.

Lang anhaltender Beliebtheit erfreut sich das Ausspielen des Sozialen gegen das Ökologische und umgekehrt. Während die einen betonen, daß das Jahrhundert der Sozialpolitik vorbei und das Jahrhundert der Umweltpolitik angebrochen sei, geben sich andere angesichts von internationalem Wettbewerb und wirtschaftlicher Rezession defensiv und weisen auf die geringen Spielräume der Umweltpolitik hin. Hinzugekommen sind jene, die den »Wirtschaftsstandort Deutschland« nur über quantitatives Wachstum glauben erhalten zu können und am liebsten hinter schon Erreichtes zurückgehen – und sozusagen prä-umweltpolitische Zeiten wieder einführen möchten.

Was aber derzeit auf dem Prüfstand steht, ist im Grunde nicht die Frage, ob denn nun der Umweltpolitik, der Sozialpolitik, der Wirtschaftspolitik oder gar der Politikfreiheit der Ökonomie Priorität eingeräumt werden sollte. Vielmehr geht es um die Fähigkeit der Politik, mit einer sozialen wie ökologischen Krise gestaltend umzugehen.

Bei der vielbeschworenen Konkurrenz zwischen einzelnen Politkbereichen – die oft genug den schalen Beigeschmack eines Ausweichmanövers hinterläßt – ist es ratsam, sich Verbindungen und Zusammenhänge ins Blickfeld zu holen.

Eine gute Möglichkeit, diese Zusammenhänge auszublenden, liegt in der sehr populären Frage danach, wieviel Arbeitsplätze denn der Umweltschutz schaffe. Gerade so, als ließe sich Umweltschutz überhaupt nur dann legitimieren, wenn er Arbeitsplätze schaffe.

Die ausschließliche Beschäftigung mit Arbeitsplätzen – welche dann beispielsweise in den nicht sehr einfallsreichen Wahlkampfslogan »Arbeit, Arbeit, Arbeit!« einmündet – verstellt aber, daß es eigentlich die Arbeit selbst ist, mit der wir uns auseinandersetzen müssen. Matthew Fox spricht in seinem Buch »Revolution der Arbeit« davon, daß Arbeitsplätze sich zur Arbeit verhalten wie Blätter zu einem Baum. Wird der Baum krank, so fallen die Blätter ab. Es wird den Baum nicht heilen, an den Blättern herumzukurieren (1994, S. 15).

Gerade aus der Umweltkrise, schreibt Matthew Fox weiter (S. 21 f.), können wir viel über die Arbeitskrise lernen. Gute Arbeit setzt gute Gesundheit voraus, bei den Arbeitenden wie bei der natürlichen Mitwelt. Gerade die Umweltkrise gibt uns somit Gelegenheit, tiefere Fragen nach unserer Arbeit zu stellen, neu festzulegen, wie, warum und wofür wir arbeiten.

Die entscheidende Frage ist somit nicht die nach dem Arbeitsplatzbeschaffungspotential des Umweltschutzes, sondern die danach, *welche* Arbeit die Regenerationsfähigkeit der Natur – einschließlich der menschlichen – ebenso unterstützt und stärkt wie die Regenerationsfähigkeit der Gesellschaft bzw. der sozialen Gemeinschaft.

Matthew Fox stellt seine Überlegungen zur Revolution der Arbeit nicht auf eine technische, sondern auf eine spirituelle Grundlage. Er spricht von Schöpfungsspiritualität (ebenda, S. 30) und von der Notwendigkeit der Heilung von Arbeit und Arbeitssucht (S. 24 und 25). An einem solchen Prozeß sind seiner Einschätzung nach feministische Perspektiven von hoher Bedeutung (S. 47 ff.). Zunächst betont er, daß in der Kritik der Arbeit die Geschlechter eine Rolle spielen und heutzutage die meisten interessanten und kritischen Studien zur Arbeit von Frauen geschrieben werden. Den Grund hierfür sieht er darin, daß Frauen für lange Zeit von den Hauptarbeitsbereichen ausgeschlossen waren und aus der Distanz heraus klarere Standpunkte gewinnen konnten. Der jahrhundertelange Ausschluß von Frauen aus den öffentlichen Arbeitsbereichen hat ihm zufolge außerdem dazu geführt, daß Frauen sich weniger auf die moderne Art der Arbeit fixiert haben. Männer hingegen, die in einem durchgehend männlichen System arbeiten, sind eingefangen von dem dazugehörigen Arbeitsstil und haben eine entsprechende Arbeitsidentität ausgebildet. Hingegen sind die Arbeitswelten von Frauen dem Arbeiten der Natur oft näher als die meisten »künstlichen und männlich definierten Jobs in unserer Kultur.« Von daher haben Frauen Matthew Fox zufolge oft ein hohes Potential, Arbeitsstellen und auch die Ideologien der Arbeit zu verwandeln.

Dieser Denkansatz wird von der ebenfalls aus den USA stammenden Patricia W. Lunneborg aufgegriffen und in ihrem Buch »Frauen arbeiten anders« dargelegt. Sie betont die fürsorglich-nährenden Einstellungen von Frauen, ihre Fähigkeit, verschiedene Zeitanforderungen und -muster auszubalancieren sowie ihr Organisationstalent und ihre Führungsqualitäten (Lunneborg, 1994).

So erfreulich solcherart Ansätze sind, müssen sie doch zugleich mit großer Skepsis betrachtet werden. Einmal kommt die Annahme der nährenden Mutter-Hausfrau dem klassischen Weiblichkeitsideal verdächtig nahe. Der Unterschied liegt darin, daß sie nicht mehr im unsichtbaren Schatten unsichtbare Dienste tun soll, sondern ihre weiblichen Fähigkeiten zur Rettung von Umwelt und Arbeit einsetzen soll. Zum anderen bleiben diejenigen Frauen ausgeblendet, die angesichts patriarchaler Herrschaftsformen eben gerade nicht in kreativ-eigenproduktive Subversivität ausbrechen, sondern sich in gewaltförmigen, seelisch wie ökonomisch abhängigen Situationen befinden und wohl zuallererst mit Fragen des Überlebens befaßt sind.

Von daher können feministische Perspektiven nicht eindeutig sein, sondern müssen sich mit verschiedenen Wirklichkeiten und Wirklichkeitsfacetten befassen.

Mit den Brüchen der Frauenarbeit setzt sich Maria Mies in ihrem
Buch »Patriarchat und Kapital, Frauen in der internationalen
Arbeitsteilung« auseinander. Sie weist darauf hin, daß die feministische Debatte zur Hausarbeit (oben erwähnt anhand des Aufsatzes
von Gisela Bock und Barbara Duden) eine der fruchtbarsten Diskussionen war, die der Feminismus ausgelöst hat (Mies, 1986/1992,
S. 46). Die Brisanz lag gerade darin, männliche Definitionen davon,
was Arbeit und was Nicht-Arbeit ist ebenso in Frage zu stellen, wie
die Festlegung dessen, was öffentlich und was privat ist bzw. zu sein
habe. Gleichwohl kritisiert Maria Mies die Hausarbeits-Debatte
dahingehend, daß sie andere Bereiche von Nicht-Lohnarbeit aus-
schloß. Wir wollen den aus dieser Kritik folgenden Subsistenzansatz
hier nicht vertiefen. Er wird in Teil III dieses Buches von Veronika
Bennholdt-Thomsen aufgegriffen.

Das eigentlich Interessante an der Debatte um die Hausarbeit,
gerade auch im Hinblick auf die Neugestaltung der gesellschaftlichen
Arbeit, sehen wir in zwei sich zunächst widersprechenden Ansätzen.
Die feministische Forderung aus den siebziger Jahren lautete »Lohn
für Hausarbeit«. In diesen Kontext ist auch der Aufsatz von Gisela
Bock und Barbara Duden einzuordnen. An dieser Forderung ist
zweierlei wichtig. Erstens tritt die unbezahlte und unsichtbare Hausarbeit aus dem sie jetzt verhüllenden Schatten heraus, wenn sie entlohnt wird. Zweitens ermöglicht sie Frauen, eine von Männern und
männlicher Erwerbsarbeit unabhängige Existenz. Beides halten wir
bei einer Neugestaltung der Arbeit für zentral.

Demgegenüber steht die Position von Barbara Sichtermann, die
sie in ihrem Buch »FrauenArbeit«, über wechselnde Tätigkeiten und
die Ökonomie der Emanzipation beschreibt. Sie spricht sich vehement »gegen eine politische Ökonomie der Hausarbeit« (Sichtermann, 1987, S. 63 ff.) aus. Barbara Sichtermann argumentiert insbesondere in Abgrenzung zu den New Home Economics (siehe hierzu
auch den Aufsatz von Sabine Wolf in Teil III dieses Buches):

*»Wozu die (makro-) ökonomische Analyse, deren strikte Eleganz
zwischen Abendbrottisch und Wochenbett zu schierem Gehabe
verkommt? Begleiten wir die Frau als Gattin, Hauswirtschafte-
rin und Mutter theoretisch zwischen ihren vier Wänden: Ich*

behaupte, daß die weibliche ›Reproduktionsarbeit‹, obwohl manches Rein und Raus hier eine Rolle spielt, weder mit input-output-Tabellen, noch als Einspeisung der weiblichen Arbeitskraft in die Dynamik der gesellschaftlichen Arbeitsteilung sinnvoll zu erklären ist.« (Sichtermann, 1987, S. 70)

Zugleich grenzt Barbara Sichtermann sich von Teilen der Frauenbewegung ab, was die Ökonomisierung von Hausarbeit betrifft:

»Es ist seltsam, daß so vielen engagierten Verfechterinnen der Frauenemanzipation nicht auffällt, wie bedrohlich die Annahme einer Totalvergesellschaftung und Vollfunktionalisierbarkeit aller menschlichen Eigenschaften und Fähigkeiten wäre. Es gilt zu begreifen, daß die Annahme ›natürlicher‹ Potenzen und Grenzen etwas Befreiendes an sich hat und daß es sich theoretisch lohnen kann, die ›Natürlichkeit‹ einer Fähigkeit zu verteidigen und zu bewahren – trotz der sich durchsetzenden historischen Tendenz zu weiterer Industrialisierung und Vermarktung und, umgekehrt, zur weiteren Reduktion des sozialen Naturmoments auf einen marginalen Rest.« (ebenda, S. 71, 72)

Barbara Sichtermann schließt ihren Aufsatz »Gegen eine politische Ökonomie der Hausarbeit« ab mit den Worten:

»Die Leibbezogenheit der Hausarbeit jedenfalls bleibt die differentia specifica zu jeder anderen Arbeit. Sie zu leugnen oder theoretisch von ihr abzusehen, (...) hieße die Herrschaft der Sachlogik, die in der Realität an Grenzen stößt, in der Theorie zu universalisieren. Damit aber gäbe die Theorie ihr Bestes preis. Denn was ist sie wert, wenn sie nicht dazu verhilft, die Differenz zu wahren?« (ebenda, S. 73)

Somit geht es bei der gesellschaftlichen Neugestaltung der Arbeit um eine sehr spannende Gleichzeitigkeit:

Einerseits die jetzt unsichtbaren und zumeist noch von Frauen verrichteten, sorgenden und vorsorgenden Arbeiten aus ihrer Bannung ins gesellschaftliche Abseits zu befreien und eine Ökonomie zu fordern, deren Bewertung bzw. Wertschätzung das Ganze der Arbeit umfaßt.

Andererseits die benannten Arbeiten gerade vor dem instrumentalisierenden und kommerzialisierenden Zugriff der herrschenden Ökonomie zu schützen und damit ihre Eigenheit anzuerkennen und zu bewahren.

Ausblick: Arbeiten, das wirklich fehlt

Was heute fehlt, das haben wir zu zeigen versucht. Es sind nicht die traditionellen Erwerbsarbeitsplätze, sondern die Erinnerungen an »vergessene Arbeitswirklichkeiten« als Ansatzpunkt für die Neugestaltung von Arbeit in einer zukunftsfähigen Gesellschaft. Was wirklich fehlt, ist Arbeiten, das frei ist von den Zwängen des Arbeiten-Müssens, um Lohn für Konsum zu erhalten. Was wirklich fehlt, ist Arbeiten, das ermöglicht, selbstbestimmt, lebensfreundlich und naturgemäß zu arbeiten. Was wirklich fehlt, ist die Gestaltung des Arbeitens frei von einer individuell-vertraglichen Symmetrie-Fiktion, so daß die qualitative Ungleichheit der Arbeitenden schöpferisch werden kann und die Ungleichheit im Verhältnis zwischen den Arbeitenden einerseits sowie den Arbeitenden und der natürlichen Mitwelt andererseits zur Grundlage gemacht wird. Was wirklich fehlt, ist vorsorgendes Arbeiten. Vorsorge betont:

- die Asymmetrie;
- die Einheit von Produktion und Reproduktion, d.h. die Einheit von Erwerbsarbeit und Versorgungsarbeit mit letzterer als Ausgangspunkt;
- die Einheit von monetärer, sozialer und physischer Ökonomie mit dem Vorrang der Physis.

Vorsorgendes Arbeiten heißt somit selbstbestimmtes, die gesellschaftliche Entwicklung gestaltendes und die natürlichen Evolutionsbedingungen erhaltendes Arbeiten. Es ist Arbeiten für Lebens-Bedürfnisse im Sinne des qualitativen Erhalts und Gestaltens individueller, sozialer und natürlicher Lebensbedingungen. Vorsorgendes Arbeiten ist kooperativ, außerdem bezieht es sorgendes Arbeiten mit ein.

In traditioneller Form gibt es sorgendes Arbeiten im Familienzusammenhang. Dieses »Sorgen« ist eine »vergessene Arbeitswirklichkeit«. Sie war und ist historisch den Frauen zugewiesen. Bei diesem sorgenden Arbeiten geht es um den Entwicklungsprozeß der Mitglieder des Familienverbandes. Es geht um eine Ökonomie des Erhaltens, nicht um eine Ökonomie des Erwerbs. Sorgendes Arbeiten folgt nicht den Regeln der bestehenden ökonomischen Rationalität, sondern Regeln einer praktischen, moralgeleiteten Vernunft. Als vorsorgendes Arbeiten wird das Sorgen aus dem engen Rahmen der Familie herausgelöst und für die ganze Ökonomie entwickelt. Es bezieht zukünftige Generationen mit ein.

Heute entstehen schon vielfältige Formen neuen vorsorgenden Arbeitens. Dazu gehören z.B. Häuser der Eigenarbeit, ökologische Landwirtschaftsprojekte, ökologische Produzenten-Konsumenten-Kooperativen, lokale Tauschringe, Gemeinschaftsprojekte wie das Car-Sharing, Freiwilligenarbeit in Non-Profit-Organisationen ...

Jeremy Rifkin nennt das die Entwicklung des »Dritten Sektors« (Rifkin 1996). Es ist ein Sektor neben dem des Marktes und auch neben dem der traditionellen sorgenden Ökonomie, aus der er jedoch mit gespeist wird. Mit diesem Sektor entstehen zugleich neue Formen der Vermittlung zwischen ihm und der Erwerbsarbeit bzw. dem Staat. Solche »sozialen Organisationen« (Rifkin 1996, S. 189) sind z.B. die Öko-Bank oder die Bürgschaftsbank für Sozialwirtschaft in Köln.

Dieses Arbeiten, das wirklich fehlt, kann zunächst einfach dadurch gefördert werden, daß die bestehenden sorgenden Arbeiten gesellschaftlich anerkannt werden, indem sie gesellschaftlich wertgeschätzt werden. Das bedingt z.B. die sozialversicherungsrechtliche Absicherung dieser Arbeiten sowie ein BürgerInneneinkommen.

Insgesamt bedingt eine solche Entwicklung vorsorgenden Arbeitens die Trennung von Arbeit und Einkommen, denn sonst ist aus der engen ökonomischen Rationalität kein Entrinnen. Damit geht es sowohl um die Entwicklung vielfältiger Formen des Arbeitens als auch um die Gestaltung neuer Formen von Einkommen. Das heißt, es geht um einen neuen Gesellschaftsvertrag, der allen BürgerInnen ein leben-ermöglichendes Einkommen garantiert, das nicht an die konkret geleistete Arbeit gekoppelt ist. Der individuelle Arbeitsvertrag wird in diesem neuen Gesellschaftsvertrag aufgehoben. Welche Arbeit wer und wie und wann leistet, hat mit dieser Einkommensgarantie nichts zu tun. Die Gestaltung vorsorgenden Arbeitens erfolgt nicht über Lohnzahlungen, sondern über gesellschaftliche Bewertungsprozesse.

Eine solche Entwicklung führt hin zu einem pluralistischen Arbeitsmodell, in dem es viele verschiedene Arten des Arbeitens gibt, die alle gesellschaftlich gleichermaßen anerkannt sind. Arbeiten wird so zum Handeln, zur Mitgestaltung von Gesellschaft. Handeln ist ein andauernder Prozeß. Er ist ergebnisoffen. Und: Er spielt sich zwischen Menschen ab sowie zwischen Menschen und der natürlichen Mitwelt. In diesem Prozeß ist jede und jeder gleich wichtig.

»Das Handeln bedarf einer Pluralität, in der zwar alle dasselbe sind, nämlich Menschen, aber dies auf die merkwürdige Art und Weise, daß keiner dieser Menschen je einem anderen gleicht, der einmal gelebt hat oder lebt oder leben wird.« (Hannah Arendt 1981, S. 17).

Literatur

Arendt, Hannah, 1981, [1958]: Vita Activa oder Vom tätigen Leben. München

Benjamin, Jessica, 1990: Die Fesseln der Liebe. Psychoanalyse, Feminismus und das Problem der Macht. Frankfurt/Basel

Biesecker, Adelheid, 1997: Vom Eigennutz zur Vorsorge. Über sozial-ökologische Grundlagen einer feministischen Ökonomik, Bremer Diskussionspapiere zur Institutionellen Ökonomie und Sozialökonomie Nr. 19, hrsg. von Adelheid Biesecker, Wolfram Elsner, Klaus Grenzdörffer und Holger Heide. Bremen

Bock, Gisela/Duden, Barbara, 1977: »Arbeit aus Liebe – Liebe als Arbeit: Zur Entstehung der Hausarbeit im Kapitalismus. In: Dokumentation der ersten Berliner Sommeruniversität für Frauen. Berlin, S. 118-199

Bundesministerium für Familie und Senioren/Statistisches Bundesamt, 1994: Wo bleibt die Zeit? Die Zeitverwendung der Bevölkerung in Deutschland. Wiesbaden

Capra, Fritjof, 1996: Lebensnetz. Ein neues Verständnis der lebendigen Welt. Bern, München, Wien

Eckart, Christel, 1990: Der Preis der Zeit. Eine Untersuchung der Interessen von Frauen an Teilzeitarbeit. Frankfurt/New York

dies., 1995: »Die Entwertung von Fürsorglichkeit und die Rhetorik von Unabhängigkeit. Hindernisse bei der gesellschaftlichen Neugestaltung der Arbeit«. Beitrag der offenen Frauenhochschule der GhK im Oktober 1995. Teile des Beitrages wurden veröffentlicht in: Komitee für Grundrechte und Demokratie (Hg.), 1995: Jahrbuch '94/95: »Vollbeschäftigt. Zur gesellschaftlichen Gestaltung von Abhängigkeiten jenseits der Lohnarbeit«, Köln, S. 277-286

Fox, Matthew, 1994/1996: Revolution der Arbeit. Damit alle sinnvoll leben und arbeiten können. München

Hofmeister, Sabine, 1995: Der »Blinde Fleck« ist das Ganze. Anmerkungen zur Bedeutung der Reproduktion in der Ökonomie, in: Neue Bewertungen in der Ökonomie, hrsg. von Klaus Grenzdörffer, Adelheid Biesecker, Holger Heide, Sabine Wolf, Pfaffenweiler

Illich, Ivan, 1982: »Schattenarbeit«. In: ders.: Vom Recht auf Gemeinheit. Reinbek, S. 75-93

Immler, Hans, 1985: Natur in der ökonomischen Theorie, Teil 1 und 2. Opladen

Lunneborg, Patricia W., 1990/1994: Frauen arbeiten anders. Frankfurt/New York

Mies, Maria, 1986/1992: Patriarchat und Kapital. Frauen in der internationalen Arbeitsteilung. Zürich

Rifkin, Jeremy, 1995: The End of Work. The Decline of the Global Labor Force and the Dawn of the Post-Market Era. New York

Scheich, Elvira, 1993: Naturbeherrschung und Weiblichkeit. Denkformen und Phantasmen der modernen Naturwissenschaften. Pfaffenweiler

dies., 1995: Klassifiziert nach Geschlecht. Die Funktionalisierung des Weiblichen für die Generalogie des Lebendigen in Darwins Abstammungslehre. In: Orland, Barbara/Scheich, Elvira (Hrsg.): Das Geschlecht der Natur. Frankfurt a.M.

Sichtermann, Barbara, 1987: FrauenArbeit. Über wechselnde Tätigkeiten und die Ökonomie der Emanzipation. Berlin

Tronto, Joan, 1993: Moral Boundaries. A Political Argument for an Ethic of Care. New York und London

Otto Ullrich

Gefangen im Mythos der Arbeitsgesellschaft?

Über die Zukunft der Arbeit, auch über eine zukunftsfähige andere Arbeit, ist schon sehr viel geschrieben worden. Es gibt hierzu eine fast unübersehbare Fülle von Analysen und Vorschlägen. Angesichts der Unfähigkeit des »herrschenden Systems«, Arbeit in Einklang mit der Natur und menschlichen Bedürfnissen zu bringen, verbreitet sich die Erkenntnis, daß unsere kapitalistisch-industrielle Produktions- und Lebensweise keine Zukunft haben kann. Eine grundlegende Neuorientierung wird für notwendig gehalten, vor allem, wenn an die globalen Folgen unseres Wohlstandsmodells gedacht wird.

Im eigenartigen Kontrast zu dieser allgemeinen Einsicht steht jedoch das konkrete Verhalten. »Die meisten Menschen des Nordens, auch die Frauen, haben keine Lust, diese Erkenntnisse in Handeln umzusetzen« (Maria Mies, 1996a, S. 24). Alles läuft in den eingeschliffenen Alltagsroutinen weiter, sowohl auf der privaten als auch auf der politischen Ebene. Der Hauptmangel scheint also, bürokratisch gesprochen, ein Umsetzungsdefizit zu sein. Woran kann das liegen? Sind zu wenig gangbare Alternativen erkennbar, oder werden die Bedingungen für »gangbar« zu eng an gegenwärtige Gewohnheiten geknüpft? Kann die Attraktivität einer nicht auf Ausbeutung beruhenden Produktions- und Lebensweise zu wenig vermittelt werden, oder ist das unsolidarische und unökologische Leben auf Kosten anderer nicht zwangsläufig attraktiver oder zumindest bequemer, weswegen viele freiwillig nicht davon lassen werden? Gibt es fließende Übergänge, kleine richtige Schritte im großen Falschen und führen diese schließlich zu einem »Kippen«

des Industriesystems, oder versanden sie in Nischen, sind somit radikalere Brüche erforderlich? Hat sich möglicherweise selbst das Nachdenken über anzustrebende Alternativen noch nicht hinreichend befreien können vom Mythos der Arbeitsgesellschaft, sind selbst noch die Begriffe der Gegenentwürfe »infiziert« von dem, was man zu überwinden hofft, so daß allein schon hierdurch das Ziel vereitelt wird? Welche handlungsleitenden Grundorientierungen sind mindestens erforderlich, damit der neuzeitliche Bann der Verhexung gebrochen wird, daß durch Arbeit, Wissenschaft und Technik ein »Schleichweg ins Paradies« zu finden sei? Ich möchte diesen Fragen ein wenig nachgehen, wobei mehr Fragen als Antworten bleiben werden.

Warum können wir die Früchte unserer Arbeit nicht genießen?

Der Wirtschaftsliberalismus sah und sieht im marktregulierten Kampf aller gegen alle die besten Voraussetzungen für eine dynamisch-expansive Wirtschaftsentwicklung. Das rücksichtslos privategoistische Verhalten der Einzelnen sollte in der Summe zum öffentlichen Guten, zum Wohlstand der Nationen führen. Aber viele Befürworter der Marktgesellschaft, von Adam Smith bis Ludwig Erhard glaubten, daß dieser, ein Gemeinwesen brutalisierende Prozeß auch einmal zu einem Ende käme. Wenn die Menschen nach der harten Arbeit endlich im Wohlstand lebten, könnten sie geruhsamer die Früchte ihrer Arbeit genießen und zu den alten Tugenden, wie gegenseitige Rücksichtnahme, wieder zurückkehren.

Auch Marxisten und Sozialisten sahen das ähnlich. Nach der menschenerniedrigenden Entfaltung der Produktivkräfte, die man bereitwillig dem Kapitalismus überließ, sollte die Arbeitsknechtschaft ein Ende haben. Die dann erschlossenen Springquellen des gesellschaftlichen Reichtums sollten für alle die Pforte zum Reich der Freiheit öffnen für Philosophie und Gartenarbeit.

Warum haben sich diese Hoffnungen nicht erfüllt? Offensichtlich wurden einige »Mechanismen«, die die Produktionslawine auslösten, in ihrer sich selbst verstärkenden Dynamik zu »Teufelskreisen« nicht richtig eingeschätzt. Dazu gehört beispielsweise der Verselbständigungsprozeß der zunächst für erforderlich gehaltenen Loslösung der Produktion vom Bedarf. In einer lebensweltlich orientierten Ökonomie wird das produziert, wofür die Menschen einen Bedarf haben. Früher, als die Produktion noch in »richtigen Proportionen« gehalten war, schreibt Marx, ging die Nachfrage dem Angebot voraus. Die »Produktion folgte Schritt für Schritt der Konsumtion.«

Mit der Produktionsmaschinerie der großen Industrie, entstanden durch die Akkumulation des Kapitals, wird der ursprüngliche Zusammenhang zwischen Bedarf und Produktion aufgetrennt und umgekehrt. »Schon durch die Instrumente, über welche sie verfügt, gezwungen, in beständig größerem Maße zu produzieren, kann die Großindustrie nicht die Nachfrage abwarten. Die Produktion geht der Konsumtion voraus, das Angebot erzwingt die Nachfrage.« (Karl Marx, 1964, S. 97 f.).

Die Ökonomie der Industriegesellschaft trennt sich so von ihrem lebensweltlichen Zweck, Dienerin zu sein für die Befriedigung materieller Bedürfnisse der Menschen. Sie verselbständigt sich und wird zur Herrin der Gesellschaft, indem sie alle in den Bann der Geldvermehrung zwingt. Auf diese Weise entsteht die Produktlawine von industriell erzeugtem Kram, den zum größten Teil niemand wirklich braucht, was bereits vor hundert Jahren von William Morris beklagt wurde. Der Bedarf hierfür muß erst aufwendig hergestellt werden. So arbeiten heute in Deutschland rund vierhunderttausend Menschen für Produktpropaganda und Bedarfserzeugung, um das Wirtschaftswachstum für eine verselbständigte Ökonomie in Gang zu halten.

Ein Glaubenssatz heutiger Wirtschaftsliberaler, die die Hoffnung auf ein glückliches Ende des Wettkampfs aller gegen alle längst aufgegeben haben, lautet darum: Wachstum ist nicht alles, aber ohne Wachstum ist alles nichts. Dieser Satz beschreibt treffend die unabdingbare Voraussetzung für den kapitalistischen Produktionswahn ohne Ende. Er benennt aber spiegelbildlich auch die unabdingbare Voraussetzung für eine zukunftsfähige Ökonomie: »kein weiteres Wachstum« ist als Ziel für Nachhaltigkeit noch nicht alles, aber mit weiterem Wirtschaftswachstum werden alle Bemühungen um eine zukunftsfähige Wirtschaftsweise vergeblich sein.

Damit ist nach meiner Einschätzung die wichtigste Rahmenbedingung für eine zukunftsfähige Arbeit genannt: Die Wachstumsdynamik muß gebrochen werden, das alles verzehrende unendliche Steigerungsprojekt der Moderne (Peter Gross, 1994) muß beendet werden. Die Ökonomie und damit auch die mit ihr verbundene Arbeit muß wieder lebensweltlichen Zielen dienen, die Produktion ihre Nachfrage wieder abwarten können. Eine öffentliche Debatte muß darüber geführt werden, wann etwas »genug« ist, wann wirtschaftliche Ziele erreicht sind. Institutionen wären zu schaffen zur Entdynamisierung von Wirtschaftsprozessen, zur Auflösung von Teufelskreisen.

Die verselbständigte Ökonomie hält trotz hoher Arbeitslosigkeit eine Unmenge sinnloser Arbeitskraft gefangen, die schon lange nichts zu einem »guten Leben« beiträgt, sondern nur die Träger der Arbeitskraft, die Reste einer humanen Kultur und die Schätze der Natur ausplündert. So sind alle Überlegungen zur Arbeitszeitpolitik, zur gerechteren Verteilung der Arbeit zwischen Männern und Frauen, zum Verhältnis von Reproduktionsarbeit zur Lohnarbeit, zu neuen Qualifikationen, neuen Arbeitsplätzen für neue Produkte, selbst zur Eigenarbeit meilenweit entfernt von einer Zukunftsfähigkeit, wenn sie gefangen bleiben im Kontext des herrschenden Produktionsverständnisses, das zutreffend nur als Produktionswahn zu bezeichnen ist. Da ich die Befreiung der Arbeit aus der Gefangenschaft des Fortschrittsmythos der Moderne für zentral halte, möchte ich im folgenden die aufzulösenden Zusammenhänge noch von anderen Gesichtspunkten aus betrachten.

Sind ökologische und soziale Anforderungen gleichberechtigt?

In gewerkschaftlichen Debatten wird schnell zugestanden, daß man »die Ökologie« für sehr wichtig hält, aber zuvor müsse »das Soziale stimmen«. Man habe keine Lust, arbeitslos im gesunden Wald spazieren zu gehen. Die soziale Blindheit der Ökologie müsse überwunden werden. Aber wenn man wählen muß, dann entscheidet man sich selbstverständlich für die Kombination Arbeit mit einem sterbenden Wald. Am liebsten hätte man natürlich beides: Arbeit und Ökologie. Es wird dann an Vielecken gebastelt mit gleichberechtigten Zielen. An den Eckpunkten steht: Wirtschaft, Arbeit, Soziales, Umwelt und je nach Diskussionskreis vielleicht noch Dritte Welt oder zukünftige Generationen. Bemerkenswert ist allein schon, daß in diesen Diskussionen »der Wirtschaft« und »der Arbeit« ganz selbstverständlich unabhängige Eigenständigkeit zugestanden wird. Und was versteht man unter dem »Sozialen«, das stimmen muß, in einer Konsumwelt, in der bereits Videorecorder nicht gepfändet werden dürfen, weil sie angeblich zur unverzichtbaren Alltagsausstattung gehören?

Menschen sind in ihrem Verhalten und in dem, was sie für wichtig halten, nicht von der Natur her festgelegt. Sie haben sehr große Freiheitsgrade zur Schaffung ihrer eigenen bedeutungsvollen »Welten«, wovon der bunte Strauß menschlicher Kulturen zeugt. Andererseits sind Menschen jedoch auch Naturwesen wie die Tiere und Pflanzen der Erde und sind ebenso angewiesen auf ihre natürlichen Gefährten Feuer, Wasser, Luft und Erde. (Lewis Mumford, 1977).

Da Menschen durch ihre Kultur und Gesellschaft selbst bestimmen können, was für sie bedeutungsvoll ist, können sie auch zu der Ansicht verleitet werden, daß die natürlichen Voraussetzungen für sie nicht von besonderer Bedeutung sind. Im Hinblick auf ihre Natureinbindung können Menschen also auch zu »objektiv falschen Weltbildern« kommen (Godela Unseld, 1992), in denen tatsächliche Verhältnisse ignoriert, geleugnet und verdrängt werden.

In der europäischen Neuzeit entsteht eine Kultur und Gesellschaft, in der ein solch objektiv falsches Weltbild im Extrem ausformuliert wird. Das beginnt bereits mit ihrer jüdisch- christlichen Religion, in der ein erdferner Gott postuliert wird. Alles Heilige wird aus der Erde abgezogen und auf diesen im Himmel thronenden Gott konzentriert. Schon bei dieser Religion kann von einem objektiv falschen Weltbild gesprochen werden, weil sie einen Keil treibt zwischen die Menschen und die anderen Lebewesen, denn nur den

Menschen wird eine Seele zugesprochen, und die anderen Lebewesen werden seiner Herrschaft überantwortet.

Die menschliche Hybris, die Erdentfremdung und Entheiligung der Natur werden dann im »Projekt der Moderne« auf die Spitze getrieben und institutionell ausdifferenziert. Es entsteht eine erdentfremdete Naturwissenschaft als Himmelsmechanik mit den göttlichen Gesetzen der Mathematik; eine ich-zentrierte Philosophie, die außer den eigenen Kopfgeburten nichts gelten läßt; eine naturvergessende Ökonomie, die sich verselbständigt; ein auf private Aneignung fixiertes Rechtsgebäude usw. Im Industrialismus bekommen diese »Hirngespinste« durch die militärische Organisation von Arbeitssoldaten und durch verwissenschaftlichte Technik materielle Gewalt. Das Programm der Industrie, alles Lebendige zu ersetzen durch eine tote Maschinerie, wird zunehmend Realität. Der moderne männliche Machbarkeitswahn schließlich glaubt sich vollständig von der Natur emanzipieren zu können und eine »zweite Natur« nach dem Bild seines verrechnenden Verstands herstellen zu können.

Der moderne Mensch feiert dies alles als Fortschritt. Es ist »in Wirklichkeit« jedoch, gemessen an anderen Kulturen, an den möglichen Fähigkeiten der Menschen und an der Realität ihrer Natureinbettung ein erbärmlicher Rückschritt. Es entsteht eine Kultur und Gesellschaft, die gegenüber der äußeren und inneren Natur des Menschen »fehlangepaßt« und rücksichtslos ist (Fritz Reheis, 1996). Welche »verrückten« sozialen Konstruktionen hier entstanden sind, kann man am Beispiel der Bedürfniserzeugung und dem Versuch der Befriedigung menschlicher Bedürfnisse sehen.

Mit der großen Industrie, die die Nachfrage nicht abwarten kann und den Bedarf gleich mitproduziert, erfolgt eine doppelte industrielle Zurichtung der Menschen: für die Produktion und für die Konsumtion. Die Arbeitskasernen verlangen Arbeitssoldaten, die unabhängig von ihren Bedürfnissen und ihren unregelmäßigen Anfällen von Arbeitslust dem Marschbefehl zur Produktion gehorchen. In einem sehr schmerzvollen, vergessenen Zurichtungsprozeß entsteht die heute selbstverständliche industrielle Arbeitsamkeit. Für die Auftrennung und Umkehrung des Zusammenhangs von Bedürfnisbefriedigung und Arbeit ist die massenhafte Verbreitung der Institution

Lohnarbeit hilfreich, denn hierdurch kann Arbeitsbereitschaft an den im Prinzip unersättlichen Geldbedarf geknüpft werden.

Die große Industrie braucht jedoch nicht nur Arbeiter, die unabhängig von ihren Bedürfnissen arbeiten, sondern gleichzeitig für ihre produzierte Güterflut auch Konsumenten, die unabhängig von ihren Bedürfnissen konsumieren. Es entsteht die zur Lohnarbeit dazugehörende »warenintensive Lebensweise«, die verzweifelt, aber erfolglos versucht, alle menschlichen Bedürfnisse durch den Kauf von Waren zu befriedigen. (William Leiss, 1978) Da immaterielle Bedürfnisse nicht durch Kaufakte befriedigt werden können, dies jedoch nach Art der Drogendynamik mit immer höheren Dosen versucht wird, türmt sich der Berg des »fehlgeleiteten Konsums« (Udo Beier, 1993), der Ersatzbefriedigung ist und dennoch nicht befriedigt, sondern Menschen sogar zurückentwickelt, regredieren läßt (Wolfgang Schmidbauer, 1995).

Hinzukommt eine weitere famose Erfindung der Moderne: die sozial konstruierte Knappheit (Hans Achterhuis, 1994). Viele Güter werden nicht wegen ihres unmittelbaren Gebrauchswerts erstrebt, sondern man will sie haben, weil die anderen sie auch haben. Die sozial erzeugten »knappen Güter« können zudem noch »positionelle Güter« sein (Fred Hirsch, 1980), die ihren Erstrebens-Wert dadurch erhalten, weil nur wenige sie haben. Sobald sie zu Massengütern werden, verlieren sie ihren Wert.

Es gibt noch weitere, meist hinter dem Rücken wirkende »Mechanismen«, die nicht allgemeine menschliche Eigenschaften, sondern soziale »Erfindungen« der Moderne sind. Durch sie wird die institutionell abgesicherte Maßlosigkeit, die Dynamik der Unersättlichkeit der kapitalistischen Ökonomie in die Psyche und Seele der Menschen verkrallt.

Um nun zu der Ausgangsfrage, ob ökologische und soziale Anforderungen gleichberechtigt sind, zurückzukommen: Angesichts der extrem fehlangepaßten modernen Kultur und Gesellschaft an die innere und äußere Natur des Menschen und der kaum zu überbietenden Hybris gegenüber der nichtmenschlichen Mitwelt, verrät die Forderung nach einer Gleichberechtigung zwischen »Arbeit« und »Ökologie«, was im Konkreten ja immer noch Vorrang der »Arbeit« bedeutete, nur das Fortbestehen eines objektiv falschen Weltbilds. In ihm werden typischerweise die selbstgemachten bedeutungsvollen Welten (wie etwa der Weltmarkt oder der Kapitalismus) als unabänderliches Faktum angesehen, während die natürlichen Lebensvoraussetzungen, auf die Menschen nicht verzichten können, wie Wärme des Feuers, sauberes Wasser zum Trinken, gesunde Luft zum Atmen und fruchtbare Erde für die Nahrung als beliebig manipulierbare »Umweltmedien« angesehen werden. Wer heute einen »Nachholbedarf«, eine unverzichtbare »soziale Notwendigkeit« gegen eine »ökologische Forderung« ausspielt, der müßte zunächst den riesigen Berg des Konsumplunders wegräumen, der entstanden ist durch fehlgeleiteten Konsum und sozial konstruierte Knappheit. Er wird darunter kaum etwas finden, das es rechtfertigen würde, als Nebenfolge der damit verbundenen Arbeit einen Wald sterben zu lassen.

Bevor man über die Attraktivität und Akzeptanz von Alternativen und möglichen Transformationsprozessen redet, muß für eine zukunftsfähige Arbeit also über folgende Themen nachgedacht werden: über die Möglichkeit eines objektiv falschen Weltbilds, die Hybris der Moderne gegenüber der Mitwelt, über die Erdentfremdung und Entheiligung der Natur, den männlichen Machbarkeitswahn, die doppelte industrielle Zurichtung des Menschen unabhängig von seinen Bedürfnissen zu arbeiten und zu konsumieren, über die Verknüpfung von Lohnarbeit und warenintensiver Lebensweise, die Drogendynamik des fehlgeleiteten Konsums, die Knappheit als soziale Konstruktion und über weitere »Mechanismen«, die die kapitalistische Dynamik der Unersättlichkeit in die Psyche und Seele der Menschen einpflanzen.

Sind Effizienzsteigerungen ein erster Schritt in die richtige Richtung?

Große Zustimmung erhält gegenwärtig die Auffassung, daß eine Effizienzrevolution erforderlich sei. Mit neuer intelligenter Technik könne man den »Naturverbrauch« reduzieren und gleichzeitig den »Wohlstand« vermehren. Einige sind so begeistert von dieser Idee, daß sie darin nicht nur den ersten, sondern den einzigen erforderlichen Schritt sehen, um das lästige Ökologiethema wieder los zu werden. Man sieht einen großen Bedarf an ressourceneffizienteren Techniken, und die damit verbundene Arbeit wird als zukunftsorientiert eingestuft.

Selbstverständlich gibt es begrüßenswerte Verbesserungen von »Nutzungsgraden« technischer Geräte. Ein Ofen, der möglichst viel von der im Holz gespeicherten Sonnenwärme im Winter meiner Stube zuführt, ist sicher eine Errungenschaft. Aber der Begriff der Effizienz steht insgesamt in einem sehr problematischen Kontext. Er ist ein erstgeborenes Kind des kapitalistischen Industrialismus. Mit möglichst wenig Aufwand möglichst viel herauszuschlagen, ist der Schlachtruf von Ingenieuren und Kaufleuten seit Beginn der Industrialisierung. Wenn Effizienz als der große Problemlöser auch für das Thema Ökologie angesehen wird, dann sollte man genauer wissen, welche »Krankheiten« man mit diesem ausbeutungsinfizierten Konzept noch in die Gegenentwürfe mit einschleppt.

Zunächst ist an die triviale, aber viel zu wenig bedachte Tatsache zu erinnern, daß spezifische Effizienzverbesserungen durch Masseneffekte wieder aufgezehrt werden, wenn man nicht Wachstumsprozesse stillstellt. Sodann muß man fragen, ob Effizienzbemühungen am falschen Objekt erstrebenswert sind. Welchen Sinn kann es haben, die Ressourceneffizienz von Ersatzbefriedigungen und fehlgeleitetem Konsum zu erhöhen? Vielfach ist nicht eine zu geringe Ressourceneffizienz, sondern das Produkt selbst das Problem, was man am Beispiel Automobil sehen kann. Ein Auto kann noch so ressourceneffizient und spritsparend sein, wenn es als schnelles Fahrzeug jederzeit verfügbar und massenhaft verbreitet ist, zerstört es den Siedlungsraum, ist in den Städten der Tod des öffentlichen Raums, ist nach wie vor für Menschen und Tiere ein Mordinstrument, und es hält die Menschen von einer geruhsameren Lebensweise fern. Man müßte sich hier vorher auf die Bedingungen einer zukunftsfähigen Mobilität verständigt haben, bevor man Effizienzingenieure an Produkten aus dem Zeitalter der Rücksichtslosigkeit basteln läßt. So ist der Hauptmangel der Effizienzeuphorie die falsche Reihenfolge. Man müßte sich zunächst über die Ziele verständigt haben, bevor man Mittel optimiert. Effizienzverbesserungen können so bestenfalls nur ein zweiter Schritt sein.

60

Für zukunftsfähige Unternehmungen wird es in der Regel erforderlich sein, ganz andere technisch-soziale Konfigurationen anzustreben, anstatt im Vorhandenen Komponenten zu optimieren, wie folgendes Beispiel zeigt. In einigen ländlichen Gebieten kamen Wasserwerke auf die Idee, das Geld für die unbedingt erforderliche nächste neue Filteranlage nicht hierfür auszugeben, sondern damit Bauern zu helfen, auf den ökologischen Landbau umzusteigen. Das Resultat ist: Die Bewohner erhalten zu niedrigeren Kosten ein besseres Trinkwasser, das gesünder ist als das maschinell aufbereitete. Von den Bauern erhalten sie gesündere Lebensmittel. Die Wasserwerke ersparen sich teure, wartungsaufwendige Technikungetüme, die Landwirte die teuren und schadensträchtigen Produkte der chemischen Industrie. Mit einem wesentlich geringeren industriell erzeugten Mitteleinsatz, dafür aber etwas höherem Arbeitseinsatz im Ökolandbau werden weit bessere Resultate erzielt. Für eine zukunftsfähigere Gewinnung von Trinkwasser und Nahrung, also für die mit Abstand wichtigsten »Lebensmittel« der Menschen, muß sich Arbeit somit verlagern von »Industrie« nach »Natur«.

Der Charakter der Arbeit im ökologischen Landbau unterscheidet sich sehr von der Arbeit in heutigen agrar-industriellen Betrieben. Nicht rücksichtslose Ausbeutungs-Effizienz ist handlungsleitend, sondern Orientierungen an Wirkungskreisläufen und Rhythmen der Natur. Schonung, Rücksicht gegenüber der Mitwelt, Geduld und Dankbarkeit für die freiwillige Mittätigkeit der Natur würden zur »Geisteshaltung« dieser Arbeit gehören.

Für den industriellen Sektor wäre überhaupt zu prüfen, wieweit die Ausrichtung auf Effizienz den Charakter verdirbt und ebenfalls den Genuß an den Früchten der Arbeit vereitelt. In den alten industrie-orientierten Utopien zur Zukunft der Arbeit glaubte man an die Möglichkeit eines Nebeneinander von hocheffizienter Industrieproduktion und mußevollem Reich der Freiheit. André Gorz sieht hierin bis heute einen Weg ins Paradies. Aber leider gibt es an den Toren der Fabriken und Büros keine Transformationsschleusen für die Umwandlung der auf Effizienz getrimmten Arbeitshaltung zur Mußeorientierung, vom verinnerlichten Selbstzwang, alles unter Anspannung und Zeithetze zu setzen, zur Gelassenheit, zum Sein-Lassen, zur heiligen Ruhe. Die auf industrielle Hektik zugerichteten

Menschen bleiben die gleichen auch jenseits der Tore ihrer Arbeitsstätten.

Entsprechend sieht unser Reich der Freizeit dann auch aus: es ist die Fortsetzung des Produktionswahns an allen Orten. Die Arbeitsmenschen treibt auch in der Freizeit eine stete Unruhe an, etwas zu versäumen, die »knappe Zeit« nicht richtig auszunutzen. Um Freizeit effizienter zu nutzen, wird sie darum mit materiellem Zubehör, Gerätschaften aller Art, monumentalen Freizeitcentern und schnellen Fortbewegungsmaschinen zur Flucht in die Ferne hochgerüstet. Die Folge sind Hetze, Lärm, Gestank, Naturzerstörung und kranke Menschen. Die industrielle Freizeitsphäre ist so wenig zukunftsfähig wie die industrielle Produktionssphäre. Eine Verlagerung der Anteile von Arbeitszeit nach Freizeit ist unter diesen Bedingungen weder für die Menschen noch für die Natur ein Gewinn.

Mit einem dominanten unter Effizienzanspannung stehenden Produktionssektor, ob für Eisen oder rechnende Elektronen, ist die Chance auf das erhoffte Reich der Freiheit gering. Der »Fleiß und der Nutzen sind die Todesengel mit dem feurigen Schwert, welche dem Menschen die Rückkehr ins Paradies verwehren.« (Friedrich Schlegel, 1963, zitiert nach Karlheinz Geißler, 1996, S. 70).

Wege zur Überwindung des Arbeitsmythos

»Was uns fehlt, ist ein lebenswertes Ideal der Nicht-Arbeit, eine Kultur der Arbeitslosigkeit, ein Zivilisationsmuster für eine von der Arbeit befreite Zeitorganisation.« (Karlheinz Geißler, 1996, S. 54). Einzelne Bausteine, Beispiele und Leitbilder für die Überwindung des industriellen Arbeitsmythos, für die Beendigung des Krieges gegen die Natur und des ökonomischen Krieges der Menschen gegeneinander gibt es ja. Einige möchte ich stichwortartig aufzählen.

Die industrielle Produktions- und Lebensweise gründet sich auf eine falsche Stoffbasis. Sie plündert mit Raubtechniken die Schätze der Erde aus und verwandelt sie in Schadstoffe und giftigen Müll. Eine zukunftsfähige Produktions- und Lebensweise muß sich wieder auf das laufende Einkommen der Erde gründen, auf die Sonnenenergie und nachwachsende Rohstoffe.

Durch den Produktionswahn hat der Industrialismus die durch Menschen vernutzten Energie- und Stoffströme auf ein viel zu hohes Niveau geschraubt und unter Wachstumszwang gesetzt. Für die Zukunftsfähigkeit ist eine sehr starke Reduzierung dieser Ströme erforderlich, die weit über alle denkbaren Effizienzverbesserungen hinausgeht. Ökonomisch-technische Abrüstung, Entdynamisierung, Entschleunigung sind hier Schlüsselforderungen.

Eine der folgenreichsten Fehlentwicklungen der modernen Ökonomie ist ihre raumimperiale Ausrichtung, die gegenwärtig als »Globalisierung« die Schlagzeilen füllt. Aus ökologischen und kulturellen Gründen ist es nicht sinnvoll, Einheitsprodukte über große Entfernungen hin und her zu karren. Die Naturstoffökonomie wird eine Nahraumwirtschaft sein mit kleinräumig geschlossenen Kreisläufen von Energie, Stoffen, Daten und Geld, und sie wird wieder regional-kulturelle Einfärbungen haben.

Die regionalorientierte, entdynamisierte Naturstoffökonomie wird eingebunden sein in eine Kultur der Rücksichtnahme, Verantwortung und Solidarität gegenüber allen Lebewesen. Ökonomie hat in einer zukunftsfähigen Welt zudem nur eine beiläufige, untergeordnete Bedeutung. Befreit vom globalen ökonomischen Krieg können für die Gewinnung der lebenswichtigen Dinge wieder alte und neue, nicht marktvermittelte Kooperationsformen, wie etwa Genossenschaften, erprobt werden. Der Anteil der Lohnarbeit wird stark zurückgehen müssen, und lebenserhaltende Tätigkeiten jenseits der Lohnarbeit, gerecht verteilte Subsistenztätigkeiten, werden die Basis der materiellen Versorgung sein.

Die zukunftsfähige Lebensweise überwindet die doppelte industrielle Zurichtung, unabhängig von Bedürfnissen zu arbeiten und zu konsumieren. Immaterielle Bedürfnisse werden ohne dazwischengeschaltete Materialberge befriedigt. Die Befreiung von der waren- und entfernungsintensiven Lebensweise eröffnet die Möglichkeit eines genußfähigen »guten Lebens« im Zeitwohlstand. Die wiederbelebten Nahräume machen eine neue Seßhaftigkeit attraktiv.

Für zentral halte ich die Überwindung der neuzeitlichen Hybris gegenüber der Mitwelt, die Wiedereinbindung unserer Kultur und

Gesellschaft in die Natur, in ihre Rhythmen und Vorgaben. (Konkret bedeutet dies beispielsweise: Gemüse und Obst der Saison und Region, Schwimmen im Sommer im Fluß und nicht im Winter im geheizten Spaßbad, Schlittschuhlaufen im Winter auf dem zugefrorenen Teich und nicht im Sommer in der stromfressenden Eissporthalle, oder auch: keine Flexibilisierung in die Rund-um-die-Uhr- Gesellschaft, also so wenig wie möglich Arbeit in der Nacht und an Feiertagen.)

Zur Überwindung der menschlichen Rücksichtslosigkeit gegenüber der Natur brauchen wir einen neuen Naturvertrag (Michel Serres, 1994), einen neuen Bund mit den Tieren und Pflanzen (Desmond Morris, 1993). Die Erbärmlichkeit unserer Massenproduktions-Kultur zeigt sich nicht zuletzt in den Schlachthöfen, den Massentierhaltungen, den Tiertransporten und auch an den genverpanschten Tieren und Pflanzen. Wir müssen versuchen, die Entheiligung der Natur zurückzunehmen (Jeremy Rifkin, 1986) und auf höherer Ebene wieder Animisten zu werden.

Die erforderlichen Qualifikationen und Fertigkeiten in einem menschlichen »Gemeinwesen in der Gemeinschaft der Natur« (Klaus Michael Meyer-Abich, 1997) werden sich sehr unterscheiden von den heutigen zur Ausschaltung, Ausplünderung und Ersetzung der Natur. Ein sinnenreflexiver, sanfter und kenntnisreicher Umgang mit Naturstoffen sowie ein pflegender, behutsamer und mitfühlender Umgang mit Lebewesen werden die wichtigsten »Qualifikationen« sein. Zukunft werden also die vom »Fortschritt« bereits totgesagten handwerklichen und bäuerlich-gärtnerischen Fertigkeiten haben.

Insgesamt wird in den neuen Tätigkeiten die Körperausschaltung zurückgenommen. Es ist kein Fortschritt, anstatt im Schweiße des Angesichts im Flimmern der Augen zu arbeiten. Körperliche Anstrengung ist ein natürliches Bedürfnis. Sie wird heute in den leerlaufenden Maschinenparks der Fitness-Studios oder im Jogging gesucht. Warum sollte man diese gewollten körperlichen Anstrengungen nicht wieder mit sinnvollen Tätigkeiten verbinden?

Für die vielen verschiedenen Tätigkeiten wird es wieder viele unterschiedliche Begriffe geben anstelle der hilflosen Gegenüberstellung von Lohnarbeit und Eigenarbeit oder den anderen arbeitsdominierten Ausdrücken wie dem fürchterlichen Ungetüm »Reproduktionsarbeit«. Mit der Überwindung des Arbeitsmythos könnte auch der pauschalisierende Einheitsbegriff »Arbeit« verschwinden.

Gleitende Übergänge oder Brüche?

Wie kann nun der Übergang erfolgen zu einer zukunftsfähigen Welt? Die großen Trends laufen ja alle noch in die falsche Richtung. Liegt es nur, wie ich in der Einleitung erwähnte, am fehlenden privaten und politischen Willen, ein bereits vorhandenes Wissen in die Tat umzusetzen? Es gibt zwar eine breite diffuse Einsicht, daß es so nicht weitergehen kann, aber ein allgemeines »Unbehagen an der Moderne« ist noch keine systematische Erkenntnis, daß das »Projekt der Moderne«, zumindest in seinen wissenschaftlich-technischen und ökonomischen Ausformungen, gescheitert ist.

Selbst in der kritischen Debatte über die Zukunft der Arbeit ist das heilsversprechende Bacon-Projekt, durch Arbeit, Wissenschaft und Technik einen Schleichweg ins Paradies zu finden, auch im Denken noch nicht überwunden. Die Begriffe Modernisierung, technische Innovation, HighTech, Effizienz, Produktivität, Industrie, Entwicklung, Marktwirtschaft, Massenkaufkraft usw. haben selbst hier noch einen guten Klang. Sie werden nur zeitgemäß angepaßt, indem man jeweils »ökologisch« davorsetzt. Es ist dann die ökologische Modernisierung, die ökologische Marktwirtschaft, die ökologische HighTech-Produktion oder die nachhaltige Entwicklung. Man glaubt, die Grundlogik des Fortschrittsmythos, das moderne Steigerungsprojekt, die unendliche Spirale der wissenschaftlich-technischen Verbesserungen beibehalten zu können, ohne zu sehen, daß genau hierdurch die ökologischen Probleme erzeugt werden.

Darum sehe ich in der unzureichenden grundsätzlichen Analyse und Kritik des Industrialismus auch einen wesentlichen Grund für das Verharren im Gegenwärtigen. Da man noch nicht richtig wahrhaben will, daß das gesamte moderne Naturbeherrschungsprogramm mit all seinen Ausprägungen von der Wissenschaft bis zum Produktionswahn in eine Sackgasse gerast ist, sucht man immer noch nach Anknüpfungspunkten im Vorhandenen, nach Verbesserungen im eingeschlagenen Weg, nach einem Durchbruch nach vorne.

Doch für eine nachhaltige, natureingebundene Produktions- und Lebensweise gibt es typischerweise kaum Anknüpfungspunkte im vorhandenen Ausplünderungsprojekt. So sind im geschilderten Beispiel mit den Wasserwerken und den Bio-Bauern keine Anknüpfungspunkte in der vorherrschenden Landwirtschaft gegeben. Ein Bruch mit dem bisher Praktizierten ist erforderlich, eine komplette Umstellung und ein Neuanfang. Auch bei den Filterherstellern, die auf Öko-Messen stolz ihre Produkte präsentieren, weil sie »konkret etwas für die Umwelt tun«, gibt es keine Anknüpfungspunkte. Ihre Produktion ist überflüssig.

Für die Übergänge zu einer zukunftsfähigen Welt sieht es fast überall so aus: In der Nahrungsmittelverarbeitung und Verteilung, in der Herstellung von Kleidung, Wohnungen, Möbeln, Hausrat, im Verkehr, Tourismus, in der Energieversorgung, überall sind Brüche erforderlich, ein Ausstieg, Abbau, Neuanfang, günstigenfalls ein radikaler Umbau. Und typisch ist, daß der Übergang, wie im Beispiel des ökologischen Landbaus, mit einer Durststrecke verbunden ist, mit Unsicherheiten, Rückschlägen, dem Abtragen von Altlasten und neuem Lernen.

Es sieht also nicht gut aus für die populäre und scheinbar realitätsorientierte Forderung, daß man »die Leute« dort abholen solle, wo sie stehen. In der Politik, bei den Gewerkschaften und auch im privaten Bereich wird der von Anbeginn »attraktive« Umstieg gefordert. Das industriell angewöhnte Bequemlichkeitsverhalten sucht den bequemen Übergang. Am liebsten möchte man auf ökologisch »umschalten« können wie bei einer Heizungsanlage von Sommer- auf Winterbetrieb. Das wird nicht zu haben sein.

Ich will nicht ausschließen, daß es auch gleitende Übergänge geben kann, obwohl ich sie bis jetzt nicht sehe. Große Hoffnungen in einen Umschlag von Quantität in Qualität wurden einmal in die schrittweise Reduzierung der Lohnarbeitszeit gesetzt. Die Hoffnungen erfüllten sich nicht, weil die Freizeit nicht das Reich der Freiheit geworden ist und weil die verbleibende Lohnarbeit umso effizienter Menschen und Natur ausplündert.

Überhaupt hat der größte Teil der Debatte um die Zukunft der (Erwerbs-)Arbeit, etwa um die Veränderungen des Normalarbeitstags, Flexibilisierung, Teilzeitarbeit, neue Verteilungen der Arbeit zwischen den Geschlechtern oder neue Arbeitszeitregelungen für Betriebe in der Krise mit dem Thema zukunftsfähig noch nichts zu tun, weil er gefangen bleibt im herrschenden Produktionsverständis, Mitweltthemen, wenn überhaupt, nur am Rand angesprochen werden und »ökologische Gratiseffekte« kaum anfallen oder nur zufällig und vorübergehend sind.

Zudem suggeriert die »Multioptionsgesellschaft« (Peter Gross, 1994) die trügerische Vorstellung, daß alles nebeneinander möglich sei und es nur auf die richtige Balance, auf das geschickte Management ankäme. »Eine bessere Balance finden? Ich habe mir vorgemacht, so etwas sei möglich. Die Metapher stimmt einfach nicht. Ich mußte eine Wahl treffen«, schreibt der Arbeitsminister der Clinton-Administration Robert B. Reich (1996), nachdem er seinen »wunderbaren Job« kündigte, um mehr Zeit für seine heranwachsenden Kinder zu haben.

Eine Art »Ausstieg« auf allen Ebenen wird es schon werden müssen, als bewußte selbstbeschränkende Wahl, um den Bann der Arbeitsgesellschaft zu brechen. Und es ist dringend, daß damit in den Industriegesellschaften begonnen wird, denn das größte Problem ist gegenwärtig, daß unsere ganz und gar nicht zukunftsfähige Produktions- und Lebensweise mit wachsender Dynamik von der ganzen Welt nachgeahmt wird.

Literatur

Achterhuis, Hans: Natur und der Mythos der Knappheit, in: Wolfgang Sachs (Hg.), 1994: Der Planet als Patient. Über die Widersprüche globaler Umweltpolitik, Berlin

Arendt, Hannah, 1981: Vita activa oder Vom tätigen Leben, München

Beier, Udo, 1993: Der fehlgeleitete Konsum. Eine ökologische Kritik am Verbraucherverhalten, Frankfurt/M

Butterweck, Hellmut: Arbeit ohne Wachstumszwang. Essay über Ressourcen, Umwelt, Arbeit, Kapital, Frankfurt/M 1995

Geißler, Karlheinz A.: Zeit. »Verweile doch, du bist so schön!«, Weinheim, Berlin 1996

Gronemeyer, Marianne, 1993: Das Leben als letzte Gelegenheit. Sicherheitsbedürfnisse und Zeitknappheit, Darmstadt

Gross, Peter: Die Multioptionsgesellschaft, Frankfurt/M 1994

Hirsch, Fred: Die sozialen Grenzen des Wachstums, Reinbek 1980

Lafargue, Paul, 1966 [1833]: Das Recht auf Faulheit, Frankfurt/M

Leiss, William: Die Grenzen der Bedürfnisbefriedigung, in: Technologie und Politik Nr. 12, Reinbek 1978

Marx, Karl, 1964 [1847]: Das Elend der Philosophie, MEW 4, S. 97 f., Berlin

Meyer-Abich, Klaus Michael, 1997: Praktische Naturphilosophie. Erinnerung an einen vergessenen Traum, München

Mies, Maria und Vandara Shiva, 1996: Ökofeminismus, Zürich

Mies, Maria, 1996a: Wir sehnen uns nach dem, was wir zerstört haben, in: Der Rabe Ralf, Umweltabwegiges Monatsblatt, Dez. 1996/Jan. 1997, Berlin

Morris, Desmond: Der Vertrag mit den Tieren, Mensch und Tier als Schicksalsgemeinschaft für das Überleben auf unserer Erde, München 1993

Morris, William, 1974 [1890]: Kunde von Nirgendwo (News from Nowhere), Köln

Mumford, Lewis, 1977 [1964/1966]: Mythos der Maschine. Kultur, Technik und Macht, Frankfurt

Reheis, Fritz, 1996: Die Kreativität der Langsamkeit. Neuer Wohlstand durch Entschleunigung, Darmstadt

Reich, Robert B., 1996: Warum ich meinen wunderbaren Job aufgebe, in: Die Zeit, Nr. 47 vom 15.11.1996, Hamburg

Rifkin, Jeremy, 1986 [1983]: Genesis zwei. Biotechnik – Schöpfung nach Maß, Reinbek

Schlegel, Friedrich, 1963: Lucinde. Stuttgart

Schmidbauer, Wolfgang, 1995: Jetzt haben, später zahlen. Die seelischen Folgen der Konsumgesellschaft, Reinbek

Serres, Michel: Der Naturvertrag, Frankfurt/M 1994

Ullrich, Otto: Lebenserhaltende Tätigkeiten jenseits der Lohnarbeit, in: Werner Fricke (Hg.): Jahrbuch Arbeit und Technik 1993, Bonn 1993

Ullrich, Otto: Die Zukunft der Arbeit, oder: Haben wir mit industrieller Arbeit eine Zukunft?, in: Wechselwirkung Nr. 75, Okt./Nov. 1995

Unamuno, Miguel de: Plädoyer des Müßiggangs, Graz, Wien 1996

Unseld, Godela: Maschinenintelligenz oder Menschenphantasie? Ein Plädoyer für den Ausstieg aus unserer technisch-wissenschaftlichen Kultur, Frankfurt/M 1992

Wehling, Peter: Die Moderne als Sozialmythos, Zur Kritik sozialwissenschaftlicher Modernisierungstheorien, Frankfurt/M, New York 1992

Klaus Grenzdörffer

Wert-volles Arbeiten

Visionen

Das energiegespeiste Licht geht aus, die Arbeit geht aus, das Geld geht aus – Visionen können auch Horror verbreiten. Andererseits: Wünschen wir uns nicht heimlich bisweilen etwas weniger Arbeit und freuen wir uns nicht: »Mein Licht geht aus, wir gehn' nach Haus« und sehnen wir uns nicht nach Gemüse und Vertrauen statt nach Geld, das man nicht essen kann? Ja, ja. Aber was heißt »wir«? Wer gesicherte berufliche Stellung mit gutem Einkommen hat sowie über die natürlichen Roh- und Energiestoffe verfügt, hat gut lachen. Aber die anderen?

Umverteilung

Eine Möglichkeit, auch die anderen zum Lachen zu bringen, liegt in der Umverteilung, in einer Abgabe der Besitzer von Geld, Arbeit und Naturstoffen an Geldlose, Arbeitslose und Naturstofflose.

Der natürliche Leib verlangt die Teilung des Mantels mit den Armen, aber – und hierin liegt die Grenze der Botschaft des Franz von Assisi – menschliches Leben ist nicht bloß Natur, sondern auch ein Sozialverhältnis. Zur eigenständigen Lebensführung in der modernen Gesellschaft gehört Geld, und dies wird so ungern abgegeben, daß SpenderInnen noch ein Jahr später davon zu berichten wissen. Trotz Steigerung des Vermögens der Privaten Haushalte in Höhen jenseits der Alltagsvorstellung mit vielen Stellen vor dem Komma ist bei Wohlfahrtseinrichtungen der früher maßgebliche

Finanzierungsanteil über Spenden im Fünfprozentbereich nahezu verschwunden. Und das Sozialbudget im kommunalen Haushalt ist nur deshalb das größte, weil die Anzahl der Sozialhilfeberechtigten gestiegen ist. Vorgeschlagen wird statt dessen eine Grundsicherung, die den biographischen Übergängen zwischen Erwerbs- und Nichterwerbsarbeit besser als die Sozialhilfe Rechnung trägt.

Umverteilt werden könnte auch die Arbeit, sei es über Teilzeitarbeit oder über Lebenszeitmodelle. Aber trotz aller Streßerfahrung will kaum jemand Arbeit abgeben. Die aus den Niederlanden gerühmte Teilzeitarbeit geht zu Lasten der Frauen. In den östlichen Bundesländern warten Aufgaben und Arbeitslose, eine Neubeschäftigung dort bei äquivalenter Neuarbeitslosigkeit in den westlichen Bundesländern wäre unsinnig. Spürbare Umverteilungswirkungen haben am ehesten noch kollektive und individuelle Vereinbarungen im Betrieb über Arbeitszeitverkürzung in Kopplung mit Neueinstellungen (vgl. Grottian 1997).

Die Verfügung über Vorkommen und Lagerstätten sowie über Wachstumsprozesse in der Natur wird ebenfalls oft als ein Verteilungsproblem gesehen. Die Menschen in den Industriestaaten nutzen besonders viel und leben auf Kosten der Menschen in Ländern der Dritten Welt. Die Menschen heute plündern die Erde aus und leben auf Kosten der nachkommenden Generationen. Gefordert wird daher ein nachhaltiges ökologisches Wirtschaften und eine Einschränkung der Industrieländer.

Viele dieser Umverteilungen erleben abgebende Individuen im ersten Moment als eine Beeinträchtigung ihrer Lebensqualität. In der zweiten Phase allerdings können neue Lebensorientierungen entstehen. Heute liegen den Menschen viele Lebensmöglichkeiten außerhalb der Erwerbsarbeit vor den Füßen. Das Zusammensein mit anderen Menschen der eigenen Umgebung wird trotz aller möglichen Streitigkeiten als vertrauensvoll und fröhlich empfunden. Ein Durchatmen und Flanieren in der Natur gilt ohnehin als Erholung. Die geistige und ästhetische Fantasie wird nach wie vor in der Bildungstradition des Lesens und Musizierens, des Sehens und Hörens angeregt, aber auch im Internet und in den vielfältigen Sozialkontakten. Viele Menschen sehnen und bemühen sich um diese Art von Zeitwohlstand.

Persönliche Umverteilung ist zwar möglich und wird auch praktiziert, stößt aber auf Grenzen, wenn sie nur als Verlust auf der einen bzw. nur als milde Gabe auf der anderen Seite empfunden wird. Mit diesen Grenzen wurde der Sozialstaat legitimiert und wird der Öko-Staat gefordert. Der Sozialstaat nimmt vom Einkommensempfänger Steuern und gibt einen Teil des Geldes dann den Einkommenslosen. Der Öko-Staat soll noch mehr als bisher den marktfreien Verbrauch von bestimmten Erdvorkommen verbieten und die Nutzung von anderen knappen Stoffen durch Abgaben einschränken. Obwohl die Übertragung der Verantwortung auf einen starken Staat oftmals als einzige Möglichkeit gesehen wird, schrecken viele Menschen doch davor zurück, nicht nur der liberalistische Egoist, sondern auch der auf ein Gemeinwesen orientierte Mensch.

Neue Werte des Arbeitens

Der Anspruch der Losen (ohne Geld, ohne Arbeit, ohne Naturstoffe, s.o.) und Looser auf Besitzanteile von anderen und auch der Ruf nach dem Umverteilungs- und Begrenzungsstaat haben ihre Berechtigung. Sie bleiben jedoch hinter den Möglichkeiten moderner Lebensweise zurück, mit denen das Wohl-Leben der Individuen und der Gesellschaft erweitert werden kann (vgl. Grenzdörffer 1997). Es ist an der Zeit, bisher gering oder überhaupt nicht beachtete Tätigkeiten neu als Leistung zu bewerten. Darüber hinaus kann eine Aufwertung von Naturstoffen relativ zur Arbeit zu einer erweiterten Nutzung führen.

Als erstes ist an diejenigen Tätigkeiten zu denken, die als gesellschaftlich nützlich angesehen und dennoch nicht mit einem Entgelt bedacht werden. In das Blickfeld kommt die Betreuung von Kindern und Jugendlichen, von Alten, von Kranken und Behinderten und von anderen Menschen, die nicht in der als »normal« gesetzten Weise an dem Leben teilnehmen können. Auch Aufgaben in Bildung und Kultur gehören dazu, ebenso öffentlich wirksame Arbeit in BürgerInnengruppen. Daß es sich hierbei um eigenständige Leistungen handelt, ist im Prinzip unbestritten. Hier entsteht ein individueller und zugleich überindividueller Nutzen. Wenn dieser kaum registriert wird, dann liegt dies an Beschränkungen herkömmlicher Bewertungsverfahren, die sich entweder auf ein Individuum beziehen und dann nur die Marktmechanismen gelten lassen, oder sich die öffentliche Verantwortung zur Grundlage nehmen und dann den Staat als Umverteiler überfordern. Anzustreben ist ein gesellschaftliches Verfahren, in der die Leistungen quantitativ und qualitativ ausgewiesen und bewertet werden, sei es in Form von Geld oder in anderer Anerkennung.

Zweitens liegt das Feld von präventiven Tätigkeiten weitgehend brach. Fast das gesamte Gesundheitshandeln dient der Heilung von Krankheiten, fast die gesamte Sozialarbeit der individuell-bürgerlichen Stabilisierung und Resozialisierung, fast die gesamte beruflich-betriebliche Weiterbildung der Anpassung an Arbeitsplatzerfordernisse. Bejaht wird allgemein der Wechsel von einer Defizit- zu einer Potentialbetrachtung, aber für eine Bewertung präventiver Arbeit fehlen anerkannte Maßstäbe.

Drittens sollte bei den Erwerbstätigen der Wert ihrer Tätigkeit neu überdacht werden, die Kriterien zur Bemessung des Arbeitsentgelts. Nach wie vor ist das Entgelt an Leistung zu binden, aber diese wird neu verhandelt und bewertet. Dies gilt z.B. für die gering entlohnten SOS-Arbeiten (Sauberkeit, Ordnung, Sicherheit) und für Botendienste. Begründet wird das niedrige Entgelt mit der niedrigen Qualifikation, die dort erfordert und eingebracht wird. Niedrige Anforderung liegt jedoch nicht in der Natur der Sache, niedrige Qualifikation nicht in der Natur der Person. Wenn z.B. der Verkauf anstatt mit Packen mit Marketing begründet wird, verstehen sich große Einkommen von selbst. Nun soll nicht jede Verkäuferin ein Marketingstudium aufnehmen, aber ein prozeßbegleitendes Lernen für systemische Zusammenhänge und Symbolarbeit sollte auch den Geringfügig Beschäftigten ermöglicht werden, die daran interessiert sind. Diese werden dann bei einer Neuorganisation nicht ausgesteuert und dem Sozialstaat überlassen, sondern sind in der Lage, daran aktiv teilzunehmen.

Weiterhin lassen sich viertens auch erfolglose Versuche zu mehr Zusammenarbeit durchaus positiv bewerten. Komplexitäten und Vernetzungen geben ökonomisch guten Grund für derartige

Bemühungen – sei es im Team, zwischen Abteilungen, über Betriebsgrenzen hinaus. Wegen ungenügender gesellschaftlicher Erfahrungen enden etliche Versuche mit Verlusten. Eine Praxis, die zur Identifizierung geeigneter Situationen und Strukturen für Kooperation beiträgt, ist wertvoller als im Augenblick erkennbar.

Daß fünftens externe Kosten internalisiert werden sollten und damit den Preis einer Ware vergrößern, gilt heute als selbstverständlich. Die Öffentlichkeit in hochentwickelten Industrieländern achtet besonders auf Niedrigstlöhne und auf reparierbare ökologische Schäden.

Mehr grundsätzlich ist sechstens der Materialfluß zu verringern. Vorgeschlagen wird, den Wert der Naturstoffe relativ zum Wert der Arbeit zu vergrößern.

Umverteilung zielt auf eine Gleichheit im Besitz. Diese Orientierung ist insoweit richtig, als Besitz Lebensunterhalt, Sicherheit und Anerkennung verspricht. Das Leben im Wechsel zum nächsten Jahrhundert beschränkt sich jedoch nicht auf Besitz. Wesentlich ist das Mitwirken an modernen Lebensprozessen. Hierzu dienen die Neubewertungen des Arbeitens.

Entstehungsprozesse von neuen Wertrelationen des Arbeitens

Die neuen Wertrelationen entstehen allmählich im Erproben neuer Praxis, in reflexiver Beurteilung und in Kommunikation. Einmal kann die Initiative von dem praktischen Handeln einzelner Gruppen oder Einrichtungen ausgehen, ein andermal von Kritiken und Konzepten einzelner Menschen, schließlich von einer Diskussion mit Abwägen von Nutzen und Schaden sowie mit gemeinsamen Entdeckungen neuer Werte. Häufig kommen alle drei Initiativen zusammen.

Neubewertungen des Arbeitens brauchen nicht im Wolkenkuckucksheim als Halluzinationen zu verblassen, sondern haben Aussicht auf Verwirklichungen, wie ähnliche Neubewertungen der Vergangenheit zeigen.

In der Erwerbsarbeit sind Intellektuelle, Informationsbeschaffer, Finanzdienstleister und Medienstars die Gewinner der letzten drei Jahrzehnte, Verlierer die HandarbeiterInnen. Mitte des vorigen Jahrhunderts war das Schulmeisterlein auf Lieferungen von Kartoffeln und Brennmaterial durch die bäuerliche Elternschaft angewiesen, heute ist der Lehrerberuf im Einkommensgefüge gut verankert. Daß jemand durch Organisation von Information zur reichsten Person der Welt werden kann, hätten sich die Industrie- und Handelsleute sowie Großgrundbesitzer vor vierzig Jahren nicht träumen lassen. Was früher als Gratis-Service angesehen wurde, rückte nun in den Lebensmittelpunkt und steigerte die öffentliche Wertschätzung und das Einkommen derjenigen, die diesen Service – nun als eigenständige Dienstleistung – anlieferten.

Für einige »Intelligente Produkte« werden die Fertigungskosten nur noch auf zehn Prozent des Preises geschätzt, neunzig auf intelligente, global erbrachte Dienstleistungsfunktionen (Roland Berger, 1997).

Unternehmensberatung blüht gerade angesichts von Business Reengineering wie nie zuvor. Managementmethoden halten Einzug in Nonprofit-Organisationen mit der Folge, daß eine ehrenamtliche Leitung kurzerhand in eine Hundertfünfzigtausendmark-Position aufgewertet wird.

Die Pflege ist ein junges Beispiel für die Anerkennung einer traditionell wenig entlohnten Tätigkeit. Bemerkenswert ist hierbei das Zusammenwirken von staatlichen Regelungen, von marktorientierten Erwerbsarbeiten und von unentgoltener Arbeit naher Menschen. Die neue Erwerbsarbeit ist nicht nur durch Arbeitsentgelt aufgewertet worden, sondern auch durch Qualifizierung und Professionalisierung.

Neue Werte des Arbeitens sind evolutionär auch zu früheren Zeiten entstanden (vgl. Teichert 1993). Es gibt keinen Grund, sich Perspektiven aus den Augen zu wischen.

Hindernisse und förderliche Arrangements

Zu allererst ist zu fragen, ob neue Wertrelationen überhaupt angestrebt werden. Sie taugen als Orientierung, aber nicht als vorgegebenes Ziel. Und gleich schließt sich die Frage nach der Finanzierung an. Gemach, gemach, nur soviel vorweg: Geld ist genug vorhanden.

Wichtiger ist vorerst die Warnung vor falschen Weltverbesserungen, genauer: vor Hysterie und Übereifer. Nicht jeder Streß schadet, kleine Aufregungen halten munter. Über Kalorientabellen und chemisch erscheinenden Rezepten sollte die Mischkost nicht vergessen werden. Auch bedeutet der umweltbewußte Autotransport von Zeitungen zum Container keineswegs Umweltschonung. Schließlich muß die Welt nicht grundsätzlich auf einmal, hier, sofort verändert werden; dies ginge nur mit Befehlen.

Das größte Hindernis liegt selbstverständlich in den gefestigten Kapital- und Politikstrukturen. Trotz aller Erweiterungen des Kapitals um qualitative Elemente ist es nach wie vor auf ein quantitatives Wachstum ausgerichtet; die Globalisierung gibt ein beredtes Beispiel. Die Hierarchie im Unternehmen ist längst als Kapitalbremse entdeckt und – mit der Transaktionskostentheorie – auf einige passende Situationen zurechtgestutzt worden, und dennoch wird viel Kraft für Machtkämpfe vergeudet. Der Markt, der eigentlich nur für neoklassisch eng definierte Situationen taugt, wird nach wie vor für alles neue Wirtschaften herbeizitiert, obwohl er zum Schaden des Kapitals Kooperation und Prävention verhindert. Die Politikmuster der kurzen Frist und der stolzen Nation erschweren eine offene Kreativität und Innovation. Wohlbemerkt – zum globalisierenden Kapital gehören auch touristisch globalisierende Beschäftigte, zur Politik gehören auch deutsche Bürgeridentitäten auf hier und heute.

Dennoch sind entsprechend den bisherigen Erfahrungen vielerlei Anstöße möglich. Eine Bündelung bietet das Konzept des Vorsorgende Wirtschaftens (vgl. Biesecker/Jochimsen/Knobloch 1997). Wesentlich erscheint hierbei erstens die Offenheit für neue ökonomische Vernunft der Öffentlichkeit, der im Unternehmen Tätigen und der WirtschaftsbürgerInnen (vgl. Ulrich 1997). Die Beteiligten an Praxis im Sinn neuer Bewertungen sollten von ihrer unmittelbaren Umgebung nicht scheel angesehen, sondern im Gegenteil ermuntert werden. Alternative junge Leute in den siebziger Jahren mußten sich häufig anhören, sie seien zu faul zum Arbeiten – zum normalen Arbeiten. Und junge Hausmänner heute müssen sich leider oftmals für ihr Hausmännerdasein rechtfertigen. Eine große Frage der Sozialpsychologie ist, warum Menschen die unentgeltlichen unterstützenden Tätigkeiten anderer im Prinzip anerkennen, warum sie die ungerechte Einkommensverteilung im Prinzip kritisieren, warum sie sich im Prinzip nach innerer Freude in der Freizeit sehnen, warum sie die Natur im Prinzip rein bewahren wollen – und doch praktisch dagegen verstoßen. Eine Erklärung mit individueller Nutzenmaximierung wäre zu einfach. Der Ruf nach Gleichheit und Freiheit ist zwar durch Mißbrauch beschädigt, doch der Ruf nach Gerechtigkeit, nach Vertrauen und nachhaltigem Wirtschaften ist keineswegs nur der letzte Schrei.

Weiterhin ist Neubewertung des Arbeitens nicht bloß Resultat wertender innerer Einstellung, sondern Begleitmoment von Prozessen des wirtschaftlichen Handelns, der Strukturveränderung und der Reflexion durch die Beteiligten und Betroffenen.

Schließlich haben Neubewertungen nicht einen einzigen fundamentalen Ursprung, sondern beziehen sich auf unterschiedliche Bereiche in verschiedener Weise. In einigen Fällen sind es private Haushalte, die Neubewertungen im Konsum oder in der Nutzung von Gebrauchsgütern oder in der Müllsortierung veranlassen. Dabei wäre ein einzelner Haushalt wirkungslos, wenn er nicht in seiner sozialen Umgebung Mitwirkende fände. Im Betrieb finden sich neue Bewertungsmaßstäbe mit Hilfe von Teams, von abteilungs- und hierarchieüberschreitender Zusammenarbeit. Über ökologische Produktlinien, Kooperation in Netzen und Abstimmungsprozessen mit BürgerInnengruppen öffnen Unternehmen ihre traditionellen Grenzen hin für Stakeholderbeziehungen.

Die bisherigen Formen von Unternehmen, Staat und Privaten Haushalten hätten Hindernisse bei gewünschten Umwertungen bilden können. Noch vor dreißig Jahren galt es als ausgemacht, daß im Mittelpunkt der Wirtschaft die hierarchisch strukturierte Industriearbeit steht, daß der Staat mit seinem Gewaltmonopol auf eine funktionierende Bürokratie angewiesen ist, daß die Privaten Haushalte ausschließlich aus Einkommenszwecken die Arbeitskraft an die Unternehmen verkaufen. Doch dann änderten alle drei ihre Gestalt und ihre Beziehungen zueinander. Die Unternehmen haben sowohl auf fremde Kritik an Schwerarbeit und Befehlssystem und auf eigene Kritik an Inflexibilität reagiert und praktizieren nun einerseits Lean-Management, andererseits aber auch einen großen Anteil an Denkarbeit und partizipativer Kreativität. Der Staat vermindert seine Bürokratie und tendiert einerseits mit Privatisierung zu öffentlicher Unverantwortung und andererseits mit Public Management zum Dienstleistungsbetrieb für BürgerInnen als KundInnen bis hin zum »enabling state«. Die Privaten Haushalte haben mit dem Gang zum Restaurant und dem Kauf anderer Dienste schon längst vor den Unternehmen ein Outsourcing mit Konsumerlebnissen betrieben und umgekehrt mit Engagement in Bürger-, Sozial- und Umweltinitiativen für ein neues öffentliches Leben gesorgt.

Im intermediären Bereich (vgl. Bauer/Grenzdörffer 1997) vereinen sich die Handlungsprinzipien aller drei Sektoren. Hier tummeln sich soziale Dienste der Wohlfahrtsverbände, der Breitensportverein, die Kirchen, kommunale Krankenhäuser, die Kindertagesstätte, Einrichtungen der Erwachsenenbildung, Ökologiestationen, Haus der Eigenarbeit, Gesundheitsselbsthilfegruppen, Migrationsvereine. Hier wird offener als in den drei etablierten Institutionen neues Arbeiten, neuer Umgang mit der Natur erprobt. Hier wird vieles auch wieder fallen gelassen, aber auch Alternatives zur neuen Norm durchgesetzt: Viele Ansätze »scheitern erfolgreich«. Es ist schon erstaunlich, wieviele Menschen, Unternehmen und Behörden sich auf Abenteuer im Dritten Sektor einlassen. Sie alle sollten zu weiteren Taten ermuntert werden.

Und wer soll das alles finanzieren? Erstens wird gar nicht zusätzliches Geld gebraucht, wenn z.B. das Kennenlernen der Fremden dadurch erfüllt wird, daß diese Menschen bei uns begrüßt und nicht im Tourismus in fernen Ländern besichtigt werden. Zweitens könnte ein Ersatz in Geldform von denjenigen gefordert werden, die auf Kosten von anderen leben: Wer ganz in der Erwerbsarbeit aufgeht und gesellschaftlich notwendige Gemeinwesenarbeit vernachlässigt, sollte dies tun dürfen – und dafür zahlen. Drittens zeigt sich durchaus eine Bereitschaft zur Finanzierung ethisch und ästhetisch begründeter neuer Projekte.

Ein neues Licht geht an, es gibt viel zu tun, Geld ist genug vorhanden.

Literatur

Bauer, R./Grenzdörffer, K. (1997): Jenseits der egoistischen Ökonomie und des methodologischen Individualismus: Die Potentiale des intermediären Bereichs, in: Leviathan, S. 338-361

Berger, Roland: Wie sich die Globalisierung nutzen ließe. SZ-Gespräch mit Roland Berger, Süddeutsche Zeitung vom 21.11.1997, verfaßt von Helmut Maier-Mannhart

Biesecker, A./Jochimsen, M./Knobloch, U. (1997): Vorsorgendes Wirtschaften, in: Ökologisches Wirtschaften, H. 3/4 Special

Grenzdörffer, K. (1997): Von der Qualität des Lebens zum kooperativen Wohl-Leben? In: Grenzdörffer, K./Biesecker, A./Vocke, Chr. (Hg.), Neue institutionelle Arrangements für eine zeitgemäße Wohlfahrt, Pfaffenweiler, Centaurus, S. 9-29 (im Erscheinen)

Grottian, P. (1997): Die Arbeitslosigkeit halbieren mit einem Arbeitsmarkt von unten und einer Jugendrevolte? In: Sadowski, D./Pull, K. (Hg.), Vorschläge jenseits der Lohnpolitik. Optionen für mehr Beschäftigung II, Frankfurt (Main), Campus, S. 121-136

Teichert, V. (1993): Das informelle Wirtschaftssystem. Analyse und Perspektiven der wechselseitigen Entwicklung von Erwerbs- und Eigenarbeit, Opladen, Westdeutscher Verlag

Ulrich, P. (1997): Integrative Wirtschaftsethik. Grundlagen einer lebensdienlichen Ökonomie, Bern/ Stuttgart/ Wien, Haupt

Teil II
Arbeit und Arbeitszeiten

Jürgen Rinderspacher

Riskante Freiheiten – Zwölf Thesen zu den Tendenzen der Arbeitszeitentwicklung in den neunziger Jahren

Die Zukunft der Arbeit kann nicht diskutiert werden ohne die Zukunft der Arbeitszeit. Die Lebenschancen der Menschen werden nicht unwesentlich bestimmt durch den zeitlichen Rahmen des Alltags. Die klassische arbeitszeitpolitische Problemstellung lautete, in welchem Umfang und in welcher Form der Anteil der Erwerbsarbeit am Gesamtzeitbudget des Individuums so reduziert werden kann, daß Rekreation und Reproduktion, soziale und kulturelle Bedürfnisse sowie in neuerer Zeit auch die Vereinbarkeit von Familie und Beruf verbessert werden können. Eine Vielzahl neuer Zeitinstitutionen ist im Verlauf der letzten hundert Jahre, vor allem aber nach dem zweiten Weltkrieg, entstanden bzw. ausgebaut worden, wie das freie Wochenende, der Erholungs- und Bildungsurlaub, der geregelte Feierabend und der gesicherte Ruhestand.

Während für die Gesellschaft, vor allem aber die Gewerkschaften, zumindest die Richtung der Entwicklung im Großen und Ganzen über Jahrzehnte vorhersehbar erschien – quantitativer Ausbau dieser Zeitinstitutionen nach Maßgabe gegebener wirtschaftlicher Möglichkeiten und gewerkschaftlicher Verhandlungsmacht – scheint mit der tariflichen Einführung der 35-Stunden-Woche ein Punkt erreicht, der eine grundsätzlichere Besinnung über Ziele und Realisierungschancen künftiger Arbeitszeitpolitik erforderlich macht. Denn die bloße Fortschreibung der Verkürzung der Arbeitszeit bzw. Verlängerung anderer Zeitinstitutionen wie Urlaub, Ruhestand etc. wirft eine Reihe neuer Probleme auf und kann aus verschiedenen

Gründen nicht mehr ohne weiteres auf breite Akzeptanz bei den Beschäftigten rechnen, wie in früheren Jahrzehnten. Zudem ist bekanntlich die Durchsetzung gewerkschaftlicher Forderungen infolge der hohen Arbeitslosigkeit und der hierdurch schwindenden Verhandlungsmacht der Arbeitnehmervertretungen auf allen Ebenen erheblich schwieriger geworden.

Die Zukunft der Arbeitszeit ist gegenwärtig so offen wie nie zuvor, der Klärungsprozeß innerhalb der großen Einzelgewerkschaften dauert an. Immer stärker rückt dabei das beschäftigungspolitische Ziel in den Vordergrund; dementsprechend werden voraussichtlich solche Arbeits-Zeit-Modelle Vorrang erhalten, von denen angenommen wird, daß sie diesbezüglich am wirksamsten sind. Das würde für einen großen, weiteren Schritt in Richtung Arbeitszeitverkürzung hin zur 30- oder gar 28-Stunden-Woche sprechen, da die Wirkung in Richtung Umverteilung der Arbeit hier am größten zu sein scheint. Damit wäre allerdings ein qualitativer Sprung getan: Der Anteil der Erwerbsarbeit würde im Verhältnis zu Freizeit, Eigenarbeit, notwendiger Arbeit oder gesellschaftlichem Engagement, Ehrenamt oder Zeitkontingenten, die von den Individuen für den präventiven Schutz der Umwelt eingesetzt werden (Müll sortieren, umweltgerechte Verkehrsmittelwahl etc.) immer weiter abnehmen, zumindest unter rein quantitativem Aspekt.

Diese Entwicklung ist ja seit langem in Wissenschaft und Öffentlichkeit diskutiert und antizipiert worden. Nun scheint der Einstieg in eine Neugliederung der Arbeits- und Lebenssphäre möglich, wobei der Entscheidung der Gewerkschaften bzw. ihrer Mitglieder sowie deren künftiger Verhandlungsmacht bezüglich Richtung künftiger Arbeitszeitentwicklung entscheidende Bedeutung zukommt.

Eine Tendenzaussage zur Zukunft der Arbeitszeit zu treffen, ist derzeit äußerst schwierig, die Signale sind widersprüchlich. Der drastischen Verkürzung der Arbeitszeiten im VW-Konzern und in der Steinkohle auf unter 30 Stunden ohne vollen Lohnausgleich stehen sogenannte freiwillige Arbeitszeitverlängerungen auf über 40 Stunden pro Woche in anderen Branchen gegenüber, ebenfalls ohne Lohnausgleich.

Die folgenden Thesen stellen den Versuch dar, einige grobe Entwicklungsperspektiven herauszuarbeiten, wozu auch, wie sich zeigen wird, das Problem der Uneinheitlichkeit der Entwicklung gehört.

1. Der 1. Oktober 1995 war in der Wirtschafts- und Sozialgeschichte Deutschlands ein wichtiges Datum. Erstmals wurde in Deutschland eine tariflich vereinbarte Arbeitszeit von 35 Stunden in der Woche als Regelarbeitszeit flächendeckend eingeführt. Man kann ohne Übertreibung behaupten, daß mit diesem Tarifabschluß in der deutschen Metallindustrie ein Markstein der Arbeitszeitpolitik erreicht wurde, der in dieser Form in absehbarer Zeit wohl nicht mehr denkbar ist. Damit konnte grob gerechnet in 100 Jahren die Arbeitszeit halbiert werden. Und dies, anders als viele geargwöhnt hatten, nicht auf Kosten der materiellen Lebensbedingungen, sondern bei deren gleichzeitiger Anhebung. Bestimmend hierfür war eine säkulare Arbeitszeitpolitik, die auf dem Konsens der gleichen Verteilung von Produktivitätszuwächsen zwischen den Tarifparteien einerseits sowie des Arbeitnehmeranteils zwischen Einkommens- und Arbeitszeitkomponenten andererseits beruhte. In unterschiedlichen Epochen der Tarif-Geschichte in der Bundesrepublik wurden diesbezüglich unterschiedliche tarifpolitische Schwerpunkte gesetzt. Dadurch konnten sowohl Güterwohlstand als auch Zeitwohlstand angehoben werden. Letzterer führte zur Ausdifferenzierung unterschiedlicher Zeitinstitutionen. An diesem Markstein angekommen stellt sich nun die grundlegende Frage, ob mit der 35-Stunden-Marke ein Punkt erreicht ist, der eine Fortführung im Sinne weiterer linearer Verkürzungen oder aber eine qualitative Umorientierung der Arbeitszeitpolitik geraten erscheinen läßt.

2. Neben der Verkürzung der täglichen bzw. wöchentlichen Arbeitszeit wurden in der Nachkriegszeit eine Reihe von zeitlichen Institutionen entweder im Anschluß an bestehende quantitativ erweitert oder neu kreiert. Hierzu sind das freie Wochenende, der Urlaub, der gesicherte Ruhestand, der Erziehungsurlaub sowie der Bildungsurlaub zu rechnen, mit Einschränkung auch die Feiertage und Pausenregelungen. Diese sind ebenfalls weitgehend aus der Verfügungsmasse des produktivitätsbedingten Verteilungsspielraums gleichsam finanziert worden.

Dennoch wird von der Arbeitgeberseite gefragt – ob zu recht oder zu unrecht sei dahingestellt – ob einige dieser Zeitinstitutionen nach Art und Umfang der gegenwärtigen Wettbewerbssituation der Bundesrepublik wie darüber hinaus auch den technologischen und organisatorischen Anforderungen einer hochtechnisierten Produktionsgesellschaft noch entsprechen würden. Die Reduktion von Feiertagen zur Finanzierung der Pflegeversicherung vor einiger Zeit stellte nur die Spitze einer Gegenoffensive gegen die weitere Reduktion von Arbeitszeiten bzw. für deren Verlängerung von Wirtschaftsverbänden und aus dem Bereich der Politik dar. In der Tat liegen die Deutschen an der untersten Skala der Jahresarbeitszeiten. Zugleich gehört die Arbeitsproduktivität in Deutschland zu den höchsten der Welt. Betrachtet man hingegen die effektive Jahresarbeitszeit über einen Zeitraum von 10 Jahren, d.h. inclusive aller Ausfalltage durch Streiks, Krankheit u.ä., so liegt die Bundesrepublik im europäischen Vergleich mit den Jahresarbeitszeiten sogar ziemlich weit vorne. Hohe Produktivität in Verbindung mit einer hohen effektiven Jahresarbeitszeit können u.a. erklären, warum der Standortnachteil Arbeitszeitdauer im öffentlichen Diskurs negativer erscheint, als er in Wirklichkeit ist.

3. Die in der Bundesrepublik gewachsene Arbeitszeitstruktur ist als ein Gesamtsystem einer zwar konflikthaft erzeugten, im Ergebnis jedoch konsensfähigen Zeitordnung zu betrachten, das – trotz aller Friktionen und praktischen Kritikpunkte – ein relativ hohes Maß an Akzeptanz für sich zu verbuchen scheint. Eingedenk der unterschiedlichen Lebens- und Freizeitinteressen, aber auch unter Berücksichtigung der Regenerationserfordernisse der Beschäftigten scheint sich, soweit man sehen kann, ein relativer Gleichgewichtszustand herausgebildet zu haben. Dabei ist allerdings zu berücksichtigen, daß spezifische gesellschaftliche Gruppen, wie etwa alleinerziehende Mütter, nach wie vor hierin nicht eingeschlossen sind.

Veränderungen an einzelnen Zeitinstitutionen sind nicht isoliert von der Wirkung auf andere Zeitinstitutionen und deren Funktion im Gesamtsystem einer Zeitordnung zu sehen. Kriterien wie Entfaltung der Persönlichkeit, psycho-physische Regeneration, Erhaltung basaler sozialer Institutionen wie der Familie oder Ermöglichung gesellschaftlicher und sozialer Aktivitäten mit Blick auf Subsidiarität und Selbststeuerung der Gesellschaft sind Ziele, für die eine kollektive Zeitordnung die organisatorische Voraussetzung stellt. Das gesellschaftliche Leben, die sozialen Beziehungen, Alltagsrituale und jahresrhythmische »peak periods« haben sich um diese Zeitinstitutionen herum angesiedelt.

Das Modell des Gleichgewichtszustandes meint hier kein absolut befriedigendes Maximum, sondern ein relatives Optimum vor dem Hintergrund der jeweiligen wirtschaftlichen und sozialstrukturellen Rahmendaten. Mit Arbeitszeitveränderungen entstehen neue Bedingungen für die Herstellung von Gleichgewichten, die Risiken in sich bergen.

4. Das Erreichen der 35-Stunden-Woche beinhaltet u.a. insofern einen einschneidenden Markierungspunkt, als damit möglicherweise die sozialgeschichtlich bedeutsame Epoche linearer Verkürzungen der Regelarbeitszeit für immer abgeschlossen sein könnte. Man muß sich in diesem Zusammenhang kurz in Erinnerung rufen, daß lineare Arbeitszeitverkürzungen eine Strategie der Gewerkschaften zur Abwehr der Verelendung der Arbeiterschaft waren, ebenso wie zur Verknappung des Arbeitsangebots im Kampf gegen die Arbeitslosigkeit. Zumindest im Hinblick auf das erste Ziel scheint die ursprüngliche Intention zum Teil lange erreicht. Arbeitszeitverkürzungen sind mehr und mehr zu einer Frage der Verteilungsgerechtigkeit sowie, offensiv, der Entfaltung optimaler Lebenschancen der Beschäftigten geworden. In der Tat ist die Ermöglichung besserer Lebenschancen nach Erreichen der 35-Stunden-Woche auch auf andere Weise als durch weitere lineare Arbeitszeitverkürzungen denkbar.

Schon seit ca. einer Dekade ist nicht zu übersehen, daß Arbeitszeitverkürzungen nur noch unter Inkaufnahme der Ausweitung von Schichtarbeit, großenteils auch Samstagsarbeit undzum Teil Sonntagsarbeit zu haben sind. Dies beruht nicht nur auf der gegenwärtigen Machtkonfiguration zwischen den Tarifparteien; die Lage auf dem Arbeitsmarkt begünstigt hier die Arbeitgeberseite. Auch aus betriebswirtschaftlichen Gründen müssen Arbeitszeitverkürzungen zur Entkoppelung von Arbeitszeit und Betriebszeit führen, wenn die

Arbeitszeitdauer unter eine bestimmte Marge sinkt. Spätestens mit der 35-Stunden-Woche scheint diese Marge überschritten, an der beide identisch gehalten werden können. Die Folge ist eine Reorganisation des betrieblichen Arbeitszeitarrangements von Grund auf.

5. Eine Erweiterung der Betriebszeiten bzw. der Maschinenlaufzeiten entspricht jedoch auch unabhängig von weiteren Arbeitszeitverkürzungen dem Gebot einer kostenbewußten Betriebsführung; Arbeitszeitverkürzungen geben lediglich einen weiteren Anstoß hierzu. Zugleich sind die Unternehmen bemüht, die Betriebs- wie auch die Arbeitszeiten an die Schwankungen der Nachfrage bzw. Auftragslage oder auch an wetterbedingte Amplituden anzupassen. Es geht, einfach gesagt, in den verschiedensten Wirtschaftszweigen darum, die Arbeitskraft nur dann einzusetzen, wenn sie tatsächlich benötigt wird. Dieses Problem wurde über den Jahreszeitraum betrachtet entweder durch Bummelei oder Kurzarbeit oder, zur anderen Seite hin, in Form von Überstunden bewältigt. Solche bislang mit einem schlechten Image, vor allem aber auch mit ökonomischen Belastungen und sozialen Friktionen behafteten Anpassungen des Arbeitseinsatzes an Nachfrageschwankungen, lassen sich in Jahresarbeitszeitmodellen auffangen. Auf der Kostenseite entfallen Überstundenzulagen und Kurzarbeitergeld (incl. der Transaktionskosten), auf der soziokulturellen Seite entfallen Verunsicherung der Beschäftigten bei Kurzarbeit, Rechtfertigung gegenüber Familie und Freunden und dem eigenen Gefühl einer prekären Beschäftigungssituation. Nachteile für die Beschäftigten sind Einkommensverluste durch entfallendes Kurzarbeitergeld und Verlust der Überstundenzuschläge. Darüber hinaus sind als Nachteile für die Beschäftigten in der Regel Erweiterungen der potentiellen Leistungsbereitschaft auf Samstage und Sonntage in Zeiten der Hochkonjunktur zu erwarten, schließlich auch ein Machtverlust der Betriebsräte, deren Mitbestimmungsrecht über zustimmungspflichtige Mehrarbeit bislang eine der stärksten Gegenmachtinstrumente ist.

6. Das Jahresarbeitszeitmodell scheint sich unter den vielfältigen Modellen, die innerhalb der vergangenen 15 Jahre diskutiert werden, als das zukunftsträchtigste herausgemendelt zu haben. Es erfüllt

am umfassendsten die immer wichtiger werdende Anforderung, neue Technologien und betrieblichen Arbeitseinsatz aufeinander abzustimmen. Etwas über die Hälfte aller deutschen Unternehmen sind von solchen Schwankungen betroffen. Nicht nur die Industrie, auch das Handwerk drängt auf Jahresarbeitszeiten. Dabei kann der Jahreszyklus als Berechnungszeitraum durchaus auf zwei oder mehr Jahre oder auf artifizielle Zeiträume – z.B. 18 Monate – erweitert werden. Flexibler, d.h. den betrieblichen Erfordernissen angepaßter Personaleinsatz und Betriebszeiterweiterung bei Bindung der Stammbelegschaft an den Betrieb sind die entscheidenden Komponenten der Flexibilisierung aus betriebswirtschaftlicher Sicht, für die das Jahresarbeitszeitmodell exemplarisch steht.

Es erscheint sowohl theoretisch als auch empirisch sehr wahrscheinlich, daß Jahresarbeitszeiten zum neuen Leitmodell avancieren und die traditionelle, wochenbezogene Berechnung der Arbeitsmenge, also Wochenarbeitszeiten, schrittweise ersetzen wird. Dies zum einen wegen seiner betriebswirtschaftlichen Überzeugungskraft, zum anderen wegen der machtpolitischen Konfiguration, die dessen Durchsetzung zur Zeit ermöglicht. Die Jahresarbeitsstundenzahl ist dann die Vergleichsgrundlage in den Tarifverhandlungen. Innerhalb von Jahresarbeitszeit- oder Bandbreitenmodellen ist durchaus eine Reduktion der Jahresarbeitsstundenzahl, etwa nach Maßgabe der Produktivitätsfortschritte möglich. Verhandelt wird dann über Muster und Grenzwerte der Verteilung der Arbeitszeit über den Jahreszeitraum.

7. Für die Beschäftigten, deren Familien und für die Gesellschaft als Ganze dürfte damit eine Phase der nicht nur quantitativen Veränderung ihrer Beschäftigungssituation sowie ihrer individuellen Zeitverwendungsmuster anbrechen.

Erstens handelt es sich um eine Neudefinition, zumindest Neuakzentuierung des Beschäftigungsrisikos. Letzteres wäre in wesentlichem Umfang auf die Beschäftigten verlagert, denn bislang wurden bei fest vereinbarten Arbeitszeiten die Kosten für die nachfragebedingte oder sonstige Unterauslastung der Arbeitskraft vom Arbeitgeber bzw. der Solidargemeinschaft getragen. Das gleiche gilt für den Fall, daß bei hoher Nachfrage keine zusätzlichen Arbeitskräfte verfügbar sind für Überstundenzulagen. Die Kalkulierbarkeit über die eigene Zeit wird bereits hierdurch erheblich verändert.

Zweitens werden die Zeitverwendungen der Individuen, der Familien und Gruppen nun wieder zunehmend an den Gang der Konjunkturen, Nachfrageentwicklungen und der Kapazitätsauslastungskalküle gekoppelt. War bislang das durch den Flächentarifvertrag festgelegte Arbeitszeitmodell, verallgemeinert als soziokulturelles Zeitverwendungsmuster, gewissermaßen die unabhängige Variable, der sich die Produktion bzw. deren Kostenstruktur weithin anzupassen hatte, so werden nun die individuellen Zeitverwendungen eine Funktion der wirtschaftlichen Ups and Downs. Somit nähert sich die Zeitstruktur der sozialen Mikro-Systeme – und abhängig hiervon mittelfristig auch der Makro-Systeme (Organisationen, Zeitinstitutionen etc.) einem Zustand der Abhängigkeit von unbeeinflußbaren Schwankungen der Betriebs- und Alltagstätigkeit, die eigentlich für die argrarische Gesellschaft typisch war: der Abhängigkeit vom Wetter. Dagegen hatte die Industriegesellschaft sich gerade vorgenommen, die Zufälligkeiten und Zyklizitäten der Natur durch Linearität und Kontinuierlichkeit zu beherrschen. Die Erlangung der Kontrolle über die Zeit bzw. der Substitution von Eigenzeit durch artifizielle zeitliche Steuerung war m.a.W. gerade ein wesentlicher Teil des Konzepts der Naturbeherrschung. Nachdem dies gegenüber der äußeren Natur des Menschen gelungen ist, treten nun neue, großenteils nicht zu prognostizierende Abhängigkeiten von »externen«, diesmal ökonomischen Prozessen bzw. Verläufen auf. Die These ist also, daß mit der verstärkten kosteninduzierten Anpassung von Arbeitszeitsystemen an die Fluktuationen des Wirtschaftsprozesses es zu einer Renaturalisierung der Zeitverwendungsmuster kommt, mit dem Unterschied, daß diesmal der Referenzrahmen die Anpassung an die zweite Natur des Menschen ist, gewissermaßen an artifizielle Wetterbedingungen. Im Kontext der bisherigen Entwicklung beinhaltet der Begriff Renaturalisierung allerdings eher eine Regression in lange überwunden geglaubte elementare Abhängigkeitsbeziehungen von der Unkalkulierbarkeit natürlicher Prozesse und weniger eine Rückkehr zu »natürlichen Zeitrhythmen«, etwa im Sinne einer Ökologie der Zeit.

8. Die eben skizzierte Entwicklung der Arbeitszeiten muß vor dem Hintergrund einer zeitwirtschaftlichen Offensive gesehen werden, die den gesamten Betrieb betrifft, inclusive aller vor- und nachgelagerter Bereiche (Logistik, just-in-time). Ziel ist die möglichst lückenlose Vernetzung aller Komponenten zu einem zeitlichen Gesamtplan des Betriebes. Dazu gehören die Reduktion von Durchlaufzeiten, der Entwicklungszeiten, der Lagerzeiten usw. Auch dort, wo autonome Gruppenarbeit stattfindet, betrifft der Freiraum der Zeitgestaltung zwar die zeitliche Strukturierung des Arbeitsprozesses im Rahmen des Arbeitsauftrages der Gruppe, nicht dagegen die Zeitvorgabe für den Gesamtauftrag, der seinerseits wieder an Lieferfristen gebunden ist. Auch hier zeigt sich der deutliche Trend, daß sich die Arbeit künftig stärker auf die zeitlichen Vorgaben der Nachfrage hinbewegt. Der Abbau von Lagerhaltung jeglicher Art bei der Herstellung von Gebrauchsgütern (der Bau eines Aggregats beginnt erst mit seiner Bestellung) in Verbindung mit anderen Postulaten der Minimierung der Zeitbindung macht die klassische Industrieproduktion tendenziell zur Dienstleistungs-Produktion: Auftrag und Herstellung rücken weiter zusammen, die klassische zeitliche Entkoppelung von Produktion und Konsum bzw. Kauf, also die Zeit der Lager entfällt.

Eine der Folgen dieser Entwicklung weg von einer arbeitsplatzbezogenen und hin zu einer eher aufgabenbezogenen Arbeitsorganisation ist die Auflösung detaillierter Zeitvorgaben für Höherqualifizierte, wie sie etwa von der Arbeitsweise des Wissenschaftlers bekannt ist. Doch unter dem Druck des Wettbewerbs besteht – bei aller Zeitsouveränität – die Flexibilität im wesentlichen darin, die Binnenstruktur des durch die externen Auftragstermine gesetzten Zeitrahmens eigenverantwortlich zu strukturieren.

Die Möglichkeiten, eigene Wünsche bei der Arbeitszeitgestaltung zu verwirklichen, stellen sich daher sehr unterschiedlich dar und differenzieren sich eher weiter aus. Die einzig feststellbare Tendenz ist die der wachsenden Uneinheitlichkeit. Die Praktizierung der 35-Stunden-Woche dürfte, soweit in der Realität umgesetzt, vor allem den mittleren und unteren Qualifikations-Stufen vorbehalten bleiben, während mit steigender Verantwortung die Arbeitszeiten sich eher noch weiter verlängern dürften. Gemeinsam dürfte beiden in

Zukunft die engere Anbindung an die Auftragslage des Betriebes sein.

Den berechtigten Hoffnungen des letzten Jahrzehnts auf mehr Entscheidungsfreiheit steht ein Arbeitsmarkt und eine betriebliche Realität gegenüber, die die Gewerkschaften in erster Linie damit beschäftigen wird, der Despotie der Arbeitszeitregime kleinere Gestaltungsspielräume abzuringen.

9. In der Erlebnis- und/oder Wertewandels-Gesellschaft der vergangenen Dekaden ist das Recht auf Selbstbestimmung bekanntlich in alle gesellschaftlichen Bereiche eingerückt, zumindest dem Anspruch nach. Der Wunsch, die Arbeitszeit nach Dauer, Lage, Verteilung und Intensität selbst zu gestalten, entspricht diesem allgemeinen Trend und wird seit etwa zwei Jahrzehnten mit Begriffen wie Zeitsouveränität oder Optionalität der Arbeitszeitgestaltung belegt. »Flexibilisierung« dagegen beschreibt ein Arbeitszeitmodell hinsichtlich seiner Organisationsstruktur, nicht seiner Intention.

Seit Beginn der Flexibilisierungsdebatte sind beide Aspekte, betriebswirtschaftliche Logik und die Logik einer individuellen Selbstentfaltungsstrategie, zumindest im wissenschaftlichen Diskurs stets zusammen diskutiert worden; die Aufmerksamkeit der Wissenschaftler galt der Frage, wie beide Interessen zu vermitteln seien. Im öffentlichen, politischen Diskurs wurde dagegen der Eindruck erweckt, allerorts sei eine mehr oder weniger beliebige Freiheit der Beschäftigten bei der Wahl von Dauer, Lage und Verteilung der Arbeit zu erwarten und nur eine Sache der Zeit und der Einsicht der Arbeitgeber und Gewerkschaften in die Bedürfnisse der Beschäftigten. Obwohl inzwischen in Deutschland eine unübersehbare Zahl von Modellen praktiziert wird, scheint – mit Ausnahme einiger publizistisch besonders herausgehobener Zeitpioniere – Optionalität der Arbeitszeitgestaltung nur sehr bedingt verwirklicht zu sein. Die Gründe hierfür sind vielschichtig.

Erstens lassen sich persönliche Arbeitszeitwünsche auf einem Markt der Arbeitszeitoptionen nur umsetzen, wenn Gleichgewichtsbedingungen herrschen, indem ungefähr so viele Personen ihre Arbeitskraft zu einer (Tages-, Wochen-, Jahres-) Zeit anbieten, wie diese auch von den Arbeitgebern nachgefragt wird. Das Beispiel des Überangebots an Vormittagsarbeit im Einzelhandel (bedingt durch die Schulzeiten der Kinder) läßt sich auf viele andere Branchen übertragen.

Zweitens verhindern reduzierte Karrierechancen oder die Angst vor Entlassung die Inanspruchnahme für sich eindrucksvoller Modelle flexibler Arbeitszeiten, die formell von den Arbeitszeitwünschen der MitarbeiterInnen ausgehen.

Drittens bilden die verfügbaren Einkommen im Verhältnis zu den Lebenshaltungskosten harte Barrieren etwa zur Reduktion der Arbeitszeit auf 30 Stunden oder weniger.

Viertens stellt das System der arbeitsbezogenen Altersversorgung ein beträchtliches Hindernis dar, da die Reduzierung der Arbeitszeit über längere Zeiträume empfindliche Einbrüche bei den Renten nach sich zieht.

Fünftens wird Optionalität selten mit Rückkehrrechten auf das angestammte individuelle Arbeitszeitvolumen verbunden, so daß sinnvolle Anpassungen des beanspruchten Volumens an den Familien- bzw. Lebenszyklus und/oder wechselnde materielle Ansprüche sogar auf dem Papier nur selten möglich sind.

10. Mit Blick auf die oben dargestellten betriebswirtschaftlichen Reorganisationstendenzen erscheinen die Erwartungen, die Mitte der siebziger Jahre mit dem Konzept Zeitsouveränität oder später mit Optionalität verbunden wurden, heute notwendig in einem anderen Licht. Sie bleiben prinzipiell weiterhin möglich, jedoch, wenn überhaupt, anders als aus der Sicht einer wirtschaftlichen Schönwetter-Periode erwartet wurde:

- Die Risiken neuer Arbeitszeitformen sind von den Beschäftigten weithin selbst zu tragen. Zeitpioniere müssen Karriere-Einbußen (im konventionellen Sinne) und/oder Beschäftigungsrisiken in hohem Maße selbst tragen, vor allem bedingt durch die Situation am Arbeitsmarkt. Die Stagnation oder gar der Rückggang der Einkommen sowie die arbeitsbezogene Altersversorgung stellen, wie gesagt, weitere Lebensrisiken dar.
- Umgekehrt bedeutet dies: Eine bessere Wirtschaftslage in Verbindung mit der Erwartung langfristiger Stabilität und Arbeitsplatz-

sicherheit bei den Beschäftigten dürfte die Umsetzung flexibler Arbeitszeitmuster durch die damit verbundenen höheren Dispositionsspielräume für die Lebensplanung und den Mut zum Risiko wesentlich erhöhen.

– Im betrieblichen Kontext könnte von Zeitsouveränität eingedenk der oben genannten zeitwirtschaftlichen Rationalisierung nur gesprochen werden, sofern die Beschäftigten (wie schon bisher im Fall von Überstunden) nicht die Perspektive ihrer Familien- und Freizeitinteressen zum Ausgangspunkt nehmen würden, sondern die des Betriebes und seiner Überlebensinteressen im Wettbewerb. »Interesse« und »Präferenzen« stehen nicht frei im Raum, sondern erwachsen aus kontextgebundenen Sinnstrukturen. Denkbar, wenn auch nicht ohne weiteres wünschenswert, wäre, daß die Beschäftigten in Deutschland, wie in anderen Ländern teilweise auch, wieder stärker das Wohl des Betriebes mit ihrem eigenen Wohl verknüpfen. Die stärkere Identifikation mit dem Betrieb ist auch Ziel von Gruppenarbeit, von corporate identity etc. Dann jedoch, wenn »Souveränität« sich nicht als gegen den Betrieb abgrenzendes individuelles Freizeitinteresse versteht, sondern sich im Gegenteil (wieder) stärker aus dem betrieblichen Erfordernis ableiten würde oder aus einer stärkeren Mischung aus beiden, würde die Freiheit der Entscheidung, die Souveränität, eine diametral andere Begründungsstruktur aufweisen. Das würde in einem tieferen Sinne das Aus für die Freizeitgesellschaft bedeuten, da das Freizeitinteresse hinsichtlich Lage und Verteilung – nicht hinsichtlich der Dauer – der Arbeitszeit zur abhängigen, das Arbeitsinteresse, der Betrieb, zur unabhängigen Variablen würde.

Aus dem Blickwinkel der radikalen Freizeitgesellschaft hingegen bedeuten die geschilderten Trends zur Jahresarbeitszeit den Anfang vom Ende der Zeitsouveränität, jedenfalls sofern diese im betrieblichen Kontext realisiert werden soll. Das läßt sich bereits heute an der Praxis ablesen. Zeitsouveränität wird sich, soweit man sehen kann, in Zukunft nur durch den riskanten, häufigeren Wechsel der Betriebszugehörigkeit, durch Karriereverzicht etc., also auf eigenes Risiko, unter – erwerbsbiographisch betrachtet – sehr prekären Bedingungen realisieren lassen.

11. Die offensive soziokulturelle, gesellschaftspolitische Herausforderung des kommenden Jahrzehnts scheint bzgl. Arbeitszeitgestaltungen *in einem neuen Modell der Verbindung von Arbeiten und Leben zu liegen, das die Ziele Bekämpfung der Arbeitslosigkeit, Verbesserung der Umweltsituation* und *Gleichstellung der Geschlechter* miteinander verknüpft.

Im bekannten VW-Modell, d.h. einer Strategie der gleichzeitigen Verkürzung der Arbeitszeit für alle, sind Ansätze vorhanden, die unter bestimmten Voraussetzungen in Richtung einer gesamtgesellschaftlichen Strategie weiter ausgebaut werden könnten.

Als eine von vielen Maßnahmen zur Bekämpfung der Arbeitslosigkeit kann Arbeitszeitverkürzung ohne Lohnausgleich nur dann sozialverträglich gestaltet werden, wenn sie zugleich mit einem sehr grundlegenden Wandel der Lebensstile und Werthaltungen verknüpft wird. Ansonsten werden beschäftigungswirksame, große Sprünge der Arbeitszeitreduzierung faktisch und bewußtseinsmäßig von den Betroffenen als dramatische Pauperisierung erfahren. Die Hinwendung zu einem umweltverträglicheren Lebensstil erfordert eine Neubewertung von Konsumgewohnheiten, Gewohnheiten bei der Lösung spezifischer Alltagsprobleme wie Distanzüberwindung, Ernährung, Hygiene etc. und eine andere Art des Umgangs mit der Zeit. Durch mehr Eigenarbeit und höheren Zeitaufwand könnte in vielen Bereichen ohne Einbußen an Lebensqualität – die zum Teil neu zu bestimmen wäre – auf Einkommensanteile verzichtet werden, mit dem Ziel der Umverteilung vorhandener Arbeit. Hierzu müssen die großen Organisationen – Staat, Gewerkschaften, Parteien, Kirchen, Vereine – neue Leitbilder entwerfen und propagieren, die das Individuum von der Selbst-Rechtfertigung entlasten. Das Gleiche gilt für die mit der 28-Stunden-Woche verbundenen Chancen einer Neuverteilung von Erwerbs- und Familienarbeit, wie sie seit Jahren von der Frauenbewegung gefordert wird.

Dieser Umbau der Freizeitgesellschaft hin zu einer Drei-Zeit-Gesellschaft erscheint sinnvoll aus dem Druck der Verhältnisse am Arbeitsmarkt wegen des Zustandes der Umwelt und der fortgesetzten Ungleichheit der Chancen der Geschlechter. Auch bei gutem Willen Vieler werden die gesammelten Einsichten der Pioniere in allen drei Problemfeldern nicht ausreichen, um neue, gültige Verhaltens- und Deutungsmuster zu etablieren. Sie bilden aber einen unerläßlichen Kristallisationspunkt, an dem eine neue Arbeitszeitpolitik anknüpfen sollte.

Die bloße Veränderung von Arbeitszeitmustern ohne die soziokulturelle Umorientierung führt möglicherweise zu kontraproduktiven Effekten. So deuten vorläufige Untersuchungsergebnisse von Begleit-Forschungen des VW-Modells darauf hin, daß gewohnte Orientierungen und Werthaltungen durch den plötzlichen, unvorbereiteten Wegfall von Arbeitszeitanteilen zunächst eine noch stärkere Ausprägung erfahren als zuvor, etwa wenn gerade wegen des Freizeitzuwachses neue, schnellere Autos gekauft werden oder zusätzliche Erwerbs- oder sog. Schwarzarbeit aufgenommen wird. Auch der Zerfall von Fahrgemeinschaften, bedingt durch veränderte Arbeitszeiten, weist zunächst in eine problematische Richtung.

12. Die Arbeitszeitpolitik der Zukunft wird sich wieder lösen müssen von der Fixierung auf das Paradigma starr versus flexibel. Zwar sind die in die zeitliche Dimension umgesetzten Bedürfnisse nach Freiheit und Selbstbestimmung nach wie vor unaufgebbare Gesichtspunkte, um die die Arbeitszeitdiskussion der letzten Dekade die Arbeitswelt bereichert hat; sie bleibt somit ein eigenständiges Ziel. Doch es muß andererseits deutlich gemacht werden, daß auch die Selbstbestimmung über die Zeit nur eine von vielen zu realisierenden Zielgrößen ist und vor allem nicht gesellschaftspolitisch überfrachtet werden darf im Zuge einer Überkultivierung des Individuums als absolutem Bezugspunkt aller Entscheidungen. Der hohe Stellenwert, den die Selbstbestimmung über die eigene Zeit gegenwärtig in Deutschland, und hier vor allem im Westen genießt, ist historisch und im interkulturellen Vergleich zu betrachten. Zeitsouveränität muß sich nicht zuletzt auch in bezug auf andere Problembestände bzw. Zielgrößen, die die Lebensqualität der Gesellschaft ausmachen, als funktionstüchtig erweisen.

Ulrich Mückenberger

Birgt die Erosion des Normalarbeitsverhältnisses ökologische Vorteile?

Die im Titel gestellte Frage ist für die westlichen industrialisierten Gesellschaften existentiell. Denn diese Gesellschaften befinden sich in einer Klemme, die aus zwei Entwicklungen und Anforderungen resultiert.

Die hochindustrialisierten Gesellschaften stehen vor einer enormen ökologischen Herausforderung – und zwar ihrerseits einer doppelt verursachten. Erstens erfordert schon das schlichte Überleben des Globus eine radikale ökologische Umsteuerung. Sieht man – zweitens – diese Anforderung dazu noch im Zusammenhang mit Anforderungen an weltweite soziale Gerechtigkeit bei der Nutzung des begrenzt verfügbaren Umweltraumes – wie in dem niederländischen Ansatz »Sustainable Netherlands« (Friends of the Earth Netherlands 1993) begonnen und mit der Studie »Zukunftsfähiges Deutschland« des Wuppertal-Instituts (BUND/Misereor 1996) fortgesetzt –, dann wird das Ausmaß des notwendigen ökologischen Umbruches sichtbar, vor dem umweltraumverschlingende Nationen wie die USA, aber eben auch die Bundesrepublik, stehen (dazu Mückenberger 1996a).

Andererseits stehen die hochindustrialisierten Gesellschaften vor einem Umbau der Arbeitsgesellschaft, dessen Form und Ausmaß noch nicht abzusehen ist. Visionen vom »Ende der Arbeit« (Rifkin 1995; Méda 1995) mögen überzogen erscheinen. Aber jedenfalls läßt der Übergang von der Industrie- zur Dienstleistungs-, Kommunikations-, Medien-, Kultur- oder wie immer man die sich abzeichnende Gesellschaft taufen mag, einen Wandel des arbeitspolitischen Grundgerüstes erwarten, der einen Pfeiler wie den des Normalarbeitsverhältnisses kaum mehr, jedenfalls nicht mehr als Regelfall, kennen wird. Das bunte Spektrum der neuen »Topographie der Arbeit« wird sich erweitern, die Vielfalt von Arbeitsformen – von stabiler bis zu prekärster, von betrieblicher bis zu Telearbeit, von Überarbeit bis zu kürzester Teilzeitarbeit, von abhängiger Beschäftigung bis zu vielgestaltiger Selbständigkeit, von stetiger bis zu »flexibelster« Gelegenheits-, Kampagnen-, Werk-, Honorar-, neuer Tagelöhnerarbeit – wird ihresgleichen suchen. »Erosion des Normalarbeitsverhältnisses« wird dafür einen eher noch verharmlosenden Oberbegriff abgeben. Was nun, wenn – wie manche meinen – mit dieser neuen arbeitspolitischen Vielfalt und Flexibilität ein Rückgang ökologischen Bewußtseins oder ökologischer Verantwortung einherginge? Es wäre das Ende jedenfalls jeder arbeitspolitischen Perspektive der Nachhaltigkeit.

Wir haben also allen Grund, uns auf die im Titel gestellte Frage einzulassen. Denn wenn die radikale ökologische Umsteuerung ansteht und gleichzeitig die Erosion des Normalarbeitsverhältnisses alternativlos geworden ist, dann kann man sich mit einer bloßen Bejammerung dieser Erosion nicht begnügen. Dann muß man sich vielmehr fragen, wo Ansätze in dieser Entwicklung zu einer neuen Vielfalt von Arbeitsformen liegen, die – zumindest bei entsprechender sozialpolitischer Flankierung (vgl. Mückenberger/Offe/Ostner 1989) – ökologischen Überlebensperspektiven Raum geben.

So günstig stehen die Zeichen dafür nicht. »Die Ökologiefrage ist zu einer Überlebensfrage geworden« – diese Feststellung fehlte bis vor kurzem noch in keinem programmatischen politischen Bekenntnis. Die chemische Vergiftung von Böden, Gewässern und Atmosphäre, die radioaktive Verseuchung, das Ozonloch und die Klimakatastrophe – diese Bedrohungsszenarien schienen nicht nur wissenschaftlich erhärtet, sondern auch in das Bewußtsein einer breiten Öffentlichkeit getreten. Heute heißt es aber auch: »Das Umweltthema hat seinen Zenit überschritten« (Frankfurter Allgemeine Zeitung v. 14. Mai 1997, S. 5). »Wirtschaftsfragen drängen nach vorn, die Professionalisierung schmälert das Engagement« – meint das Allensbach Institut für Demoskopie ermittelt zu haben (ebenda). So fällt es heute wieder schwerer als in vergangenen Schönwetterperioden, ökologische Problemstellungen in Verbindung mit der

Diskussion um die Arbeit und die Zukunft der Arbeit zu bringen. Soziale und ökologische Fragen erscheinen als voneinander getrennte oder gar miteinander konkurrierende. Dabei zeigt sich bei genauerem Hinsehen, daß selbst bei individuellen Interessen von Arbeitnehmer/innen beide Bereiche so weit nicht auseinander liegen.

1. Zwischen Einkommens- und Lebensinteressen?

Arbeitnehmerinteressen sind – so lautete bis vor kurzem eine einhellige soziologische Annahme – vorrangig kurzfristige Einkommensinteressen. Für diese Präferenzen sprechen die in unserer Gesellschaft vorgegebenen Strukturen. Vom Verkauf der Arbeitskraft und damit von der Einkommensquelle Arbeitsplatz leben schließlich 91,1 v. H. der Erwerbstätigen in der Bundesrepublik (IAB 1995, S. 38). Diese strukturell vorgegebene Abhängigkeit bindet die beschäftigten (und auf Beschäftigung angewiesenen) – dies haben Konflikte mit der Ökologiebewegung offenkundig gemacht – Arbeitnehmer und die Gewerkschaftspolitik interessenmäßig an Investitionsentscheidungen und Entscheidungen über Techniklinien der Unternehmen, auch soweit sie nur betriebswirtschaftlichen Rationalitäten folgten, aber gesamtgesellschaftlichen Rationalitätskriterien widersprachen (z. B. Atomenergie, CKW-Produktion, Gentechnik).

Für die Arbeiterbewegung und die Gewerkschaftspolitik ist »technischer Fortschritt« – mithin Arbeitsproduktivität und Wirtschaftswachstum – traditionellerweise eine wesentliche – wenn nicht: die – Basis der Sicherung und Ausweitung der Einkommensquellen. Mit den Worten des Weimarer ADGB-Theoretikers und Juristen Hugo Sinzheimer (1919) haben Arbeiterschaft und Kapital gemeinsame Produktionsinteressen, aber entgegengesetzte Verteilungsinteressen. Daraus folgte, daß je mehr Warenwerte produziert werden, um so konfliktfreier die Verteilung vorgenommen werden kann. Dieser Grundsachverhalt von Abhängigkeit legt nahe, eine enge Verknüpfung der Interessen der Arbeitnehmer/innen mit Aufrechterhaltung und Wachstum von Produktion anzunehmen, selbst wo diese gesellschaftlichen Interessen widersprechen.[1]

Je weiter die ökologische Zerstörung voranschreitet, um so klarer wird allerdings, daß diese Rechnung so nicht aufgeht. Die Interessen und Erfahrungen von Arbeitnehmer/innen sind nämlich keineswegs homogen und widerspruchsfrei, was sich angesichts des Zusammentreffens von ökonomischer und ökologischer Krise darstellen läßt.

Schon das kurzfristige Interesse an der Sicherung der Arbeitsplätze und der Einkommen wird durch das einzelwirtschaftliche Rentabilitätsprinzip nicht mehr einfach garantiert, sondern bedroht. Dies ist besonders in den stagnativen ökonomischen Phasen der Jahre 1975 und 1982/83 erfahrbar geworden. Die Folgen der technologischen Innovationen in den Betrieben für Gesundheit, Arbeitssituation, Kommunikation am Arbeitsplatz usw. lassen ein unkritisches Verhältnis zur kapitalistisch entwickelten und angewendeten Technik selbst für die Rationalisierungsgewinner nicht mehr ungebrochen zu.

Früher flüchteten sich manche in die Vorstellung, die Vernutzung der Arbeitskraft durch Arbeitsintensivierung, Schichtarbeit, Gefahrstoffe am Arbeitsplatz etc. lasse sich über höhere Löhne monetär kompensieren bzw. sozialstaatlich »reparieren«. Solcherlei Kompensations- und Reparaturvorstellungen waren stets schon problematisch. Angesichts verringerter Lohnerhöhungsspielräume und gekürzter Sozialetats erweisen sie sich um so mehr als Illusion.

Schließlich wurde die Möglichkeit angenommen, sich über hohen Lohn bessere Lebenschancen außerhalb der Arbeitszeit erkaufen zu können. Auch diese Chancen verringern sich angesichts der wachsenden Umweltzerstörungen drastisch. Es wird – aufgrund gestiegener Entfernungen, Zersiedelung der Landschaften usw. – nicht nur teurer, in unberührter Natur Erholung zu finden. Es ist auch angesichts globaler irreparabler ökologischer Schäden oft gar nicht mehr möglich, sich der Folgen überhaupt mit monetären Mitteln zu entziehen. »Not ist hierarchisch. Smog ist demokratisch« (Beck 1986; S. 48).

Es gibt somit keine Eindeutigkeit in der Bestimmung der Interessen der Arbeitnehmer/innen, was das Verhältnis von Ökonomie und Ökologie angeht. So zeigen denn auch die empirischen Untersuchungen – ungeachtet wohl des Rückganges tagespolitischer Aktualität des Umweltthemas, von dem vorhin die Rede war – deutliche Brüche im Arbeitnehmerbewußtsein an, stärkere Sensibilität für ökologische Fragen, Bereitschaft, für sie einzustehen.[2] Auch auf der Ebene der gewerkschaftlichen Organisation verbreitern sich solche Ambivalenzen. Bisher schien es, als würden die Gewerkschaften durch ein lineares Mitgliederbewußtsein in ökologischen Fragen quasi blockiert. Ein solches Dilemma kann nicht mehr generell als gegeben angenommen werden. Wo Gewerkschaften ökologisch aufgeklärtere und zukunftsweisendere Politik wollen, treffen sie heute wenigstens auf partielle Akzeptanz in der Mitgliedschaft.

Für die Gewerkschaften stellt sich nämlich die Interessenambivalenz ihrer Mitglieder etwa folgendermaßen dar. Zwischen den betriebsinternen und den betriebsexternen Folgen z. B. des nach Rentabilitätskalkülen organisierten Technikeinsatzes besteht ein Zusammenhang:

Dieselben Menschen werden innerhalb wie außerhalb des Betriebes von Auswirkungen der Technik betroffen (Arbeitsbelastungen, Schadstoffe, Umweltgifte, Arbeitslosigkeit).

Dasselbe Strukturprinzip der Produktion zieht diese Auswirkungen nach sich: Das Interesse, durch Senkung der einzelwirtschaftlichen Kosten der Produktion (Arbeitskraftvernutzung, Produktivitätssteigerung, Senkung »toter Kosten«) die Rentabilität zu verbessern.

Somit sind neben der individuellen Ebene auch auf der strukturellen Ebene Verbindungen zwischen Sozialem und Ökologischem auszumachen. Oft genug scheint allerdings – und angesichts der neuestens zu verzeichnenden arbeitsmarktstatistischen Daten besonders – dieser Zusammenhang von der Diskussion um Massenarbeitslosigkeit und einer entsprechend notwendigen Sicherung auch/oder Neuschaffung von Arbeitsplätzen relativiert zu werden. Der Zwang zur Arbeitsplatzbeschaffung dient dann dazu, ökologische Fragen als nachrangig zu erleben. Die Existenzsicherung jenseits des »Normalarbeitsverhältnisses« erscheint undenkbar und ist daher angstbesetzt.

100

2. Zum Normalarbeitsverhältnis und der Frage, ob es das Normale ist

»Normalarbeitsverhältnis« (Mückenberger 1985a) nenne ich den der herrschenden Sozialordnung zugrundeliegenden Idealtyp von Arbeitsverhältnis – das »paradigmatische Arbeitsverhältnis« (Puel 1979). Um diesen Idealtyp gruppiert das Recht Schutz und Gewährleistung, läßt aber dadurch gleichzeitig Arbeits- und Arbeitsverhältnisformen, die diesem Idealtyp nicht entsprechen, ganz oder teilweise ungeschützt. »Normalarbeitsverhältnis« ist kein gesetzlicher, sondern ein norm-analytisch gebildeter Begriff. Er läßt sich definieren, indem man die in den verschiedenen gesetzlichen und tarifvertraglichen Regelungen vorgesehenen Schutz- und Gewährleistungsvorkehrungen ermittelt und untersucht, auf welche Formen von Arbeit sie in der angestrebten Weise Einfluß nehmen und auf welche nicht. Normalarbeitsverhältnis im hier verwendeten Sinn ist also jener Typ von Arbeitsverhältnis, auf den die Gesamtheit der arbeits- und sozialrechtlichen Regelungen im großen und ganzen zugeschnitten ist, der Typ, für dessen Funktionsbedingungen sie sich in erster Linie als sinnvoll erweist. Idealtypisch ist demnach ein dauerhaftes und kontinuierliches, in mittel- oder großbetrieblichen Zusammenhang eingebundenes Vollzeitarbeitsverhältnis. Das Arbeits- und Sozialrecht verknüpft seine Gewährleistungen direkt oder indirekt mit den genannten Normalitätsannahmen. Es sanktioniert dadurch Lebenslagen, Erwerbsrollen, Arbeits- und Betriebstypen, die dieser Normalität nicht entsprechen, die aber die Arbeitswelt der Gegenwart zunehmend prägen. Am Beispiel der Frauenarbeit, der Arbeitszeitgestaltung und der mindergeschützten Beschäftigung läßt sich nachweisen, daß, wem und warum das geltende Recht seinen Schutz ungerechtfertigt vorenthält (Matthies et al., 1994).

Seit einigen Jahren wird in Deutschland die »Erosion« des Normalarbeitsverhältnisses konstatiert. Dies ist kein in erster Linie empirisch-quantitativer Befund. Das Normalarbeitsverhältnis war ja empirisch niemals »normal« in dem Sinne, daß es allgemein gegolten hätte. Immer trug es fiktive Züge, weil es stets von ihm abweichende Formen von Arbeit gab und weil vor allem ein Großteil von, auch erwerbstätigen, Frauen an dieser Normalität nie partizipierte. Das neuerliche Vordringen anderer als dieser »normalen« Arbeit hat die Kluft zwischen Fiktion und Wirklichkeit allenfalls verstärkt, nicht etwa geschaffen.

Die Erosion des Normalarbeitsverhältnisses ist vielmehr auch ein normativer Befund. Anlaß, von ihr zu sprechen, gibt ein paradoxer Tatbestand: Von der »Normalität« abweichende Beschäftigungsformen wurden und werden erleichtert, während nach wie vor das rechtliche Schutzniveau von dieser Normalität abhängig bleibt. Erst im Zuge der Deregulierungsdiskurse seit Beginn der achtziger Jahre hat das Normalarbeitsverhältnis seinen Charakter als »herrschende Fiktion« eingebüßt. Es ist für die aktuelle Rechtspolitik zunehmend weniger ein normativer Maßstab, der legislatorisches Handeln dazu bestimmt, andere Beschäftigungsformen mehr oder weniger deutlich dieser Meßlatte von Normalität anzupassen. Zahlreiche arbeitsrechtliche Gesetzgebungsakte seit 1982 haben von diesem Maßstab Abstand genommen (Mückenberger 1985 a und b), am deutlichsten das 1985 verabschiedete, 1990 und 1994 verlängerte Beschäftigungsförderungsgesetz (vgl. neuerlich Mückenberger 1996b).

Zu der allen faktischen Erosionstendenzen zum Trotz weiterhin unterstellten Normalität gehört aber nach wie vor auch das Normalarbeitsverhältnis, gehören darüber hinaus die tradierte Ehe mit berufstätigem Mann und (allenfalls »hinzuverdienender«) Hausfrau, der Normalarbeiter mit Normalbiographie, für den – im wesentlichen gesetzlich und kollektivvertraglich – Normalarbeitszeit und Normalarbeitsbedingungen festgelegt werden. Verschiedenste Rechtsgebiete (ob Arbeits- und Sozialrecht oder Familien- oder Steuerrecht) sind in ihrem Schutz- und Gewährleistungsgehalt auf diese Normalitätsfiktionen zugeschnitten – weshalb erlaubt ist, von dieser Normalität nicht nur als einer Fiktion, sondern einer »herrschenden Fiktion« zu sprechen. Das Recht reagiert nur punktuell und inkonsistent auf das Schwinden von deren Allgemeingeltung. Daß das »Sozialmodell«,[3] in das das Recht eingelassen war, sich derzeit neu formiert, bleibt so ohne angemessene regulative Antwort.

Das an fiktiver Normalität, Uniformität und Kollektivität orientierte Arbeitsverhältnisrecht versäumt zugleich, mit den zur Verfügung stehenden rechtlichen Mitteln zu einer Gestaltung der durch

Individualisierung und durch Veränderungen im Produktionssystem eröffneten Freiräume beizutragen. Durch dieses Versäumnis wird das Regelwerk vollends zu einem antiquierten Instrument. Sicher treffen auch Kritikpunkte zu, die darauf abheben, daß das derzeitige Recht »zersplittert«[4], daß es für Laien schwer zugänglich, schwer verständlich ist. Aber diese Kritikpunkte – und dann natürlich auch die aus ihnen gezogenen Konsequenzen – bleiben für sich genommen zu pragmatisch, zu oberflächlich. Der prinzipielle Befund ist, daß das geltende Arbeitsverhältnisrecht nicht auf der Höhe der Zeit ist und daß es dringend der sozialwissenschaftlich aufgeklärten Modernisierung bedarf.

2.1 Herrscht das Arbeitsrecht an einer veränderten Wirklichkeit vorbei?

Das geltende Recht kann den Anforderungen der Modernität nicht mehr entsprechen. Das Recht des Arbeitsverhältnisses wie auch das ergänzende Sozialrecht setzen zu ihrem Funktionieren weitgehend die Uniformität und Kollektivität der Arbeitenden voraus. Sie unterstellen eine aus zahlreichen Elementen zusammengesetzte und miteinander verflochtene Normalität von Lebenslagen und Erwerbsformen. Von allen Elementen dieser unterstellten Normalität müssen wir annehmen, daß sie entweder immer schon Fiktionen waren (weil sie z. B. auf Frauen im Regelfall nicht zutrafen) oder daß sie zu Fiktionen geworden sind (weil sie z. B. für Menschen in mindergeschützten Tätigkeiten nicht mehr zutreffen).

In den vergangenen drei Jahrzehnten haben Frauen in zunehmender Intensität die bis dahin dominierende Arbeitsteilung und Hierarchie zwischen den Geschlechtern in Frage gestellt. In ihrer Lebensplanung ist der Wunsch nach Teilnahme am Erwerbsleben inzwischen gleichrangig neben den Wunsch nach Partnerbeziehung und Familie getreten. Die überkommene Arbeitsteilung zwischen Männern und Frauen in Beruf und Familie und – mit ihr – die Hausfrauenehe haben für die mittlere und jüngere Frauengeneration als Lebensperspektive ausgedient. Frauen sind in den alten Bundesländern in der Mehrzahl, in den neuen Bundesländern bisher nahezu sämtlich erwerbstätig oder suchen Erwerbstätigkeit.

Die jüngeren Veränderungen des Familienrechts haben diesem Prozeß bereits Rechnung getragen, indem sie bis ins Detail des Versorgungsausgleiches, des Namensrechts, des Bestimmungs- und Sorgerechts den Geboten der Gleichberechtigung von Mann und Frau zu folgen versuchen. Dagegen orientiert sich das geltende Arbeitsrecht – wie beschrieben – noch weitgehend am Mann als Normalarbeitnehmer. Die gegenwärtige Ausgestaltung des Vollzeitarbeitsverhältnisses setzt implizit die privat zuarbeitende Hausfrau voraus.

Trotz des grundgesetzlichen Gleichberechtigungsgebotes besteht die faktische Diskriminierung von Frauen im Erwerbsleben fort. Sie ist erst spät, nicht zufällig hauptsächlich erst unter dem Einfluß supranationalen Rechts, ebensowenig zufällig erst mit Hilfe des immer noch schwer handhabbaren Maßstabs der mittelbaren Diskriminierung rechtlich aufgegriffen worden (dazu ausführlich Matthies et al. 1994). Bis heute sind befriedigende Schritte zu ihrer Überwindung nicht erzielt worden. Die Entwicklungen in den neuen Bundesländern gehen sogar exakt in die umgekehrte Richtung.

Die Suche nach rechtlichen Gestaltungen, die dem veränderten Verhältnis der Geschlechter entsprechen, ist also keineswegs abgeschlossen. Einmal muß sie sich auf Instrumente richten, die in der Lage sind, geschlechtlicher Diskriminierung konsequent, d. h. faktisch wirksam entgegenzutreten. Zum anderen muß das Erwerbsleben nach den neuen Anforderungen nicht allein ökonomischer Effizienz, sondern auch gesellschaftlicher Lebensgestaltung umgeformt werden. Dies allein eröffnet Optionen – auf mittlere Sicht nicht nur zugunsten von Frauen, sondern auch von Männern –, tradierte Rollenzwänge und damit einhergehende Diskriminierungen sowohl in der Arbeits- als auch in der privaten Lebenswelt abzulösen (näher Matthies et al. 1994). Der Abbau von Diskriminierung insbesondere in Bezug auf die »private« Lebenswelt ist aus sozialen wie ökologischen Gründen wichtig, weil eben auch sie es ist, die oft genug als Hebel für soziale wie ökologische Externalisierung herhalten muß und instrumentalisiert wird.

3. »Externalisierung« und externe Effekte als Ansatzpunkt

Auch in der sozialwissenschaftlichen Diskussion hat sich für die Abwälzung von Kosten der Produktion vom Betrieb auf die Gesellschaft der Begriff der »Externalisierung« durchgesetzt (vgl. Kapp 1958/1988). In einer privat- bzw. einzelwirtschaftlich organisierten Ökonomie ist der Zweck der Produktion die Verwertung des vorgeschossenen Kapitals:

Erstens müssen die einzelnen Unternehmen in der Konkurrenz die Kosten vermindern und nach einer Maximierung ihrer Erlöse trachten. Es entsteht eine Kostensenkungsspirale nach innen (Vernutzung der lebendigen Arbeitskraft, Senkung ihrer Anwendungskosten durch Produktivitätserhöhung und Minimierung kostenrelevanter Schutzvorkehrungen) und nach außen (Externalisierung: Luft-, Gewässer- und Bodenverschmutzung/-verseuchung; Gesundheitskosten, Kosten von Arbeitslosigkeit etc.). Gesamtgesellschaftliche Kosten-Nutzen-Überlegungen sind vom Prinzip der einzelwirtschaftlichen Wirtschaftsweise her ausgeschlossen und können den einzelnen Unternehmen nur durch außerökonomische Einflüsse auferlegt werden (politische Auflagen, gewerkschaftliche Aktion, Widerstand von Bürgerinitiativen etc.).

Zweitens muß der Produktion die Phase der »Realisierung des Profits« durch Verkauf der Waren folgen. Da nicht gesamtgesellschaftlicher Bedarf, sondern zahlungsfähige Nachfrage diesen Realisierungsprozeß bestimmen, bestimmt gesellschaftlich ungleiche Verteilung des Reichtums die Struktur des Warenangebots. Auf dem Markt beherrschen kurzfristige individuelle Präferenzen der Käufer die Nachfrage. Diese schließen langfristige gesamtgesellschaftliche (auch ökologische) Motive in der Regel systematisch aus.[5] Daher orientieren sich die Unternehmen an kurzfristigen Vorlieben (»shareholder value«) und bestärken diese noch systematisch (durch Werbung und Produktangebote).

Drittens werden die externen Kosten des Produkts von Produzenten wie Konsumenten auf die Gesellschaft als Kostenträger abgewälzt (z. B. Kosten für die für bestimmte Produkte wie dem Automobil erforderliche Infrastruktur, Kosten für Mülldeponien, Entsorgung). Andere Kosten werden Reparaturinstanzen überantwortet

(z. B. Gesundheitsausgaben, Kläranlagen). Oder Gesellschaft wie Natur müssen die Belastungen schlicht »dulden« – ohne zu »liquidieren«.

Die einzelwirtschaftliche Rationalität ökonomischen Handelns stellt in der Marktwirtschaft einen – wenn nicht den – zentralen gesellschaftlichen Mechanismus dar, der aktuell zu wachsender Bedrohung des Überlebens von Mensch und Natur bzw. des Lebens schlechthin führt. Einzelwirtschaftlich rationales Handeln muß auch als Teil eines Prozesses der gesellschaftlichen Ausdifferenzierung angesehen werden. Diese hat zur immer weitergehenden relativen Verselbständigung gesellschaftlicher »Teilsysteme« (wie Wissenschaft, Technik, Ökonomie und Politik) geführt und zugleich den Spielraum für mögliche gesamtgesellschaftlich rationale Entscheidungen reduziert (vgl. auch Giegel 1987: S. 337). Deshalb wäre unsinnig gewesen anzunehmen (wie es frühere Befürworter des »realen Sozialismus« verschiedentlich taten), die bloße Veränderung der Produktionsweise (z. B. »Verstaatlichung«) könne diesen Prozeß der Ausdifferenzierung und Risikosteigerung automatisch außer Kraft setzen.[6]

Bezogen auf die arbeitspolitische Praxis orientieren sich folgende Überlegungen an drei Thesen:

1. Wo einzelbetriebliches und gesellschaftliches Handeln unterschiedlichen Maßstäben unterliegen, wird die Tendenz begünstigt, die Folgen betrieblicher Entscheidungen auf die Gesellschaft abzuwälzen und diese nicht in der betrieblichen Kalkulation selbst zu berücksichtigen.
2. Beschäftigte sind unter marktwirtschaftlich-kapitalistischen Bedingungen auf den Einzelbetrieb als Arbeitsplatz-Geber angewiesen und folgen in ihren kurzfristig vorrangigen Interessen einer marktwirtschaftlichen Logik. In ihrem Eigeninteresse sind sie daher der einzelwirtschaftlichen Rationalität verbunden, der sie sich nicht ohne existentielle Bedrohungen entziehen können. Das erschwert betriebliche Gegenwehr – schließt sie allerdings nicht aus.
3. Recht hat gegenüber dem Externalisierungsmechanismus eine doppelte Funktion: Es setzt – im Umweltrecht – der Externalisie-

rung Grenzen, indem es bestimmte soziale Kosten auf die Verursacher zurückverlagert. Aber zugleich begründet das (Eigentums-)Recht erst den Externalisierungsmechanismus, indem es die Unternehmen von wesentlichen sozialen Kosten ihres Handelns freistellt.

Externe Effekte sind Folgen und Wirkungen einzelbetrieblichen Wirtschaftens für bzw. auf die außerbetrieblichen Umwelten (Volkswirtschaft, Gesellschaft, Natur). Sie müssen nicht notwendig negativer Art (im Sinne von sozialen Kosten) sein. In unserem Zusammenhang interessiert allerdings besonders der Aspekt der sozialen Kosten. Soziale Kosten treten in zweierlei Form auf:

Es kann sich um monetäre Kosten handeln, die von der Gesellschaft aufgebracht werden müssen, um Schädigungen der Umwelt oder der Gesundheit zu verhindern, zu reparieren oder zu kompensieren.

Es kann sich um Gesundheitsbeeinträchtigungen, Krankheiten, Todesfälle, um Schädigungen der Natur handeln, die in einem Leiden und Ertragen bestehen, das nicht einmal monetär kompensiert werden kann.

Das externalisierende Unternehmen kann im ersten Fall selbst betroffen sein, wenn z. B. Abluft oder Abwässser das Sachkapital schädigen oder zu vorzeitigem Verschleiß der Arbeitskraft der Beschäftigten führen. Da aber die Quelle der Schadstoffe – sind diese einmal in Luft oder Wasser gelangt – diffus wird, scheint einzelwirtschaftliches Handeln, das soziale Kosten bewußt vermeidet, nicht erfolgversprechend zu sein.

Fragen ergeben sich in bezug auf die Art der Beschädigung, auf synergetische Effekte in der Umwelt, auf den Grad der Schädigungen und ihre Irreversibilität. Für eine politisch-soziologische Bewertung ist wichtig zu fragen, welche Personengruppen, Institutionen, Staaten in welchem Ausmaß betroffen sind und wie die ökonomischen Auswirkungen auf Unternehmen sind (etwa durch erhöhte Kosten für die Nutzung – z. B. die Brauerei, die vergiftetes Rheinwasser nicht mehr filtern kann – oder durch erhöhte krankheitsbedingte Kosten – wie Abwesenheitszeiten oder Entgeltfortzahlung im Krankheitsfall).

Anzustreben ist daher eine volkswirtschaftliche Bilanzierung der durch externe Effekte bewirkten Schäden, auch wenn diese nur die monetären Kosten erfassen kann. Dies soll freilich nicht die Kritik von Vorstellungen umgehen, die selbst noch bei irreparablen, nicht bewertbaren langfristigen Auswirkungen von Schadstoffen auf monetäre Kompensationsmöglichkeiten setzen.

Bezogen auf Arbeitnehmer/innen besteht das Problem nicht so sehr darin, ob Umweltschutz für sie von vorrangiger Bedeutung ist – dafür gibt es durchaus Anhaltspunkte (Heine/Mautz 1989; Hoffmann et al. 1992; Heine 1992; Mautz 1992). Die zentrale Frage ist vielmehr, ob sie eine subjektiv vorrangige Bewertung des Umweltschutzes in ihrem Handeln mit ihren ökonomischen Interessen in Einklang bringen können. Dazu bedarf es der Politik, aber auch der Veränderung von Rahmenbedingungen.

4. Eine Neuordnung arbeits- und sozialrechtlicher Schutzzonen

Vor dem Hintergrund der bisher angestellten Überlegungen ist auf die Ausgangsfrage dieses Artikels zurückzukommen: Birgt die Erosion des Normalarbeitsverhältnisses ökologische Vorteile? Die Antwort, die ich veranschaulichen möchte, ist zwiespältig: Mit der Erosion des Normalarbeitsverhältnisses sind nicht automatisch nur ökologische Risiken verbunden – um aber ökologische Chancen zur Geltung zu bringen, bedarf es flankierender arbeitspolitischer Regulierung. Nur wenn es gelingt, die sich abzeichnende Vielfalt von Beschäftigungsformen in einer Weise abzusichern, daß Einkommens- und ökologisches Interesse nicht in unvereinbaren Konflikt zueinander bleiben (oben 1.), kann von Beschäftigten, wie immer ihr rechtlicher Status sei (oben 2.), erwartet werden, daß sie konfliktbereit genug sind, ihrer ökologischen Einsicht zu folgen, auch wo diese mit der einzelwirtschaftlichen Rationalität »ihres« Unternehmens kollidiert (oben 3.).

Dies gilt schon für die verbleibenden relativ stabilen, relativ »normalen« Beschäftigungsverhältnisse. Mit dem angesprochenen Prozeß der Individualisierung ist eine neuartige Vielgestaltigkeit von Lebensentwürfen – und dazu noch von deren Veränderungen in der biographischen Zeitachse – verbunden. Vielfach brechen sich die daraus resultierenden Zeitbedarfe der arbeitenden Menschen – gegenwärtig wohl vor allem von Frauen – an den starren Zeitstrukturen des Erwerbsalltages. Dem müßte durch erhöhte Optionalität und größere subjektive Handlungsspielräume im Erwerbsalltag Rechnung getragen werden.

Nötig sind die Eröffnung und Erweiterung von Optionalität für Beschäftigte, so daß ihnen (u. U. lebensphasenspezifisch) die reale Chance eingeräumt wird, innerhalb wie außerhalb des Erwerbsalltags selbstbestimmte Zeit- und Tätigkeitsgestaltungen zu wählen. Solche Optionalität darf ihnen nicht den mit dem Normalarbeitsverhältnis verbundenen Schutz und die Vorhersehbarkeit ihrer Zeitstrukturen entziehen. Die kurzfristige Flexibilisierung von Arbeitszeit beispielsweise (etwa »Arbeit auf Abruf«, kapazitätsorientierte variable Arbeitszeit, verschiedene Formen der Bereitschaften) läuft – selbst bei angemessener juristischer Ausgestaltung – stets Gefahr, infolge informeller Mechanismen zu Lasten der Beschäftigung zu gehen.

Erweiterte Optionsspielräume für Beschäftigte setzen bei ihnen die Bereitschaft und auf betrieblicher Seite Verfahren voraus, ihre jeweiligen Gestaltungs- und Schutzbedürfnisse mit denjenigen anderer Beschäftigter, mit den Funktionserfordernissen des Unternehmens und (besonders im öffentlichen Dienst und im Dienstleistungsbereich) den Anforderungen der Klientel zu koordinieren. Diese Abstimmungsnotwendigkeiten unterstreichen das Erfordernis, den Betrieb auch als Ort der Kommunikation zu begreifen und so auszugestalten, daß die in ihm koexistierenden oder konkurrierenden individuellen Bedarfslagen vereinbar gemacht werden können.

Das gilt auch für die Kommunikationsrechte Beschäftigter im Betrieb. Heute begründet das Arbeitsrecht noch zahlreiche Sanktionsrisiken, wenn Beschäftigte Kritik an ihrem Arbeitgeber üben, wenn sie z. B. innerbetrieblich auftretende Schadstoffe beanstanden oder sich gar mit ökologischer Kritik nach außen wenden. Das Arbeitsrecht muß erst noch eine demokratische Wende erfahren, um gesellschaftlich verantwortliches Verhalten im Betrieb zu ermutigen und zu schützen (Matthies et al. 1994).

Solche erweiterten Optionsspielräume erscheinen zunächst einmal als Zuwachs der Rechte Beschäftigter. Die sozialwissenschaftliche Bestandsaufnahme (zusammengestellt ebenfalls bei Matthies et al. 1994) bietet allerdings gute Anhaltspunkte für die Annahme, daß diese Erweiterung von Rechten nicht zu Lasten der Unternehmen gehen muß, daß sie ihnen teilweise sogar – etwa was die Integration weiblicher Beschäftigter in qualifiziertere Positionen, was arbeitsplatznahe Beteiligung oder was ökologische Mitverantwortung Beschäftigter angeht – direkt zugute kommen kann. Dies läßt in diesen Feldern nicht unerhebliche Gestaltungs- und Konsensspielräume vermuten.

Noch stärker gilt die Notwendigkeit arbeitspolitischer Re-Regulierung bei »atypischen« Arbeitsverhältnissen, also bei der externen Flexibilität: Formen mindergeschützter Beschäftigung wie Befristung, Leiharbeit oder Fremdfirmeneinsatz berühren die Beschäftigten am einschneidensten in ihrer Arbeits- und Lebenssituation und bedrohen dann auch ihre ökologischen Einsichten und Handlungsbereitschaften. Zudem befindet sich oft auch das Unternehmen in einer ökonomischen Zwangslage, die nicht diskursiv zu beseitigen ist. In Zeiten risikoreicher Konjunktur verlieren – da die Unternehmer dazu neigen, Facharbeiter der Kernbelegschaft zu »horten« – besonders häufig die Beschäftigten der Randbelegschaften und Subunternehmen ihren Arbeitsplatz. Formen und Fairness-Regeln der Bewältigung betrieblicher Krisen müssen gefunden werden, die den Unternehmen zwar nicht die Verfolgung ihres Interesses grundsätzlich streitig machen, die aber eine einseitige Risikoabwälzung auf die Beschäftigten untersagen. »Intelligent« und kompromißfähig ist etwa die Vermeidung betriebsbedingter Kündigungen durch Umverteilung der verbleibenden Arbeit auf mehr Beschäftigte (VW-Modell). Zu entwickeln sind »Brücken«, die die dauerhafte Ausgrenzung eines Teils der Erwerbsbevölkerung verhindern helfen: auf der Mikroebene Brücken zwischen Stamm- und Randbelegschaften; auf der Makroebene solche zwischen erstem und zweitem Arbeitsmarkt. Im Modell der Beschäftigungs- und Qualifizierungsgesellschaften werden solche Brücken ansatzweise praktiziert

(Bosch/Knuth 1992; Knuth 1992). Solche gesellschaftlichen Vorkehrungen können Beschäftigte ermutigen, nicht sich einfach betrieblich »anzupassen«, sondern auch im Betrieb ihrer gesellschaftlichen Verantwortung zu folgen. Daß dies ökologisch vorteilhaft wäre, liegt auf der Hand. Denn die Befreiung von permanenter Unsicherheit und Prekarität gibt mehr Raum für Verhaltensweisen zugunsten der Umwelt.

Einer Neudefinition und Vereinheitlichung bedarf bei diesen Überlegungen der Arbeitnehmerbegriff, weil er die erste Anwendungshürde von Arbeitsrecht überhaupt ist.[7] Er wird der wachsenden Typenvielfalt von Beschäftigungsformen selbst bei rechtlicher Anerkennung und Ausgestaltung unterschiedlichster Arbeitsverhältnistypen nicht mehr gerecht. Das Kriterium der »Unselbständigkeit« oder der »persönlichen« (im Gegensatz zur bloß wirtschaftlichen) Abhängigkeit, das in den europäischen Ländern nach wie vor dominiert, büßt zunehmend seine regulative Kraft ein. Damit fallen Beschäftigungsverhältnisse aus dem Geltungsbereich des Arbeitsrechts, und für die beteiligten Individuen radikalisiert sich der fatale Widerspruch zwischen Arbeitsplatz- und ökologischem Interesse.

Ein zunehmendes sozialpolitisches Problem ist die Existenz arbeits- und sozialrechtlicher Schwellenwerte, von denen Schutz abhängig gemacht wird. Sog. »persönliche« Schwellenwerte sehen vor, daß Schutzvorschriften nur zugunsten solcher Personen anzuwenden sind, die eine bestimmte Mindestwochenarbeitszeit oder eine bestimmte Dauer der Betriebszugehörigkeit überschreiten. Sogenannte »betriebliche« Schwellenwerte hingegen machen die Anwendbarkeit von Schutzvorschriften von einer bestimmten Mindestbeschäftigtenzahl abhängig. Die Existenz persönlicher Schwellenwerte (z. B. Geringfügigkeitsschwellen bei der Sozialversicherung) kollidiert zunehmend mit der Notwendigkeit[8] einer originären sozialen Sicherung aller Individuen. Die Existenz betrieblicher Schwellenwerte (z. B. eine Mindestzahl Beschäftigter als Voraussetzung für die Anwendbarkeit von Kündigungsschutz- und Betriebsverfassungsrecht – dazu Ramm 1991; Mückenberger 1996b) steht in Konflikt mit gesellschaftlichen Ansprüchen auf gleichheitliche Lebensverhältnisse. Sie bringt bei Zunahme von Kleinstbetrieben[9] die Gefahr der Steigerung segmentierter Beschäftigungsrisiken mit sich. Dem Konflikt zwischen Schutzbedarf der Beschäftigten von Kleinbetrieben und der Gefahr der Überforderung gerade dieses Betriebstyps kann letztlich nur durch überbetriebliche Fonds[10] oder Pools (vgl. Weinkopf 1993) Rechnung getragen werden. Auch solche Vorkehrungen könnten ökologisch verantwortliches Handeln begünstigen, indem Umweltschutzmassnahmen, die den Einzelbetrieb überfordern, durch den überbetrieblichen Pool ergriffen werden.

Allerdings bleiben alle arbeitsrechtlichen Neuregelungen unvollständig, wenn nicht auf sozialpolitischem Gebiet eine ausreichende Grundsicherung in Form eines von einem Arbeitsverhältnis unabhängigen garantierten Mindesteinkommens besteht. Die Erpreßbarkeit Lohnabhängiger, die sie zur Identifikation mit ihrem Unternehmen zwingt, die die Hintanstellung des ökologischen hinter das Arbeitsplatzinteresse verlangt, wird erst dann überwunden, wenn »jenseits« des Arbeitsplatzes nicht das schiere Elend droht, sondern wenn soziale Netze bestehen, die bei einem unlösbaren Konflikt zwischen Arbeitsplatzinteresse und ökologischem Interesse die Arbeitsplatzbindung des Beschäftigten vermindern helfen (vgl. Mückenberger/Offe/Ostner 1989). Gewiß ist das Thema der Grundsicherung etwas aus der Mode gekommen. Aber wer weiß, was ohne eine solche Vorkehrung für die Gesellschaft auf dem Spiele steht, wird sich mit einer solchen »Modewelle« kaum abfinden können.[11]

Anmerkungen

1 Der hier und im folgenden skizzierte Interessenwiderspruch sollte nicht so verstanden werden, daß aus ihm ein konkretes Alltagsbewußtsein bzw. Alltagshandeln unmittelbar »abgeleitet« werden könnte – wie Heine/Mautz (1989) kritisieren. Diese Interessen sind systemisch vorgegeben, geben sozusagen »nur« die
  Begrenzungen von »Handlungskorridoren« des konkreten Handelns von Individuen an. Wenn System- und Handlungsstrukturen ineins gesetzt würden, hätten Heine/Mautz (1989) mit ihrer Kritik recht. Der hier benannte Interessenwiderspruch der Arbeitnehmer und deren existentieller Hintergrund dürfte auf
  Basis von Untersuchungen, die den »Normalfall« der konkreten Arbeitnehmer-
  existenz zum Ausgangspunkt haben, kaum widerlegt werden können. Aus der
  entwickelten Ambivalenz folgt aber auch die Möglichkeit des von Heine/Mautz
  herausgestellten »ökologischen Diskurses« in der Arbeitnehmerschaft.
2 Siehe R. Bogun/G. Warsewa (1992); Rüdiger Mautz und Hartwig Heine (1992).
3 Insoweit besteht eine Parallele zu Wieackers Studie zum »Sozialmodell« des
  Bürgerlichen Rechts (1974): Das »soziale Modell« bezeichnet er als »ihren
  geheimen Entwurf, der durch die literarisch, humanistisch und begrifflich
  bestimmte Kontinuität der wissenschaftlichen Tradition zunächst verdeckt
  wird.«
4 So die überwiegende Zielsetzung des Entwurfs des Arbeitskreises Deutsche
  Rechtseinheit im Arbeitsrecht für ein Arbeitsvertragsgesetz 1992: D 12. Auf den
  Entwurf des Arbeitskreises wird aufgrund der im Text angedeuteten unterschiedlichen Zielsetzung in diesem Beitrag nicht näher eingegangen.
5 Dieser Befund ist aus der Theorie rationalen Handelns bekannt.
6 Kapp hat denn auch planwirtschaftliche Systeme nie von seiner Externalisie-
  rungsdiagnose ausgenommen. Er hat sich lediglich forschungspraktisch auf
  marktwirtschaftliche Systeme konzentriert.
7 Vgl. Heuberger 1982; Wank 1988; Preis 1990: 314.
8 Dazu Zapf u. a. 1987: 17, 21, 24, Mückenberger u. a. 1989 und Kaufmann 1990:
  24, 90, 100.
9 Indizien dafür auf internationaler Basis bei Sengenberger/Loveman 1988.
10 Als ein möglicher Ansatz ist auf § 10 Lohnfortzahlungsgesetz zurückzugreifen,
  der für Kleinbetriebe die weitgehende Umverteilung des arbeitgeberseitigen
  Lohnrisikos bei Krankheit und Mutterschaft vorsieht. Die Bestimmung gilt auch
  nach dem Entgeltfortzahlungsgesetz weiter: BGB1, I, S. 1069.
11 Der Autor dankt dem Herausgeber und besonders der Herausgeberin dieses Ban-
  des für beharrliches Insistieren auf diesen Beitrag und bereitwillige Mithilfe bei
  seiner Erstellung und Verbesserung.

Literatur

Beck, Ulrich (1986): Risikogesellschaft. Auf dem Weg in eine andere Moderne, Frankfurt/M.: Suhrkamp

Bogun, Roland; Warsewa, Günter, (1992): Regionaler Strukturwandel und Bewußtsein von ökologischen Risiken bei Industriearbeitern, in: Hoffmann et al. (Hg.), S. 125

Bosch, Gerhard; Knuth, Matthias, (1992): Beschäftigungsgesellschaften in den alten und neuen Bundesländern, WSI Mitteilungen: 431 ff.

BUND/Misereor (Hg.) (1996): Zukunftsfähiges Deutschland – Ein Beitrag zu einer global nachhaltigen Entwicklung, Basel, Boston, Berlin

Friends of the Earth Netherlands (1993): Action Plan Sustainable Netherlands, Amsterdam

Giegel, Hans-Joachim, (1987): Katastrophenrisiken der Megatechnologie: Gesellschaftliche Bedingungen ihrer Erzeugung und Verleugnung, in: Gewerkschaftliche Monatshefte Nr. 6/1987

Heine, Hartwig (1992): Ist die Interessenlage der industriellen Arbeitnehmer im Hinblick auf das Umweltproblem widersprüchlich? In: Hoffmann et al. (Hg.), S. 142

Heine, Hartwig; Mautz, Rüdiger, (1989): Industriearbeiter contra Umweltschutz?, Frankfurt/M., New York

Heuberger, Georg, 1982: Sachliche Abhängigkeit als Kriterium des Arbeitsverhältnisses, Königstein/Taunus: Athenäum

Hoffmann, Jürgen; Matthies, Hildegard; Mückenberger, Ulrich (Hg.), (1992): Der Betrieb als Ort ökologischer Politik. Am Beispiel einer Schadstoffgruppe, Münster

Institut für Arbeitsmarkt- und Berufsforschung (IAB), 1995: Zahlen-Fibel, BeitrAB 101, Nürnberg

Kapp 1950/1958/1988 – K. William Kapp: Die sozialen Kosten der Marktwirtschaft, Frankfurt/M. 1988 (NA; Tübingen 1958, Diss. 1950)

Kaufmann, Franz-Xaver, 1990: Die Zukunft der Familie, München: C. H. Beck

Knuth, Matthias (1992): Eine Brücke zu neuen Ufern? Gesellschaften zur Arbeitsförderung, Beschäftigung und Strukturentwicklung (ABS-Gesellschaften) in den neuen Bundesländern, in: Sozialer Fortschritt: S. 177 ff.

Köcher, Renate, (1997): Das Umweltthema hat seinen Zenit überschritten, in: Frankfurter Allgemeine Zeitung vom 14.05.97, S. 5

Mautz, Rüdiger (1992): Rezeption und Verarbeitung des Umweltthemas durch Industriefacharbeiter, in: Hoffmann et al. (Hg.), S. 135

Matthies, Hildegard; Mückenberger, Ulrich; Offe, Claus u.a. (1994): Arbeit 2000: Anforderungen an eine Neugestaltung der Arbeitswelt, Hamburg

Méda, Dominique (1995): Le travail. Une valeur en voie de disparition, Paris.

Mückenberger, Ulrich, (1985a): Die Krise des Normalarbeitsverhältnisses – hat das Arbeitsrecht noch Zukunft?, in: Zeitschrift für Sozialreform: 451 ff. und 457 ff.

Mückenberger, Ulrich, (1985b). Deregulierung des Arbeitsrechts, in: Kritische Justiz: 255 ff.

Mückenberger, Ulrich; Offe, Claus; Ostner, Ilona, (1989): Das staatlich garantierte Grundeinkommen, in: Krämer, H. L.; Leggewie, C. (Hrsg.), Wege in das Reich der Freiheit. André Gorz zum 65. Geburtstag, Berlin

Mückenberger, Ulrich (1995): Aktuelle Herausforderungen an das Tarifwesen, in: Kritische Justiz, S. 26-44

Mückenberger, Ulrich (1996a): The other side of the coin: Globalization, risk and social justice, in: Sengenberger, W.; Campbell, D. (Hrsg.): International Labour Standards and Economic Interdependence; International Institute for Labour Studies; Genf 1994; S. 133-141

Mückenberger, Ulrich (1996b): Kritik des Arbeitsrechtlichen Beschäftigungsförderungsgesetzes, in: Kritische Justiz, S. 343-55

Preis, Ulrich (1990): Ist die Kodifikation des Arbeitsvertragsrechts im Zuge der deutsch-deutschen und europäischen Rechtsangleichung erforderlich? in: Zeitschrift für Rechtspolitik, S. 311

Puel, Hugues, (1979): Le paradigme de l'emploi. Revue Analyse, Epistémologie, Histoire économique, PUL n. 18. November 1979: 133 ff.

Ramm, Thilo, 1991: Arbeitsrecht und Kleinunternehmen, Teile 1 und 2, in: Arbeit und Recht 1991, S. 257 ff. und S. 298 ff.

Rifkin, Jeremy (1995): Das Ende der Arbeit und ihre Zukunft, Frankfurt/M. und New York

Sengenberger, Werner; Loveman, Gary (1988): Smaller Units of Employment, International Institute for Labour Studies, DP/3/1987 (rev. 1988), Genf

Sinzheimer, Hugo, 1919: Die Zukunft der Arbeiterräte, in: ders.: Arbeitsrecht und Rechtssoziologie, Gesammelte Aufsätze und Reden, Europäische Verlagsanstalt: Frankfurt/M. 1976, Bd. 1, S. 351 ff.

Wank, Rolf (1988): Arbeitnehmer und Selbständige, München

Wieacker, Franz (1974): Das Sozialmodell der klassischen Privatrechtsbücher und die Entwicklung der modernen Gesellschaft, in: ders., Industriegesellschaft und Privatrechtsordnung, Frankfurt/M.

Weinkopf, Claudia (1992): Der Hamburger Gesamthafenbetrieb als Beispiel eines branchenbezogenen überbetrieblichen Arbeitskräftepools – eine Alternative zur Leiharbeit, in: WSI-Mitteilungen, S. 569.

Zapf, Wolfgang et al. (1987): Individualisierung und Sicherheit, München.

Eckart Hildebrandt

Arbeiten und Leben im Wissen um ihre ökologischen Nebenfolgen

I. Einleitung

Die Diskussionen um die ökologischen Folgen der Wachstumsgesellschaft haben in den letzten Jahren andere Akzente erhalten. Einmal durch die sich auch in den hochindustrialisierten Ländern verschärfende soziale Krise, die die Bedeutung der Erwerbseinkommen für die individuelle Reproduktion für immer größere Teile der Bevölkerung verringert. Zum anderen die Erstellung von Konzepten angesichts der ökologischen Krise, die Grenzen und Leitplanken für die wirtschaftliche Entwicklung dringlicher macht. Gerade durch die beiden Enquete-Kommissionen (1994) und die Wuppertal-Studie (BUND/Misereor 1996) ist die Aufmerksamkeit für mögliche Folgewirkungen auf die Erwerbsarbeit und für das »kommerziell-konsumeristische« Wohlstandsmodell gestiegen. Arbeit muß dabei zum einen als Voraussetzung von Nachhaltigkeit behandelt werden, da sie immer produktive Auseinandersetzung mit der Natur ist und die gesellschaftlichen Infrastrukturen schafft, die den Naturhaushalt in immer noch steigendem Maße belasten. Zusätzlich ist Arbeit immer auch verfügbare Ressource (als Teil der Natur), auf die die Kriterien der Nachhaltigkeit ebenfalls anzuwenden sind, z.B. das Kriterium des schonenden Umgangs.

Aus arbeitswissenschaftlicher Sicht ist die neuere Geschichte der Analyse des Verhältnisses von Arbeit und Umwelt verhältnismäßig kurz und hat bisher nur bescheidene Ergebnisse erbracht. Industriesoziologische Analysen haben sich in diesem Jahrhundert im wesentlichen auf die Tätigkeiten im Betrieb beschränkt und den Mechanismus der Externalisierung ökologischer Folgen der Produktion außer acht gelassen. Umgekehrt hat sich die spätestens seit den siebziger Jahren im Aufschwung befindliche Umweltforschung darauf beschränkt, Anforderungen an die Unternehmen und Haushalte zu stellen, ohne deren Eigendynamik und Eigeninteressen tiefergehend zu reflektieren. Wir müssen bis heute von einer grundlegenden Trennung von Arbeit und Umwelt ausgehen, die sich in allen Bereichen von Bewußtsein und Handeln, von gesellschaftlichen Infrastrukturen, Politiksystemen und auch wissenschaftlichen Analysen reproduziert.

Ich möchte im folgenden den Stand der Analyse dieses Zusammenhanges in drei Schritten darstellen; die Schritte orientieren sich an der Themenstellung von Projekten, die ich am Wissenschaftszentrum Berlin durchgeführt habe; sie charakterisieren im wesentlichen auch die Entwicklung des gewerkschaftsnahen Diskurses in diesem Zeitraum. Die erste Phase Ende der achtziger Jahre war mit »ökologisch erweiterte Arbeitspolitik« überschrieben und ging der Frage nach, inwieweit sich betriebliche Arbeitspolitik und Gewerkschaftspolitik generell für ökologische Fragestellungen und Anforungen öffnen könne. Diese Phase war geprägt von weit gesteckten Hoffnungen, das Umweltthema in gewerkschaftliche Strategien einbeziehen und zu einem neuen, substantiellen Handlungsfeld der industriellen Beziehungen machen zu können. Die Analysen führten im wesentlichen zum Erkennen der engen Grenzen und Restriktionen betrieblichen Umwelthandelns der Beschäftigten und der betrieblichen Interessenvertretungen. In der zweiten Periode, die mit dem Motto »nachhaltig leben und arbeiten« überschrieben werden kann, wurden aus naturwissenschaftlichen Analysen der Tragekapazität der Erde Grenzen des Wachstums abgeleitet, die für die Zukunftspfade von Arbeiten und Leben weitreichende Konsequenzen haben. Trotz des Anspruchs einer Integration von ökologischen, ökonomischen und sozialen Aspekten dominieren in diesen Konzepten naturwissenschaftlich abgeleitete Reduktionsziele, die anderer Wohlstandsmodelle bedürfen. Es zeigte sich relativ schnell, daß diese Wohlstandsmodelle, die die Vereinbarkeit einer radikalen Reduktion ökologischer Belastungen mit individuellem Wohlstand postulieren, mit der realen Lebensführung und den Interessendefinitionen der überwiegenden Mehrzahl der Bevölkerung kaum zu vereinbaren sind. Von daher eröffnet sich jetzt eine dritte Periode, in der die Anschlußfähigkeit anderer Wohlstandsmodelle mit gegenwärtigen Lebenssituationen und Lebensperspektiven auf dem Prüfstand steht.

II. Arbeit und Umwelt im Betrieb – Potentiale und Restriktionen

Ökologische Sachverhalte und Wirkungsketten waren bis vor kurzem kein Thema der sogenannten industriellen Beziehungen. Demgegenüber ging das Konzept der ökologisch erweiterten Arbeitspolitik von drei Annahmen aus:

1. Die ökologischen Schäden in der Gesellschaft beeinträchtigen zunehmend die Arbeits- und Lebensqualität der Beschäftigten. Die an Bedeutung zunehmende gesellschaftliche Debatte über die Notwendigkeiten des Umweltschutzes beeinflußt auch die Beschäftigten in ihrem betrieblichen Verhalten. Sie führt zu einer steigenden Sensibilität und Handlungsbereitschaft der Beschäftigten in den Betrieben.
2. Die ökologische Dimension ist in den gesamten Produktions- und Reproduktionskreislauf unserer Gesellschaft tief eingeschrieben und berührt insofern in unterschiedlicher Weise verschiedenste Aspekte der Arbeitsverhältnisse und Arbeitsbedingungen. Es gibt daher eine Vielzahl von, allerdings größtenteils mittelbaren, Anknüpfungen an zentrale Arbeitsinteressen wie Arbeitsplatzsicherung, Arbeits- und Gesundheitsschutz, Qualifizierung und Beteiligung.
3. Es existiert bisher kein explizites Mandat für Arbeitnehmer im Umweltschutz, weder in den Arbeitsverfassungen noch in den Umweltgesetzgebungen noch im System der industriellen Beziehungen im Sinne programmatischer oder praktischer Vereinbarungen zwischen Unternehmerverbänden und Gewerkschaften.

Als Konsequenz aus diesen Annahmen bestand die Zielsetzung von insbesondere betrieblichen Fallstudien zur ökologisch erweiterten Arbeitspolitik darin, die latenten Interessenlagen und Handlungspotentiale der Beschäftigten im Umweltschutz herauszuarbeiten und gleichzeitig die Ambivalenzen und Hemmnisse zu analysieren. Zusätzliche nationale Surveys zum Stand der Verknüpfung von Arbeitspolitik und Umweltpolitik in der EU sowie die Analyse von guten Beispielen sollten die Inhalte und Bedingungen erfolgreicher Initiativen verdeutlichen. (Hildebrandt 1995; Hildebrandt/Schmidt 1994; Biere/Zimpelmann 1997)

Resümiert man die Resultate von Ökologisierungsprozessen in der zweiten Hälfte der achtziger Jahre, so sind die Dimensionen, die Reichweite und die Stabilität der ökologischen Erweiterung der industriellen Beziehungen bisher sehr begrenzt. Der Einfluß ökologischer Sachverhalte in der Arbeitspolitik ist in der Regel schwach und ambivalent. Ökologie ist in der Betriebspolitik eine indirekte und abhängige Variable; dominant bei den Akteuren der industriellen Beziehungen sind dagegen die einzelwirtschaftlichen Unternehmensziele (Umsatzsteigerung bei Kostenverringerung) und das daran geknüpfte Wohlstandsmodell (Arbeitsplatzsicherheit, kontinuierliche Arbeitszeitverkürzung bei gleichzeitiger Einkommenssteigerung, steigende Arbeits- und Lebensqualität); prägend ist also der sogenannte Produktivitäts- und Sozialpakt zwischen Management und Beschäftigten. Hinzu kommt eine in der Regel immer noch rigide betriebliche Arbeitsteilung und Zuständigkeitsverteilung, die erstens zwischen innerbetrieblicher, außerbetrieblicher und gesellschaftlicher Umwelt streng trennt und zweitens auch bei der innerbetrieblichen Umwelt ganz enge Zuständigkeiten definiert (Umweltbeauftragter, Umweltabteilung und zuständiger Vorstandsbereich), (vgl.z.B. Antes/Steger/Tiebler 1992).

Die Orientierung der überwiegenden Mehrzahl der Beschäftigten sind selektiv auf ihr Verhalten im vorgegebenen betrieblichen Rahmen ausgerichtet (Trennung von Arbeit und Leben) und durch die betrieblichen Funktionszuschreibungen und Handlungsrestriktionen bestimmt (arbeitspolitischer Konservatismus).

Die Gewerkschaften haben das Thema nur sehr selektiv und defensiv aufgegriffen. Sie konzentrieren sich auf programmatische, gesellschaftspolitische Äußerungen und vereinzelte Kampagnen, die ihre Schwerpunkte bei einzelnen Gefahrstoffen und bei der Einforderung von Informations-, Qualifizierungs- und Beteiligungsrechten haben. Der Aufbau eigener Bearbeitungskapazitäten ist gering, die Integration des Umweltthemas in die arbeitspolitischen Kernthemen findet nicht statt und die diesbezüglichen Prioritäten werden nicht verändert. Die Voraussetzungen weitergehenden gewerkschaftlichen Handelns werden in einer erweiterten Mitbestimmung und einer verschärften staatlichen Ordnungspolitik im Bezug auf die Unternehmen gesehen. (vgl. Huter/Schneider/Schütt 1988; Roth/ Sander 1992) Unter diesen Bedingungen sind in diesem Analyseausschnitt nur kleine und im betrieblichen Politikprozeß marginale Schritte einer ökologisch erweiterten Arbeitspolitik feststellbar. Einzelnen Beispielen von »good practice« stehen ein starkes Beharrungsvermögen von Interessendefinitionen und Strategien der betrieblichen Akteure und vielfältige Restriktivitäten der bestehenden Institutionen und Regelungssysteme gegenüber. Es sind nur vereinzelte individuelle und schwache kollektive Lernprozesse feststellbar. Vorreiterinitiativen müssen sich keineswegs verallgemeinern, sondern können sich als Einzelbeispiele stabilisieren oder sogar wieder eingestellt werden (vgl.auch Holl/Rubelt 1993 und Birke/ Schwarz 1994).

III. Politikmuster im europäischen Vergleich

Diese generellen Befunde wurden in einigen Punkten verallgemeinert und präzisiert, und zwar in bezug auf die Bedeutung der verschiedenen Politikebenen bei der Integration von Umweltschutz und Arbeitspolitik, in bezug auf die unterschiedliche Stärke der Verknüpfung in den verschiedenen Themenfeldern und auf den Politikzyklus bei der Integration.

Im europäischen Wissenschaftlernetzwerk IRENE, das seit 1990 die Analyse der nationalen Situationen in diesem Themenfeld sowie neuere und exemplarische Entwicklungsdynamiken zum Gegenstand seiner Forschung gemacht hat, sind Länderberichte aus zehn

EU-Ländern erstellt und neuerdings aktualisiert worden (vgl. Oates/ Gregory 1993, Le Blansch/Hildebrandt/Pearson 1994).

Ein die Analyse entscheidend prägender Sachverhalt besteht darin, daß die Wechselbeziehungen zwischen Arbeitspolitik und Umweltpolitik auf sechs *Politikebenen* stattfinden, in denen diese Beziehung sehr unterschiedlich ausgeprägt ist und zwischen denen nur schwache Zusammenhänge bestehen (vgl. Schaubild 1).

Jenseits der zum Teil erheblichen Differenzen zwischen den einzelnen EU-Ländern lassen sich einige deutliche Schwerpunkte erkennen: Auf der einen Seite gewinnen Vereinbarungen und Direktiven auf der EU-Ebene zunehmend an Bedeutung, da sie in nationales Recht zu überführen sind und für die Mehrzahl der Länder eine Weiterentwicklung des bestehenden nationalen Regelungssystems bedeuten. Ein gutes Beispiel sind hier die Direktiven zum Arbeitsumweltschutz, die eine klare ökologische Erweiterung des traditionellen Arbeitsschutzkonzepts beinhalten. Stärkere Verknüpfungen und insbesondere Vorreiterinitiativen finden auf der Ebene einzelner Unternehmen und Betriebe statt, in denen zum Teil auf der Grundlage formeller Vereinbarungen, häufig aber auch in Form von einzelnen Projekten eine weitgehende Einbeziehung der Beschäftigten und der betrieblichen Interessenvertretungen praktiziert wird. Solche Projekte sind zuweilen in lokale und regionale Vorhaben eingebunden, in denen viele gesellschaftliche Akteursgruppen einschließlich ökologischer Gruppen neue Strategien erproben. Wichtig für unseren Zusammenhang ist, daß die Möglichkeiten individuellen Verhaltens bei den untersuchten Normen und Regelungen kaum eine Rolle spielen. Individuelle Informations-, Reklamations-, Vorschlags- und Beteiligungsrechte für ArbeitnehmerInnen im Umweltschutz sind bisher kaum vorgesehen.

Ein ähnlich heterogenes Bild zeigt sich in bezug auf die verschiedenen *arbeitspolitischen Themenfelder* und ihre Bezüge zur Umweltpolitik (vgl. Schaubild 2).

In der öffentlichen Diskussion stehen unter den Bedingungen anhaltender Massenarbeitslosigkeit eher Beschäftigungswirkungen des Umweltschutzes im Vordergrund. Neue Umwelttechnologien und Dienstleistungen erscheinen als eine der wenigen neuen und sinnvollen Tätigkeitsfelder, in denen neue Arbeitsplätze entstehen

122

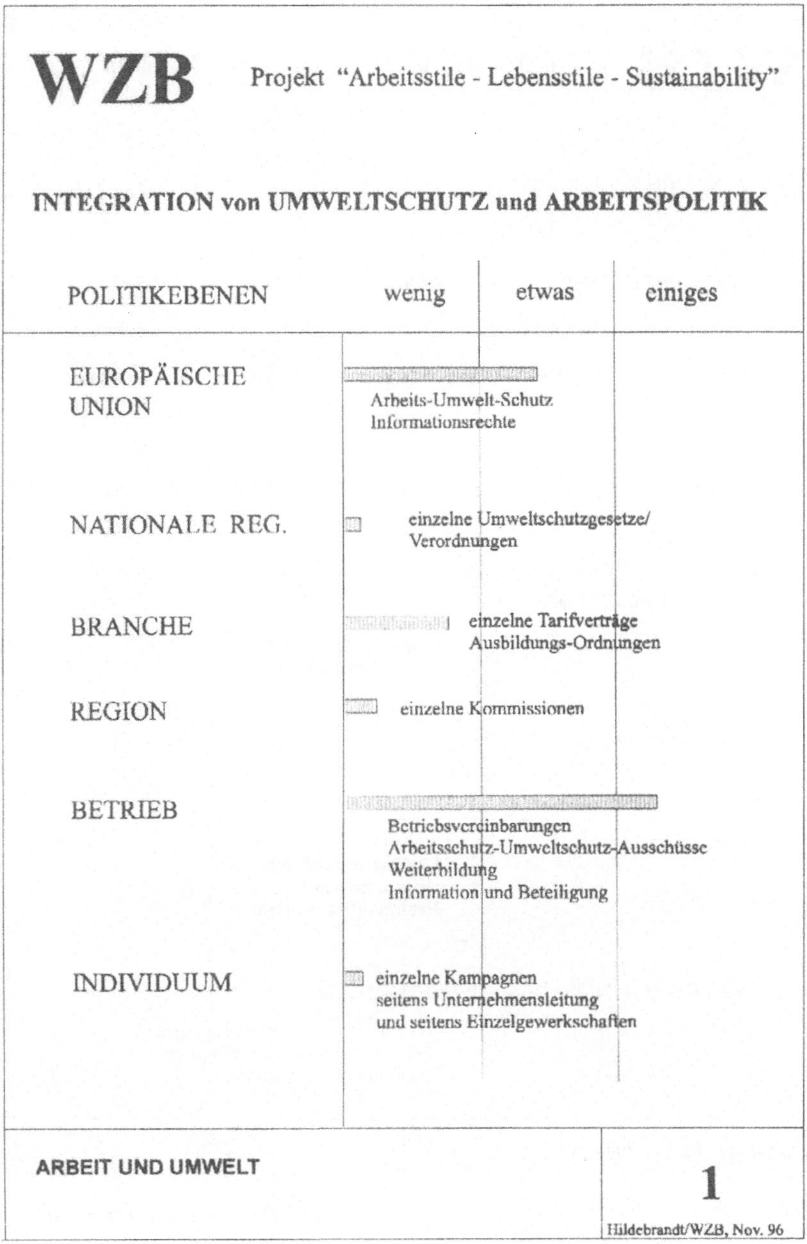

Projekt "Arbeitsstile - Lebensstile - Sustainability"

INTEGRATION von UMWELTSCHUTZ und ARBEITSPOLITIK

POLITIKEBENEN	wenig	etwas	einiges
EUROPÄISCHE UNION	Arbeits-Umwelt-Schutz Informationsrechte		
NATIONALE REG.	einzelne Umweltschutzgesetze/ Verordnungen		
BRANCHE	einzelne Tarifverträge Ausbildungs-Ordnungen		
REGION	einzelne Kommissionen		
BETRIEB	Betriebsvereinbarungen Arbeitsschutz-Umweltschutz-Ausschüsse Weiterbildung Information und Beteiligung		
INDIVIDUUM	einzelne Kampagnen seitens Unternehmensleitung und seitens Einzelgewerkschaften		

ARBEIT UND UMWELT

1

Hildebrandt/WZB, Nov. 96

WZB

Projekt "Arbeitsstile - Lebensstile - Sustainability"

INTEGRATION von UMWELTSCHUTZ und ARBEITSPOLITIK

THEMENFELDER | wenig | etwas | einiges

BESCHÄFTIGUNG
Expandierender Umwelttechnik-Sektor
zweiter Arbeitsmarkt

GESUNDHEIT
Arbeitsumweltschutz, Ersatzstoffe

QUALIFIKATION
Integration in neue Berufsfelder
und Ausbildungsgänge

TÄTIGKEIT

INFORMATION
Unternehmensleitbilder
Betriebszeitungen
Betriebsversammlungen

BETEILIGUNG
BR's durch Betriebsvereinbarungen
fallweise Einbeziehung in Projekte
Delegation an Beauftragte

ARBEIT UND UMWELT

2

Hildebrandt/WZB, Nov. 96

können und somit die sich zuspitzenden beschäftigungspolitischen Konflikte zumindest teilweise entschärft werden (vgl. z.B. Weißbuch der Europäischen Kommission 1993). Diese Debatte wird sowohl auf europäischer wie auf nationaler wie auch auf Branchenebene geführt. Die größten realen Fortschritte dürften, allerdings stark in Abhängigkeit von unterschiedlichen nationalen und Branchenregelungen, im Bereich der Qualifizierung erreicht worden sein. Insbesondere in den umweltintensiven Branchen wie Chemie, Metallherstellung, Metallverarbeitung und Elektronik/Elektrotechnik sowie in der Bauindustrie sind Bausteine zu Umweltwissen in die neuen Berufsausbildungsgänge eingegangen. Eine steigende Zahl von Betrieben bietet umweltbezogene Fortbildungskurse an, und auch die gewerkschaftlichen Bildungsprogramme wurden um diesen Themenkomplex erweitert. Betriebliche Weiterbildung konzentriert sich allerdings wesentlich auf die Leitungsebene und auf Fachzuständige, nicht auf die unteren Beschäftigtengruppen. Für sie gelten, wie bereits im vorigen Schaubild angedeutet, die wenigen vereinbarten Beteiligungs- und Informationsrechte nicht; die Information findet in der Regel in Betriebszeitungen und Betriebsversammlungen statt und dürfte in Großbetrieben wesentlich besser sein als in Klein- und Mittelbetrieben. Die Tätigkeitsbeschreibungen der einzelnen Mitarbeiter, die im Mittelpunkt ihrer Verhaltensorientierung stehen, sind bisher von ökologischen Aspekten unberührt.

Die angeführten Forschungsresultate belegen, daß in Fragen der ökologischen Erweiterung auf einigen Politikebenen und in einigen Themenfeldern durchaus Bewegung entstanden ist, wobei zwischen einzelnen Vorreiterbeispielen und Prozessen der Verallgemeinerung klar unterschieden werden muß. Um die Bedeutung dieses Erweiterungsprozesses einschätzen zu können, wurde ein Ranking zu der Frage durchgeführt, inwieweit man im Umfeld der industriellen Beziehungen davon ausgehen kann, daß die *Einbeziehung des Systems der industriellen Beziehungen* in die unternehmerische Umweltpolitik inzwischen akzeptiert ist. Das Ergebnis dieser Grobeinschätzung von ExpertInnen fällt entsprechend differenziert aus; es zeigt einerseits, daß durchaus nicht von einer allgemeinen Akzeptanz der Zuständigkeit des Systems der industriellen Beziehungen für Umweltpolitik die Rede sein kann und daß zum anderen die Unterschiede zwischen den verschiedenen EU-Ländern beträchtlich sind. So haben wir eine Ländergruppe mit Dänemark und den Niederlanden, in denen offensichtlich diese Zuständigkeit politisch und betriebsalltäglich weitgehend akzeptiert ist und sich in entsprechenden Regelungen und Praktiken umsetzt. Auf der anderen Seite haben wir eine Ländergruppe, in denen davon ausgegangen werden muß, daß eine solche Zuständigkeit nicht akzeptiert ist und d. h. in einzelnen Fällen errungen werden muß bzw. immer wieder umkämpft ist.

Die gesellschaftliche Durchsetzung einer Zuständigkeit der industriellen Beziehungen für umweltpolitische Problemstellungen bedeutet in der Regel, daß diese Themenstellung in das Regelungs- und Normensystem der industriellen Beziehungen aufgenommen wird. Wie diese Aufnahme stattfindet und welche Varianten in bezug auf die relative Bedeutung des Umweltthemas im arbeitspolitischen Themenkanon möglich sind, wird auf Schaubild 3 dargestellt.

Der *Politikzyklus* durchläuft idealtypisch vier Phasen, von denen die erste die auslösende gesellschaftliche Thematisierung ist, die z. B. über die Skandalisierung in Medien verläuft, über lokale Konflikte und Kampagnen von Bürgerinitiativen oder grünen Organisationen. Diese gesellschaftliche Thematisierung trifft auch im Unternehmensbereich auf Resonanz, wobei die Reaktion der verschiedenen Akteursgruppen durchaus unterschiedlich sein kann. Da wir von ökologischen Themen sprechen, die einen mehr oder weniger starken Bezug zu Arbeitnehmerinteressen haben, ist es nicht unwahrscheinlich, daß einzelne ArbeitnehmerInnen trotz der hochgradigen Arbeitsteilung im Betrieb und rigider Kompetenzabgrenzung gerade solche Themen aufgreifen, die lebensweltliche Bezüge haben: An- und Abfahrt zum Betrieb, Kantinenausstattung und Essensorganisation, Müllverursachung und Mülltrennung, Ordnung und Sauberkeit am Arbeitsplatz, Gesundheitsschutz am Arbeitsplatz u.ä. Aufgrund dieser praktischen persönlichen Betroffenheit finden sich hier am ehesten Gruppen zusammen, die Forderungen formulieren und gegebenenfalls mit dem Betriebsrat zusammenarbeiten. Die Firmenleitung wird sich bei solchen Fragen eher auf allgemeine Unterstützung beschränken, ohne von sich aus zu konkreten Projekten überzugehen (z. B. Verhandlungen über Umweltkarten für die öffentlichen Nahverkehrssysteme). Je nachdem, in welcher Weise das

Projekt "Arbeitsstile - Lebensstile - Sustainability"

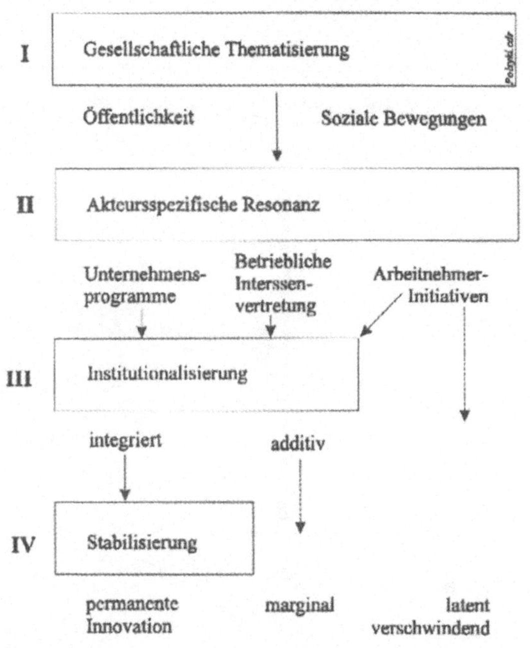

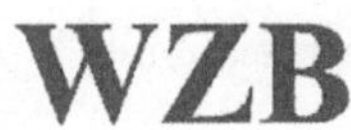

WZB Projekt "Arbeitsstile - Lebensstile - Sustainability"

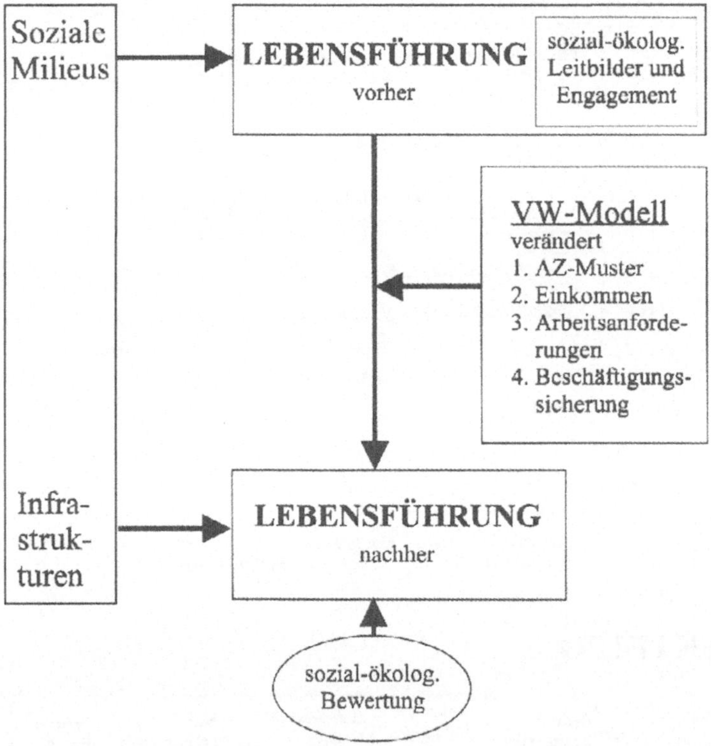

ARBEIT UND UMWELT

4

Hildebrandt/WZB, Nov. 96

Thema von den institutionalisierten betrieblichen Parteien aufgegriffen worden ist, gelingt es in einer dritten Phase, die neue Themenstellung zu einem anerkannten Thema in einem fest institutionalisierten Gremium zu machen. Dieses Gremium kann ein bestehender betrieblicher Ausschuß sein (z. B. der Arbeitssicherheitsausschuß) oder auch ein neu eingerichtetes Gremium wie z. B. ein paritätischer Umweltausschuß im Betrieb. Wenn eine solche Institutionalisierung nicht gelingt, ist es wahrscheinlich, daß die informelle Arbeitnehmerinitiative nach einer Aktivitätsperiode von ca. einem halbem Jahr, insbesondere auch, wenn sie erfolgreich war, wieder einschläft. Aber auch im Falle der Institutionalisierung ist unklar, welche Bedeutung das Umweltthema längerfristig in diesen Institutionen haben wird. Die Beispiele, in denen an diesem Thema in Richtung einer permanenten Verbesserung gearbeitet wird, sind eher die Ausnahme. In der Regel ist davon auszugehen, daß das neu aufgenommene Thema, das sich danach nur schwer mit den Standardthemen der betrieblichen Interessenvertretung verknüpfen läßt, zwar offiziell anerkannt, aber faktisch marginalisiert wird. Dies kann bis dahin gehen, daß mit der formellen Institutionalisierung die faktische Arbeit am Thema beendet wird. Die Betrachtung dieses Politikzyklus weist darauf hin, daß trotz der Öffnung des Systems der industriellen Beziehungen für Umweltthemen die Gefahren des Wieder-Verschwindens bzw. der Marginalisierung sehr groß und die Pfade der Stabilisierung kaum beschritten werden.

Die Betrachtung des Politikzyklus macht darüber hinaus auf die Bedeutung *verschiedener Träger* in der arbeitnehmerbezogenen betrieblichen Umweltpolitik aufmerksam (vgl. Schaubild 4).

In der betrieblichen Umweltpolitik werden dabei einige Besonderheiten deutlich: Das betrifft einmal die hervorgehobene Rolle der Thematisierung in der Öffentlichkeit und damit auch die Frage, wie und über welche Personen der öffentliche Diskurs in die Betriebe hineingetragen wird. Einzelne Personen im Betrieb mit einer expliziten ökologischen Orientierung und kleine, »grüne« Arbeitnehmergruppen spielen hier eine große Rolle (vgl. z.B.Osterland 1994, Heine/Mautz 1989 und Bogun/Osterland/Warsewa 1990). Auf der anderen Seite stehen die Unternehmensleitungen, die entweder die Relevanz des Themas zurückweisen oder im Rahmen eines aktiven

Umweltmanagements beanspruchen, die Interessenlagen der ArbeitnehmerInnen mit zu berücksichtigen und in der Regel beklagen, daß der normale Arbeitnehmer und die normale Arbeitnehmerin zu unmotiviert und zu bequem seien, um einer anspruchsvolleren betrieblichen Umweltpolitik zu folgen. Diese unternehmerische Stellvertreterpolitik, die bei den Mitgliedsunternehmen grüner Unternehmerverbände sehr verbreitet ist, ist Ausdruck eines deutlich patriarchalischen Verhältnisses, das nicht von einer eigenständigen und produktiven Funktion von Beschäftigten und der betrieblichen Interessenvertretung im Umweltschutz ausgeht, sondern sich auf Maßnahmen konzentriert, die die Information, die Qualifikation und die Folgebereitschaft der Beschäftigten gewährleisten. Zwischen diesen beiden Akteursgruppen nehmen die betrieblichen Interessenvertretungen in der Regel eine passivere Rolle im betrieblichen Umweltschutz ein. Auf der einen Seite sind sie relativ skeptisch gegenüber »grünen Arbeitnehmerinitiativen«, die sehr wenig in ihren Themenkanon und ihr tradiertes Politikmodell hineinpassen, auf der anderen Seite nehmen sie häufig eine Position der passiven Folgebereitschaft ein, wenn sie mit einem aktiven Umweltmanagement im Betrieb konfrontiert sind. Von daher dominiert die Erfahrung, daß im Bereich der arbeitnehmerorientierten Umweltpolitik im Betrieb die institutionalisierte Interessenvertretung eher eine schwächere Rolle spielt und diese Umweltpolitik nicht als Chance sieht, um ihre Position zu profilieren und zu stärken. Hinzu kommt, daß im betrieblichen Umweltschutz externe ExpertInnen und BeraterInnen eine sehr wichtige Rolle spielen. Es gibt keine originäre Qualifikation von betrieblicher Interessenvertretung im Umweltschutz, und sie greifen, wenn überhaupt, auf ExpertInnen aus den entsprechenden Fachabteilungen zurück. Bei betrieblichen Initiativen von ArbeitnehmerInnen und betrieblichen Interessenvertretungen werden in der Regel externe BeraterInnen hinzugezogen, die die entsprechenden naturwissenschaftlichen Argumentationen und rechtlichen Möglichkeiten vorgeben. Erst auf dieser Grundlage kann sich betriebliche Interessenpolitik einbringen.

Es hat auf den ersten Blick den Anschein, als wenn der beschriebene Politikzyklus und die spezifischen Akteursstrukturen im

Umweltschutz Ausdruck der Marginalität und Labilität dieser Themenverknüpfung sind. Wenn man das Blickfeld jedoch auf naheliegende Themenfelder wie z.B. den betrieblichen Arbeits- und Gesundheitsschutz, das Qualitätsmanagement und die betriebliche Technikgestaltung wirft, so zeigen sich durchaus ähnliche Politikstrukturen und Problemlagen. In einer noch weitergehenden Betrachtung zeigen sich sogar weitgehende Übereinstimmungen zwischen dem schwachen und langsamen Prozeß der ökologisch erweiterten Arbeitspolitik und der Transformation der industriellen Beziehungen, so daß – was aus der eingeschränkten Perspektive ökologischer Arbeitspolitik nicht deutlich geworden war – dieser *Öffnungsprozeß als Teil der generellen Transformation* der industriellen Beziehungen verstanden werden kann (Vgl. hierzu Mückenberger/ Schmidt/Zoll 1996 und Bundesmann-Jansen/Frerichs 1995). Bei dieser Parallelisierung sind insbesondere fünf Merkmale von Bedeutung:

1. Ein enges Wechselverhältnis zwischen inner- und außerbetrieblicher Regulierung, wie es bereits seit einiger Zeit im Konzept des Unternehmens als öffentlicher Institution in der Betriebswirtschaftslehre gedacht wird.
2. In dem Aushandlungs- und Prozeßcharakter der Strategie- und Entscheidungsfindung, der im wesentlichen darauf beruht, daß verschiedene betriebliche Akteure beteiligt sind und Lösungen, die sowohl den ökonomischen wie prozeßspezifischen Bedingungen des jeweiligen Betriebs gerecht werden, nicht vordefiniert werden können. Dieser Aushandlungscharakter führt entsprechend zu betriebsspezifischen Lösungen und ist Element des Bedeutungsgewinns von Betriebspolitik gegenüber allgemeingültigen Regelungen auf Branchenebene.
3. Wir finden auch in anderen Themenfeldern ein Hinzutreten neuer Anspruchsgruppen. Im Bereich von Umweltthemen ist das in sehr starkem Maße die politische Öffentlichkeit, was darin begründet ist, daß Umweltthemen inzwischen zu den eindeutigen Kernthemen öffentlicher Aufmerksamkeit gehören, und es sind im speziellen nationale und lokale Umweltgruppen, lokale Sender und Zeitungen sowie Bürgerinitiativen, die einzelne Produkte,

Emissionen in die Umwelt oder Verhaltensweisen einzelner Unternehmen öffentlich kritisieren und teilweise skandalisieren. Vertreter dieser Gruppen werden zunehmend in lokale Gespräche einbezogen, teilweise sogar in beratender Funktion in das Unternehmen hineingenommen.

4. Wir finden generell einen Bedeutungsverlust etablierter Institutionen und verregelter Verfahren gegenüber direkter Beteiligung und mediativen Verfahren. Dieses Element wird im Bereich der Umweltpolitik besonders deutlich, da es auf der individuellen Verantwortung der einzelnen BürgerIn bzw. ArbeitnehmerIn beruht und die Umweltgefährdung eigentlich alle Akteure in allen Politikfeldern in mehr oder weniger starkem Maße berührt. Von daher ist es fast zwangsläufig, daß Mediationsverfahren über umweltpolitische Themen entstanden sind, inzwischen aber auch in anderen Themenbereichen angewandt werden (z. B. lokale Arbeitsmarktpolitik).

5. Als fünftes Merkmal, das ökologisch erweiterte Arbeitspolitik mit der Transformation der industriellen Beziehungen gemeinsam hat, ist die präventive Wende in den Gestaltungspolitiken zu sehen. Nicht nur im Bereich des Gesundheitsschutzes, sondern insbesondere im Bereich der Umweltpolitik erleben wir eine Verwissenschaftlichung der Zielfindungs- und Aushandlungsprozesse, die sich wesentlich auf Grenzwerte beziehen, aber auch auf Methoden der Prävention z. B. durch integrierten Umweltschutz und durch den Einsatz von Ersatzstoffen (Vgl. z.B. Hildebrandt/ Linne/Lucas/Sieben 1994). Das ebenfalls aus dem betrieblichen Gesundheitsschutz vorhandene Spannungsfeld zwischen Prävention und Kuration stellt sich auch im betrieblichen Umweltschutz, und hier insbesondere unter Kosten- und Effektivitätsgesichtspunkten.

Zusammenfassend läßt sich also feststellen, daß zwischen einer zögerlichen ökologischen Erweiterung der Arbeitspolitik und einem sehr langsamen und heterogenen Prozeß der Transformation der industriellen Beziehungen durchaus eine Wechselbeziehung besteht in dem Sinne, daß ökologische Initiativen im Betrieb neue Formen der Interessenvertretung hervorbringen und verstärken, und daß auf der anderen Seite die stattfindende Transformation der industriellen Beziehungen auch Raum schafft und Restriktivitäten verringert, die einer ökologisch erweiterten Arbeitspolitik im Wege stehen.

IV. Beschäftigungseffekte der Umweltpolitik

Im Rahmen der arbeitspolitischen Themenfelder, die durch eine Veränderung der Umweltpolitik berührt werden, nimmt die Beschäftigung eine prominente Stelle ein. Dieser Zusammenhang hat seit den siebziger Jahren verschiedene Phasen durchlaufen, in denen unterschiedliche Aspekte im Vordergrund standen: arbeitschaffende Aspekte, Arbeitsplatzvernichtungsaspekte, Arbeitsplatzerhaltungsaspekte und in neuester Zeit im Zusammenhang mit der Nachhaltigkeitsdiskussion der Aspekt der Verlagerung von Erwerbsarbeit in Eigenarbeit und Nachbarschaftshilfe (vgl.Michael Jacobs 1997). An diesem Thema läßt sich auch exemplarisch die Ambivalenz gewerkschaftlicher Positionen verdeutlichen: Sie versuchen auf der einen Seite, die Sektoren in ihrem Einflußbereich zu organisieren, in denen neue Arbeitsplätze durch Umweltschutz entstehen (z. B. Entsorgungswirtschaft); auf der anderen Seite werden alle umweltpolitischen Maßnahmen kritisiert, die zusätzliche ökonomische Belastungen oder Restriktivitäten für die Unternehmen in ihrem Organisationsbereich zur Folge haben könnten und damit eventuell auch indirekte Auswirkungen auf die Beschäftigungssituation (vgl. die Herausnahme von energieintensiven Unternehmen aus der Energiesteuerreform).

In einer Periode, in der die Massenarbeitslosigkeit kontinuierlich ansteigt und gleichzeitig die (Verbesserung der) Umweltpolitik an enge Grenzen stößt, sind Arbeitsmarktpolitik und Umweltpolitik eine eigenartige Koalition eingegangen. Arbeitsmarktpolitische Akteure reklamieren zunehmend Beschäftigungsmöglichkeiten im Umweltbereich, um ihre Arbeitsmarktprogramme politisch durchzusetzen. Umweltorganisationen versuchen auf der anderen Seite, ihren Umstellungsforderungen (z. B. Energiewende) durch Prognosen erheblicher Arbeitsplatzgewinne ein zusätzliches Argument an die Seite zu stellen. Diese gegenseitige Inanspruchnahme hat dazu geführt, daß auf beiden Seiten mit gröbsten quantitativen Wirkungen gearbeitet wird, wobei im Ergebnis sowohl die Qualität des Umweltschutzes wie auch die Qualität der Arbeitsplätze kaum noch genauer geprüft wird. Bei einer nüchternen Betrachtung ist dagegen für eine bedingte Entkopplung von Umweltschutz und Beschäftigung zu argumentieren und die Beschäftigungswirkung des Umweltschutzes als solche nicht als Potential erster Ordnung einzuschätzen. Dazu nur einige kurze Anmerkungen.

Die Entstehung eines Umweltarbeitsmarktes wirft schwerwiegende Zurechnungsprobleme auf, die grundsätzlich genauere Quantifizierungen wenig sinnvoll erscheinen lassen. Dazu zählt, daß ein Teil bereits seit langem bestehender Arbeitsplätze, insbesondere im Bereich öffentlicher Dienstleistungen, jetzt diesem Bereich des neuen Umweltarbeitsmarktes zugerechnet wird. Ein weiterer Aspekt ist, daß der größte Teil von Produkten, von Dienstleistungen oder ganzen Betrieben und Unternehmen in diesem Markt nicht allein auf Umweltaspekte abzielt, sondern im Rahmen normaler Geschäftstätigkeit unter anderem Umweltaspekte berücksichtigt bzw. zusätzliche Umweltaktivitäten durchführt. Diese Abgrenzung ist einfacher im Bereich des additiven Umweltschutzes bzw. der ökologischen Infrastrukturdienstleistungen durchzuführen, sie ist im Bereich des integrativen Umweltschutzes kaum genau zu treffen und erst recht nicht im präventiven Umweltschutz. Noch schwieriger als die Erfassung ausgewiesener bzw. zusätzlicher Arbeitsplätze durch Umweltschutzpolitik ist die Erfassung von Arbeitsplätzen, die durch Umweltschutz eingestellt oder substituiert werden. Die vorliegenden Beschäftigungsabschätzungen stellen daher in der Regel interessierte, bereichsspezifische Zukunftsprognosen dar, die sich auf einzelne Wachstumsfelder von Umweltpolitik begrenzen (z. B. Nutzung von Wind- und Sonnenenergie, Recyclingindustrie).

Nach einer aktualisierten Bestandsaufnahme, die kürzlich vom Bundesministerium für Umwelt veröffentlicht wurde (BMU 1996), umfaßt dieser Umweltarbeitsmarkt in der Bundesrepublik Deutschland 1996 ca. 1.000.000 Arbeitsplätze, das sind 2,7 Prozent aller Erwerbstätigen. Der Umweltarbeitsmarkt ist also immer noch relativ klein, und er ist, wenn man Vergleichszahlen zu 1990 ansieht, auch relativ langsam wachsend, allerdings in einem historischen Umfeld von generell niedrigen Wachstumsquoten (vgl. DIW-Wochenbericht 9/97). Der Umweltarbeitsmarkt hat deutliche Schwerpunkte im öffentlichen Dienst, in den Bereichen Bergbau und Energie, in der Chemieindustrie, im Maschinenbau und in der Bauindustrie.

Wenn schon von daher die direkten und quantifizierbaren Effekte des Umweltschutzes auf Beschäftigung als eher bescheiden dimensioniert werden müssen, so sind zumindest vier weitere Faktoren anzuführen, die die Wachstumsdynamik dieses Marktes relativieren:

– Der Umweltarbeitsmarkt ist selbstverständlich durch die Entwicklungen im allgemeinen Arbeitsmarkt überlagert; d. h. in der Phase, in der fast alle Unternehmen ihre Beschäftigung stabilisieren bzw. abbauen und keine Einstellungen vornehmen, findet auch in den Tätigkeitsbereichen, die größere Anteile an Umwelt beinhalten, keine andere Entwicklung statt. Aufgrund dieser Blockierung des Arbeitsmarkts für neu eintretende bzw. umgeschulte Beschäftigte gibt es nur sehr begrenzte Möglichkeiten, in diesem neuen Segment dann freie Arbeitsplätze zu finden.
– Viele Produkte und Dienstleistungen im Umweltschutz befinden sich am Anfang oder zumindestens in der ersten Phase ihres Produktlebenszyklus. Neue Fertigungstechnologien, neue Rohstoffe, neue Verfahren und Produkte werden in kleinen Betrieben oder in Labors entwickelt, verschiedene Anwendungsweisen werden ausprobiert, die Produkte und Dienstleistungen werden in Einzelfertigung oder Kleinserien relativ arbeitsintensiv erstellt. Es ist zu erwarten und ist auch bereits in einigen Zweigen der Umweltindustrie eingetreten, daß mit der Durchsetzung dieser neuen Produkte und Dienstleistungen am Markt ein massiver Rationalisierungs- und Zentralisierungsprozeß einsetzt. Die Erstellungsprozesse werden standardisiert und automatisiert, die »economies of scales« wachsen, so daß auf der einen Seite die Preise dieser Produkte und Dienstleistungen sinken, auf der anderen Seite aber die Beschäftigungswirkungen massiv zurückgehen.
Parallel dazu findet in vielen Bereichen ein Prozeß der Unternehmenskonzentration statt, viele der kleinen und handwerklich

organisierten Ursprungsbetriebe werden von Großunternehmen
aufgesogen oder sind nicht mehr konkurrenzfähig. Weiterhin
findet ein Prozeß der Privatisierung vieler öffentlicher Dienstleistungen im Bereich des Umweltschutzes statt, der in der Regel
schwerpunktmäßig in Personalabbau besteht.
Alle drei Prozesse, die Rationalisierung, die Konzentration und die
Privatisierung, führen zu einer massiven Steigerung der Kapital-
intensität dieser Produktions- und Dienstleistungssektoren, so
daß ein Großteil der jetzt noch vermuteten Beschäftigungswirkungen des Umweltschutzes nicht mehr zum Tragen kommt.

– Übergang vom additiven zum integrierten Umweltschutz: Die
Aufbauphase eines industriell produzierten Umweltschutzes hat
sich überwiegend auf nachsorgende Technologien und Dienstleistungen sowie einzelne Infrastrukturleistungen konzentriert.
Auch zur Zeit gehören ca. Dreiviertel der Umweltschutzprodukte
und -dienstleistungen in Deutschland in den Bereich des additiven Umweltschutzes. Dieser erfordert auf der einen Seite, wie
der Name sagt, zusätzliche Beschäftigung in der Herstellung und
Anwendung, aber auf der anderen Seite ist er sehr teuer und auch
ökologisch weniger effektiv. Aus letztgenannten Gründen verstärkt sich der Trend zu integrierten Umweltschutzstrategien, d.h.,
daß keine zusätzlichen Aggregate, Produkte, Dienstleistungen
mehr erstellt werden, sondern Umweltschutzaspekte von vornherein in die Konzipierung und Herstellung zukünftiger Produk-
tionsanlagen, Produkte und Dienstleistungen einbezogen werden. Das Produktions- und Dienstleistungsvolumen werden
dadurch kaum mehr ausgeweitet, im Gegenteil: Es ist zu erwarten, daß mit integrierten Umweltschutztechnologien auch generelle Rationalisierungseffekte erzielt werden, die die Beschäfti-
gungsschwelle von Wachstum eher erhöhen.

– Ein Merkmal von Umweltschutzinvestitionen besteht darin, daß
sie im wesentlichen durch staatliche Politik ausgelöst werden.
Der Staat setzt durch Regelungen und Normen im Umweltschutz
Vorgaben, nach denen sich die wirtschaftlichen Akteure zu rich-
ten haben und die mehr oder weniger hohe Investitionen zur
Umstellung von Produktions- und Dienstleistungstätigkeiten zur
Folge haben. Darüber hinaus tritt der Staat selber als größter

Nachfrager von Umweltschutzgütern und -dienstleistungen auf und erzeugt ein Nachfragevolumen, auf dessen Basis neue Produktions- und Dienstleistungszweige entstehen können. Aufgrund der zur Zeit ständig zunehmenden finanziellen Misere der Staatshaushalte, aber auch aufgrund der Politikwende weg von der Ordnungspolitik hin zu freiwilligen Selbstverpflichtungen, hat der Push von staatlicher Seite auf den Umweltschutzmarkt erheblich an Dynamik verloren. Die Verzögerung und Abschwächung von Gesetzesvorhaben im Umweltschutz hat zur Zeit in Deutschland zu einem Investitionsstau geführt, der einen Teil der inzwischen aufgebauten Umweltschutzindustrien bereits wieder gefährdet.

Wir müssen also aus arbeitspolitischer Sicht resümieren, daß Umweltschutzpolitik als eine wichtige beschäftigungspolitische Strategie nicht greift. Vermehrter Umweltschutz wird im wesentlichen dem Erhalt bestehender Arbeitsplätze dienen, die bereichsweise und phasenweise auftretenden Beschäftigungszuwächse werden demgegenüber zweitrangig sein. Dennoch wird eine wichtige gewerkschaftliche Politik darin bestehen, ökologische Basis-Innovationen zu unterstützen und damit in diesen Bereichen zukunftsorientierte Beschäftigung zu sichern und eventuell zu erweitern. Gleichzeitig ist eine branchenübergreifende Betrachtung notwendig, um dem dadurch ausgelösten intersektoralen Wandlungsprozessen gerecht zu werden. Darüber hinaus ist der Zusammenhang von Umweltschutz und Arbeitsqualität zu überprüfen, da es insbesondere im nachsorgenden Umweltschutz eine Vielzahl von Arbeitsplätzen gibt, die unter den Kriterien der Dauerhaftigkeit, der Arbeitsbelastung und Gesundheitsgefährdung, der Einkommenssituation und nicht zuletzt der Möglichkeit von Anschlußtätigkeiten nicht den herrschenden gewerkschaftlichen Standards entsprechen. Es ist nicht zu übersehen, daß die im Umweltschutz tätigen innovativen Betriebe eher einem Betriebstyp zuzuordnen sind, der im Bereich der industriellen Beziehungen patriarchalisch agiert und in keiner Weise erweiterte Beteiligungs- oder gar Mitbestimmungsrechte zugesteht. Auch in diesem Bereich sind bisher keine wichtigen Synergieeffekte zu beobachten.

V. Anders arbeiten, anders leben – Anforderungsanalysen im Rahmen von Nachhaltigkeitskonzepten

Während die Analysen zur ökologisch erweiterten Arbeitspolitik nur Hinweise auf eine schwache Öffnung der industriellen Beziehungen gegenüber umweltpolitischen Anforderungen erbrachten, lagen die Haupterkenntnisse dieses Forschungsansatzes in der Ermittlung systematischer Restriktivitäten, die einer ökologischen Erweiterung entgegenstehen. Eine der entscheidenden Begrenzungen liegt sicher in diesem Ansatz selbst, weil er den Versuch darstellt, eine dem Grad der öffentlichen Thematisierung entsprechenden Integration von Umweltthemen in Arbeitspolitik in der Realdynamik aufzufinden und dabei nur auf vergleichbar schwache Impulse stößt.

Der Ansatz von Nachhaltigkeitskonzeptionen ist demgegenüber anders angelegt. Nachhaltigkeitskonzepte gehen von der zunehmenden Bedeutung der ökologischen Grenzen unserer Wirtschaftsweise aus und beruhen insofern auf einer Veränderung der Prioritätensetzung zwischen ökologischen, ökonomischen und sozialen Sachverhalten. Sie leiten berechenbare ökologische Reduktionsziele für einen zukünftigen Entwicklungspfad ab, der, so nicht nur die Erkenntnisse des in Deutschland führenden Wuppertal Instituts, einen radikalen Umbruch der Wirtschafts-, Arbeits- und Lebensweisen in den Industrieländern erfordert. Während sich Arbeitspolitik bisher im wesentlichen an ökonomischen Zielen aus betrieblicher Sicht orientiert und sich auf die Interessenlagen der Beschäftigten bezogen hat, treten nun ökologische Rahmenbedingungen in den Vordergrund und führen faktisch zu einer Umkehr in den Dominanzverhältnissen. Während bisher der Umwelt zugemutet wurde, was der Arbeit nutzt (im Sinne von steigender Produktivität, steigendem Wohlstand, aber auch teilweise aufgrund von steigendem Arbeits- und Gesundheitsschutz), setzt jetzt das ökologische Konzept des Umweltraums arbeitspolitischen Entwicklungsperspektiven Grenzen. Es führt zu neuen Herausforderungen an die Arbeitspolitik, weil nun ein völlig neues Bezugssystem von Entwicklungsanforderungen und Entwicklungsbegrenzungen vorgegeben wird, dessen Verhältnis zu den arbeitspolitischen Kernstrategien überhaupt nicht geklärt ist. Die Sichtbarkeit der Notwendigkeit und die Plausibilität von Konzepten der Nachhaltigkeit haben allerdings in den letzten Jahren dazu geführt, daß der Begriff der Nachhaltigkeit selbst zu einem gesellschaftlichen Integrationsbegriff geworden ist (vgl. z.B. Schulte 1996), der zumindestens erhebliche Potentiale veränderter Entwicklungsdynamik enthält. Seine Akzeptanz und Ausstrahlungskraft ist so groß, daß auch die Akteure des Systems industrieller Beziehungen sich zu diesem Konzept verhalten müssen. Sehen wir uns deshalb im folgenden die Grundannahmen und konzeptionellen Vorgaben von Nachhaltigkeitsstrategien an und inwieweit darin soziale Belange berücksichtigt sind.

Die Leitlinien für eine nachhaltige Entwicklung sind in erster Linie aus naturwissenschaftlicher Sicht formuliert und enthalten – weitgehend unabhängig von der Vielzahl inzwischen vorliegender Definitionsversuche – folgende vier Grundregeln (entsprechend Enquete-Kommission 1994, Zwischenbericht 1993, S. 25 ff.):

1. Die Abbauraten erneuerbarer Ressourcen sollen deren Regenerationsraten nicht überschreiten. Dies entspricht der Forderung nach Aufrechterhaltung der ökologischen Leistungsfähigkeit, d. h. (mindestens) nach Erhaltung des von den Funktionen her definierten ökologischen Realkapitals.
2. Nicht erneuerbare Ressourcen sollen nur in dem Umfang verwendet werden, in dem ein physisch und funktionell gleichwertiger Ersatz in Form erneuerbarer Ressourcen oder höherer Produktivität der erneuerbaren Ressourcen sowie der nicht erneuerbaren Ressourcen geschaffen wird.
3. Stoffeinträge in die Umwelt sollen sich an der Belastbarkeit der Umweltmedien orientieren, wobei alle Funktionen zu berücksichtigen sind, nicht zuletzt auch die stille und empfindlichere Regelungsfunktion.
4. Das Zeitmaß anthropogener Einträge bzw. Eingriffe in die Umwelt muß im ausgewogenen Verhältnis zum Zeitmaß der für das Reaktionsvermögen der Umwelt relevanten natürlichen Prozesse stehen.

Die Operationalisierung von Nachhaltigkeitskonzepten basiert weitgehend auf dem Konzept des Umweltraumes, das physikalische, ökonomische und soziale Dimensionen enthält. Die physikalische

Dimension wird in der Tragekapazität des Planeten Erde abgebildet, die soziale Dimension in der Forderung nach inter- und intragenerativer Gleichheit und die Entwicklungsdimension in der Forderung nach einem würdigen Leben ohne Hunger und Armut. Daraus ergibt sich dann ein Entwicklungskorridor zwischen einer kritischen Belastung der Tragekapazität, die durch Überkonsumtion gekennzeichnet ist, und einem physiologischen Minimum menschlicher Existenz, das sich auf Nahrung, Kleidung, Wohnen bezieht.

Von unserem jetzigen Zustand aus betrachtet, ergeben sich Notwendigkeiten der erheblichen Reduktion von Umweltbelastungen insbesondere in den industrialisierten Ländern (Dematerialisierung im Verhältnis von 10 : 1 bis zum Jahre 2050; Schmidt-Bleek 1994). Zur Realisierung dieses Ziels werden drei Grundstrategien unterschieden, die der Effizienzsteigerung, die der Suffizienz und die der Naturverträglichkeit bzw. Konsistenz (vgl. z.B. Huber 1996). Der Grad, in dem diese drei unterschiedlichen strategischen Optionen genutzt werden, entscheidet darüber, wie weit eine Entkopplung von Wirtschaftswachstum und Umweltverbrauch gelingt. Danach haben Effizienzstrategien zwar große Potentiale der ökologischen Rationalisierung, aber sie können je nach Wachstumsanstieg durch Wachstumseffekte kompensiert werden. Weitergehende Effekte sind durch ökologische Basisinnovationen zu erwarten, bei denen insbesondere nicht nachwachsende oder sich schwer regenerierende Ressourcen durch erneuerbare Ressourcen ersetzt werden. Zusätzliche Effekte sind dann nur noch durch Suffizienzstrategien zu erreichen, d. h. die Einschränkung von Nutzungsmöglichkeiten und -umfang natürlicher Ressourcen und Senken. Von daher ergibt sich doch ein erhebliches Spannungsverhältnis zwischen wirtschaftlichem Wachstum, Nachhaltigkeitsstrategien und Beschäftigung (vgl. z. B. Priewe 1996).

Die explizite Berücksichtigung sozialer Aspekte in Nachhaltigkeitskonzepten erfolgt in sehr spezifischer Weise anhand von Wohlstandsindikatoren. Es wird grundsätzlich argumentiert, daß insbesondere effizientere Produkte und Dienstleistungen die Lebensqualität nicht beeinträchtigen, sondern eher noch erhöhen werden, so daß es zu keinen Wohlfahrtsverlusten kommen muß. Nicht nur andere ökologische Eigenschaften neuer Produkte, sondern auch ihr verlängerter Gebrauch, ihre höhere Nutzungsintensität durch gemeinschaftliche Nutzung und ihre erhöhte Reparaturfähigkeit führen zu erheblichen Steigerungsquoten von Umwelteffektivität, ohne den Gebrauchsnutzen zu verringern (siehe bspw. Bierter/ Stahel/Schmidt-Bleek 1996). Die Frage, inwieweit insbesondere Verbrauchseinschränkungen notwendig werden, ist umstritten. Auch im für Deutschland dominierenden Wuppertal Institut unterscheiden sich die Gewichtungen: Während im Buch von E. U. v. Weizsäcker (1995) voll auf Effizienzstrategien gesetzt wird, betont die Studie »Zukunftsfähiges Deutschland« (BUND/Misereor 1996) eher ein anderes Wohlstandsmodell, das mit einer Verringerung von Mobilität und Konsum einhergeht. Die Schlüsselargumentation liegt darin, daß in den industrialisierten Ländern der Zusammenhang zwischen Wohlstandssteigerung (gemessen in steigendem Bruttosozialprodukt bzw. steigendem individuellem Einkommen) und persönlicher Zufriedenheit seit längerem entkoppelt ist (vgl. Veenhoven 1997). Ab einer bestimmten Grenze, so wird argumentiert, führen Einkommenssteigerungen nicht mehr zu Steigerung der persönlichen Zufriedenheit. Der Grund wird in einer materiellen Übersättigung und in Defiziten im Bereich immaterieller Bedürfnisse gesehen. Eine Umstellung des Lebensstils nach veränderten Leitbildern soll eine Senkung des kommerziellen Konsums zugunsten der stärkeren Befriedigung immaterieller Bedürfnisse (insbesondere auf der Basis von mehr verfügbarer Zeit), einen anderen, ressourcenschonenden Wohlstand ermöglichen, der qualitativ höher als der alte Wohlstand einzuschätzen ist (insb. Scherhorn 1997).

Als Gradmesser des gegenwärtigen Wohlstands wird bewußt nicht die absolute Einkommenshöhe und auch nicht der Grad der Vollbeschäftigung gewählt. Gegen den zweiten Indikator werden die starken Umstrukturierungen im Bereich der Erwerbsarbeit angeführt, der Zerfall des Normalarbeitsverhältnisses in eine Vielzahl von Erwerbsarbeits- und Eigenarbeitsformen, der den Indikator der registrierten Arbeitslosigkeit als nicht mehr ausreichend aussagekräftig erscheinen läßt (Spangenberg 1996). Als Leitbilder für einen »ressourcenleichten Konsum« (»Zukunftsfähiges Deutschland«, Leitbild »Gut leben statt viel haben«, in: BUND/Misereor 1996, S. 206 ff.) können die sogenannten vier E's von Wolfgang Sachs (1993) angesehen werden. Sie sind ein Versuch, Suffizienzstrategien in einer Weise zu formulieren, daß trotz Einschränkungen des Ressourcenverbrauchs höhere Wohlstandsgewinne herauskommen: Entschleunigung, Entflechtung, Entkommerzialisierung und Entrümpelung.

Das Prinzip der Entschleunigung stellt dem Prinzip der ständigen Steigerung der Geschwindigkeit das Ideal einer Bewegung im jeweils rechten Maß entgegen. Nicht nur, daß inzwischen die Tendenz zu ständiger Beschleunigung schon längst begonnen hat, sich selbst aufzuheben, bedeutet sie doch eine Flucht vor der Gegenwart. Der Geschmack für Gemächlichkeit bildet sich nach Sachs aus der Liebe zur Gegenwart, Intensität erzeugt das Verlangen nach Verlangsamung.

Das Prinzip der Entflechtung argumentiert für eine Renaissance der Orte, für eine Re-Regionalisierung. Im Gegensatz zu einer bedingungslosen weltweiten Verflechtung wird für eine Erhöhung des Widerstands der Raumdurchquerung argumentiert. Mehr wirtschaftliche Kreisläufe auf regionaler und lokaler Ebene dienen nicht nur der Ökologie, sondern erhöhen auch die demokratischen Potentiale.

Das Prinzip der Entkommerzialisierung bezeichnet die Suche nach den versteckten Quellen des Wohlstands, die nicht über die Arbeits- und Produktmärkte abgedeckt werden. Als wichtigste zusätzliche Ressource für soziale Sicherheit und ein angenehmes Leben wird frei verfügbare Zeit genannt, die auch dazu dienen kann, den Zwang zur Einkommenserzielung zu reduzieren.

Das Prinzip der Entrümpelung schließlich wendet sich gegen die Vorstellung, daß ein gelungenes Leben in der Akkumulation materiellen Reichtümern besteht und plädiert für die Kunst der Einfachheit des Lebens. Eine Überzahl von Dingen verstopft inzwischen die Aufmerksamkeit für das eigene Leben, das Viele zerstört den Genuß am Einzelnen. Das Prinzip der Einfachheit erhöht die Chance für mehr Zufriedenheit und auch mehr Sicherheit gegen Krisen und gegenüber der Sehnsucht nach ständig steigender Erfüllung durch immer neue Güter.

Diese Prinzipien basieren auf der Fähigkeit zur Beschränkung, zur Selbstreflexion und zum konzentrierten Genuß. Sie sind bisher vorwiegend in gesellschaftlichen Schichten ausgebildet, die auf der

Grundlage eines hohen Bildungsstandes und eines gesicherten Einkommens und in der Umgebung von gleichgesinnten Milieus über ausreichend Zeit verfügen, »postmaterielle Werte« zu experimentieren und zu leben.

Die Prinzipien des anderen Wohlstands haben wenig direkte, aber doch massive indirekte Aussagen zur Erwerbsarbeit enthalten: im wesentlichen eine Relativierung der Bedeutung der Erwerbsarbeit und zum andern eine Betonung Relativierung der Bedeutung der Erwerbsarbeit und zum andern eine Betonung der Bedeutung verfügbarer Zeit für andere Lebens- und Konsumformen (Zeitwohlstand).

Man könnte nun annehmen, daß diese zwei Hauptoptionen sich durchaus mit Entwicklungstendenzen in der Arbeitswelt treffen könnten, die momentan prägend sind: Arbeitszeitverkürzung, Arbeitszeitflexibilisierung und stagnierende bis sinkende Einkommen. Diese mögliche Affinität von Implikationen der Prinzipien eines ressourcenarmen Konsums mit Entwicklungsdynamiken in der Arbeitswelt konnte in einigen gewerkschaftlichen Bildungsseminaren in den letzten Jahren getestet werden und hat sehr kritische Ergebnisse erbracht. Kurz formuliert: Den Nachhaltigkeitskonzepten fehlt ein positives Leitbild von zukünftiger Erwerbsarbeit, und die Vorstellungen eines anderen Wohlstands sind nicht an die vorhandenen sozialen Lagen und Interessenorientierungen anknüpfungsfähig; sie mobilisieren Mißtrauen, Verunsicherung und Ablehnung. Folgende Vorbehalte werden im wesentlichen vorgebracht (vgl. auch Poferl/Brand 1996):

1. Es werden große Differenzen in der Beurteilung der Qualität der Schäden und Risiken der derzeitigen Wirtschaftsform wahrgenommen; man sieht große Kontroversen in der Wissenschaft und in der Politik, die dazu führen, daß auch die Notwendigkeit entsprechend tiefer Eingriffe umstritten ist. Daraus entsteht eine Haltung, nach der die WissenschaftlerInnen sich erst einmal einigen sollen, bevor die ArbeitnehmerInnen eigene Beiträge zur Veränderung der Verhältnisse in Erwägung ziehen.

2. Die großen gesellschaftlichen Gruppen einschließlich der Gewerkschaften bieten sehr unterschiedliche strategische Optionen

zwischen einer technik- und kapitalintensiven ökologischen Modernisierung auf der einen Seite und radikalen Einschränkungsszenarios auf der anderen Seite an. Auch diese Spannbreite führt zu großer Verunsicherung, welche Strategie sinnvoll und wirksam ist und welcher Option man sich selber anschließen sollte.

3. Es gibt hohe Unsicherheiten über die konkreten Auswirkungen einer ökologischen Wende auf die eigene Lebenssituation und auf die eigene Zukunft. Vorherrschend sind Negativinterpretationen, die eine ökologische Wende als drohende Einschränkung des erreichten Wohlstands begreifen. Das kontrastiert damit, daß die Mehrheit der ArbeitnehmerInnen im Gegenteil noch einen Nachholbedarf an materiellem Wohlstand empfindet und bei ihnen in keiner Weise ein Wertewandel in die Richtung stattgefunden hat, daß materielle Einschränkungen zugunsten von immateriellen Befriedigungen erstrebenswert sind.

4. Bei diesen Einstellungen spielen die Trennung und die Komplementärbeziehung zwischen Arbeit und Leben eine große Rolle. Ein eigenständiges ökologisches Engagement in der Arbeit wird eigentlich nicht in Erwägung gezogen, sondern Arbeit wird im wesentlichen als Quelle von Einkommen und sozialem Status verstanden; die weitgehend unbefriedigende konkrete Arbeitssituation wird als Grund für ein steigendes Konsumtionsniveau gesehen, mit dem die Arbeitsanstrengungen und die Arbeitsentsagungen zu kompensieren sind. Es wird durchaus Bereitschaft zu ökologischem Engagement in der Freizeit gezeigt und auf eigene Aktivitäten verwiesen (insbesondere im Bereich der getrennten Müllsammlung und des Recycling), aber es gibt wenig Bereitschaft zur Einschränkung des »verdienten« Wohl-standsniveaus.

5. Selbst wenn die Überzeugung vorhanden ist, daß ein eigener Beitrag zu einer ökologischen Wende notwendig und sinnvoll ist, stellt der fehlende gesellschaftliche Konsens eine wesentliche Barriere dar. Es wird nach realistischen Durchsetzungsmöglichkeiten von konsequenten ökologischen Umbaustrategien gefragt und eingefordert, daß dazu ein breiter gesellschaftlicher Konsens hergestellt werden müsse, auf dessen Grundlage erst ein eigener individueller Beitrag Sinn macht.

6. Schließlich taucht die Verteilungsfrage in einer verschärften Fassung auf: Nicht nur, daß in den letzten Jahren in der Bundesrepublik die sozialen Ungleichheiten und die Verteilungsungleichheiten zugenommen hätten, es wird darüber hinaus befürchtet, daß die Kosten der Bearbeitung der ökologischen Frage auch noch auf Kosten der sozial bereits Benachteiligten gehen. Die Ärmeren müßten die Kosten der Sanierung tragen, und die Wohlhabenderen würden auch noch den Nutzen aus den damit verfügbaren ökologischen Ressourcen ziehen.

Für diese gesellschaftliche Gruppe widerspiegeln diese Vorbehalte und Einwände eine gegenwärtig vorherrschend skeptische Einstellung und charakterisieren die Problematiken, mit denen sich Nachhaltigkeitskonzepte auseinandersetzen müssen. Das gesamtgesellschaftliche Klima der Wohlstandsgefährdung, Umverteilung und Deregulierung scheint zur Zeit alle vorhandenen ökologischen Erkenntnisse und Handlungsbereitschaften zu relativieren.

Die eben wiedergegebenen Eindrücke von Bildungsveranstaltungen sollen nicht dazu dienen, gegen die Richtigkeit der Reduktionsziele und auch gegen richtige Intentionen neuer Leitbilder eines anderen Wohlstands zu argumentieren. Vielmehr verweisen sie nachdrücklich darauf, daß diese Leitbilder im Verhältnis zu den das Alltagshandeln der Beschäftigten bestimmenden Orientierungen und insbesondere unter den gegenwärtigen gesellschaftlichen Rahmenbedingungen nicht unmittelbar anschlußfähig sind. Es ist daher in einem nächsten Schritt zu fragen, welche arbeitspolitischen Entwicklungen die gegenwärtige und zukünftige Situation der Beschäftigten am stärksten prägen, um ein Gefühl dafür zu bekommen, wie diese mit den Zielen der Nachhaltigkeit zu verknüpfen sind. Einen guten Ansatzpunkt dazu gibt die derzeitige Debatte um das neue Grundsatzprogramm des Deutschen Gewerkschaftsbundes (DGB 1996). Unter dem Gesichtspunkt der Zukunft der Arbeit lassen sich meines Erachtens vier Hauptproblemkomplexe identifizieren.

1. Der zukünftige Stellenwert der Erwerbsarbeit. Wir müssen davon ausgehen, daß die Dominanz des Normalarbeitsverhältnisses immer weniger Gültigkeit hat: lebenslange Vollzeitbeschäftigung

weitgehend an einem Ort und in einem Beruf und zu festgelegten Arbeitszeiten, normalerweise Montag bis Freitag zwischen 9.00 und 17.00 Uhr (oder im Arbeiterbereich entsprechend früher) und zu einem Individualeinkommen, das ausreicht, um eine Familie zu ernähren. Das Normalarbeitsverhältnis wird von einer Vielzahl von unterschiedlichen Arbeitsverhältnissen abgelöst, in denen sich das Volumen und die Verteilung der Arbeit auf den Tag, auf die Woche, auf den Monat, das Jahr ganz erheblich unterscheiden. Noch weitergehend – es ist von einer steigenden Zahl von Wechseln des Arbeitsortes, des Tätigkeitsinhalts und des Arbeitsverhältnisses während eines Arbeitslebens auszugehen, mit Phasen der Arbeitsbefreiung für Familie oder Bildung oder auch unfreiwilligen Phasen der Arbeitslosigkeit, mit Phasen der Teilzeitarbeit und mit Phasen von Vollzeitarbeit eventuell mit hohem Überstundenanteil (sogenannte Mischarbeit). Dadurch werden sich Arbeit und Freizeit, Erwerbsarbeit, Eigenarbeit und Subsistenzarbeit in viel stärkerem Maße miteinander vermengen. Arbeitsanforderungen werden einen stärkeren Zugriff auf Freizeit bekommen, arbeitsbezogene Anforderungen werden zunehmend externalisiert; gleichzeitig werden Wertorientierungen aus der Freizeit auch eine zunehmende Bedeutung für die Arbeitsgestaltung erhalten. Die Erwerbsförmigkeit der Frauenarbeit wird weiter zunehmen, der Druck auf die Veränderung der häuslichen Arbeitsteilung wachsen.

2. Zukünftiger Stellenwert des Erwerbseinkommens. Parallel zur Veränderung des Normalarbeitsverhältnisses wird sich auch die Bedeutung des Normaleinkommens erheblich verändern. In Zeiten sinkender Einkommen, von Arbeitslosigkeit und zunehmenden Anteilen von prekären Arbeitsverhältnissen, Zeitarbeit und Teilzeitarbeit wird sich die Zusammensetzung und Stabilität des Individual- und des Familieneinkommens stark verändern. Damit sind auch die Fragen nach der Veränderung der Systeme der sozialen Sicherung gestellt, deren Ankopplung an die Erwerbsarbeitsleistung mit steigender Arbeitslosigkeit und der Relativierung von Normalarbeitszeit und Normalbiographie immer prekärer wird.

3. Möglichkeiten und Gestalten optionaler Arbeitsverhältnisse. Die Zielsetzungen einer Humanisierung der Arbeit, die sich an einer

qualifizierten, abwechslungsreichen und stärker selbstbestimmten Arbeit orientierten, in einer gesundheitsverträglichen Arbeitsumwelt und in Lohnsystemen, die nicht einer ständigen Intensivierung und einer Steigerung der Konkurrenz unter den Beschäftigten Vorschub leisteten, sind weitgehend ausgelaufen. Im Zuge einer starken Verlagerung der Kräfteverhältnisse zwischen Kapital und Arbeit wird die Veränderung der Arbeitsverhältnisse und der Arbeitsgestaltung durch neue Konkurrenzstrategien auf dem Weltmarkt und neue Produktionskonzepte vorgegeben, in deren Vollzug auch auf eine Verbesserung der Arbeitsbedingungen gehofft wird. Es hat sich gezeigt, daß diese Unternehmensstrategien Gewinner und Verlierer unter den Arbeitnehmern erzeugen und auch für den einzelnen Arbeitnehmer ambivalente Wirkungen hervorrufen. Dies betrifft die Tätigkeitsformen, die Zeitstruktur und den Arbeitsort, dies betrifft aber insbesondere den Grad der Abhängigkeit der Arbeitsgestaltung vom einzelnen Unternehmen und von den aktuellen Marktbedingungen. Und dies betrifft nicht zuletzt die Beteiligungsformen im Unternehmen, die zunehmend im Interesse der Optimierung von Produktionsabläufen und Produktqualitäten funktionalisiert werden, dabei aber auch für individuelle Entfaltung und Tätigkeitsanreicherung offen sind.

4. Pluralisierung der Arbeitsverhältnisse. Gewerkschaftliche Politik hat sich in ihren tarifpolitischen Bestimmungen immer auf allgemeingültige Mindest- und Grundregeln bezogen und darüber hinaus auch weitgehend allgemeingültige Gestaltungsziele formuliert. Dieser Politiktyp setzt eine zunehmende Homogenisierung von Interessenlagen und Gestaltungsbedingungen bei allen Beschäftigtengruppen voraus. Genau diese Bedingung befindet sich aber in weitgehender Auflösung: Auf der einen Seite werden diese gemeinsamen Grundbedingungen und Mindestbedingungen an einer zunehmenden Zahl von Stellen durchbrochen, sind in einer Vielzahl von organisationspolitisch und ökonomisch schwachen Bereichen nicht mehr haltbar; auf der anderen Seite fallen die Lebensentwürfe und Interessendefinitionen von verschiedenen sozialen Gruppierungen und Schichten immer weiter auseinander. Aufgrund des hohen Maßes an sozialer Ungleichheit, der hohen

Varianz von Leitbildern und Lebensstilen wird es immer schwerer, gemeinsame Positionen zu formulieren und die einzelnen Interessengruppen in gewerkschaftliche Kampagnen einzubinden.

Obwohl in dem Programmentwurf eine Vielzahl von ökologischen Hinweisen zu finden ist, zeigt sich in der Herausarbeitung der Kernfragestellungen doch ganz deutlich, daß diese keinen direkten Bezug zu den ökologischen Anforderungen haben. Daran läßt sich das Fortbestehen eines erheblichen Spannungsverhältnisses zwischen arbeitspolitischen Problemlagen und Anforderungen der Nachhaltigkeit ablesen, die auf die Notwendigkeit eines Prozesses der gegenseitigen Abwägung und Anknüpfung und des Interessenausgleichs verweist. In diesem Prozeß wird es zwei Pole von Positionen geben: Auf der einen Seite radikalökologische Positionen, die eine offensive Änderung von Arbeits- und Lebensstilen einfordern, und auf der anderen Seite eher konservative und defensive gewerkschaftliche Positionen, die an die Akzeptanz von ökologischen Strategien drei Forderungen stellen, nämlich daß sie einen Beitrag zur Überwindung der sozialen Krise leisten, daß sie die Zukunftsperspektiven von Erwerbsarbeit nicht behindern und schließlich, daß sie die Ungleichverteilung von Geld und Zeit nicht noch durch die Ungleichverteilung von Kosten und Nutzen der Umweltpolitik verstärken. Eine solche protektionistische Politik verlagert den Anpassungsaufwand eines sozialökologischen Umsteuerns weitgehend auf die Ökologie und nimmt die weitgehende ökologische Ineffizienz von arbeitspolitischen Zukunftsstrategien in Kauf.

VI. Lernprozesse im Spannungsfeld zwischen Wettbewerbsorientierung, Sozialabbau und nachhaltiger Lebensführung

Die Konfrontation der Resultate aus den Untersuchungen mit dem Ansatz ökologisch erweiterter Arbeitspolitik mit den Anforderungen der Nachhaltigkeitskonzepte hat ergeben, daß ein doppeltes Vermittlungsproblem zu bearbeiten ist:

Erstens die Vermittlung zwischen einem anspruchsvollen gesellschaftlichen Veränderungsbedarf, der durch das Ziel der Nachhaltigkeit vorgegeben wird, mit den Orientierungen und Praktiken der alltäglichen Lebensführung, und dieses nicht so sehr im Bereich von gesellschaftlichen Vorreitergruppen bzw. bestimmten Minderheiten, sondern im Bereich großer Beschäftigtengruppen mit Arbeitsverhältnissen und Arbeitsprofilen, in denen sich die derzeitigen Umbruchprozesse ausdrücken.
Zweitens die Vermittlung von ökologisch definierten Grundregeln, die sich auch auf das Alltagshandeln herunterdeklinieren lassen, mit zentralen arbeitspolitischen Sachverhalten und Veränderungstendenzen.

In einem laufenden Projekt am Wissenschaftszentrum Berlin haben wir diese Fragen unter dem Titel »Arbeitsstile – Lebensstile – Nachhaltigkeit« aufgegriffen und in Anknüpfung an das Konzept der Risikogesellschaft von Beck (1996) und das Konzept der alltäglichen Lebensführung von Voß u. a. (Projektgruppe »Alltägliche Lebensführung« 1995) einen Ansatz der *»reflexiven Lebensführung«* entwickelt, der durch folgende Merkmale charakterisiert ist:

1. durch die Konzentration auf die individuellen Handlungsperspektiven in gesellschaftlichen Strukturen,
2. durch die systematische Verknüpfung zwischen Arbeit und Leben und
3. durch die Erweiterung der individuellen Handlungsperspektiven um die Reflexion gesellschaftlicher Anforderungen, insbesondere sozialer Gerechtigkeit und ökologischer Nachhaltigkeit.

Mit diesem Ansatz ist wiederum ein Perspektivwechsel gegenüber den Konzepten der Nachhaltigkeit vorgenommen, als die Analyse auf die Ebene der individuellen Orientierung und des individuellen Verhaltens verlagert wird. Dies hat den Vorteil, daß vorhandene persönliche Leitbilder, handlungsrelevante wie auch aus verschiedenen Ursachen heraus blockierte Orientierungen aufgenommen und mit gegebenen gesellschaftlichen Strukturen ins Verhältnis gesetzt werden können, die eben diese Handlungsmöglichkeiten bzw. Handlungsblockierungen mit hervorrufen. Damit entsteht ein

Zugang zu realen Abwägungsprozessen und sozialen Arrangements zwischen unterschiedlichen Anforderungen und Interessenlagen, so, wie sie wirklich stattfinden und wie sie bei verschiedenen Personengruppen mit verschiedenen Lebensstilen ausgeprägt sind.

Ein zweiter Vorteil besteht darin, daß mit einem solchen Ansatz nicht einfach ökologische Imperative gesetzt, sondern die Dynamik des sozialen Wandels aufgenommen werden kann, die insbesondere durch die teilweise drastischen Veränderungen in den Arbeitsformen und Arbeitsverhältnissen, in den Einkommensbedingungen und den Systemen der sozialen Sicherung geprägt ist. Diese gesellschaftlichen Strukturveränderungen lösen notwendigerweise Anpassungsprozesse bei den betroffenen Individuen aus, die gleichzeitig auch den Umgang mit sozialökologischen Orientierungen und Interessen berühren. Die Ausgangsthese des entsprechenden Projekts lautet, daß die derzeit stattfindenden Veränderungen von Arbeitszeitmustern, verfügbarem Einkommen und Arbeitsanforderungen ein Re-Arrangement der individuellen Lebensführung erfordern, das mittelfristig diesen Anforderungen gerecht werden muß, aber auch den individuellen Bedürfnissen und Vorstellungen von einem guten Leben und d. h. unter anderem auch für sozialökologische Verantwortlichkeit neue Realisierungsmöglichkeiten eröffnet. Wir wollen ermitteln, welche sozialökologischen Grundorientierungen bei den Beschäftigten vorhanden sind, inwieweit und in welcher Form sie bereits in konkretes Verhalten, in Arbeit und Leben, eingehen und wie sich diese Verhaltensmuster unter dem Druck neuer Arbeitsanforderungen verändern; inwieweit die Anpassungszwänge aus der Erwerbsarbeit zunehmen, inwieweit Raum für die Weiterentwicklung bzw. stärkere Verwirklichung sozialökologischen Engagements entsteht bzw. wie neue Kompromißstrukturen zwischen diesen beiden Referenzsystemen aussehen. Dabei gehen wir davon aus, daß auch in der Arbeitsbevölkerung eine zunehmende Pluralisierung von Orientierungen und Verhalten stattfindet, die sich unter anderem stark nach der Lebensphase und der Lebensform unterscheidet.

Zur empirischen Fundierung des Ansatzes »reflexiver Lebensführung« haben wir eine explorative Fallstudie beim Volkswagenwerk gewählt, in dem vor kurzem ein *Tarifvertrag zur beschäftigungs-*

sichernden Arbeitszeitverkürzung vereinbart wurde, der exemplarische Elemente der Veränderungen der Arbeitssituationen enthält:

1. eine Verknüpfung der Veränderung der Arbeitszeitmuster mit neuen internationalen Marktstrategien der Konzerne und internen Produktionskonzepten,
2. eine befristete betriebliche Beschäftigungssicherung durch Umverteilung von Zeit und Geld im Unternehmen,
3. eine großschrittige Arbeitszeitverkürzung in unterschiedlicher Form (täglich, wöchentlich, monatlich),
4. eine erhebliche Arbeitszeitflexibilisierung (Lage, Stabilität, Ausgleichszeiträume) nach betrieblichen Anforderungen,
5. Einkommenseinbußen durch Arbeitszeitverkürzung, durch unbezahlte Zeiten bzw. den Wegfall von Zuschlägen.

Der Veränderungsdruck geht von veränderten Wettbewerbsstrategien des Konzerns aus und wirkt auf die Lebensführung der verschiedenen Beschäftigtengruppen, in der sozialökologische Leitbilder und ein sozialökologisches Engagement eine mehr oder weniger große Rolle spielen. Das Projekt stellt damit grundsätzlich die Frage, welche Chancen eine Wende der Arbeits- und Lebensstile hin zur Nachhaltigkeit unter den Bedingungen stark veränderter Erwerbsarbeit und von Sozialabbau hat. Für das *Zusammenwirken von neuen Arbeitsformen* und Nachhaltigkeit gibt es eine Reihe von Hypothesen über fördernde und hemmende Zusammenhänge.

Als fördernde Zusammenhänge können im wesentlichen vier Hypothesen angeführt werden:

1. Mehr persönliche freie Zeit bedeutet auch potentiell mehr Zeit für sozialökologische Information und ein entsprechendes sozialökologisches Verhalten.
2. Weniger verfügbares Geld bedeutet notwendigerweise weniger kommerziellen Konsum, was gleichbedeutend mit einer Verringerung von Ressourcenverbrauch ist.
3. Die neuen Arbeitsformen (Gruppenarbeit, KVP(kontinuierlicher Verbesserungs-Prozess)-Teams) beanspruchen, mehr Raum für individuelle Identifizierung mit der Arbeit und mehr Verantwor-

tung zu eröffnen und damit auch Möglichkeiten für mehr sozialökologische Verantwortung im Betrieb.

4. Der Tarifvertrag über eine beschäftigungssichernde Arbeitszeitverkürzung erhöht die Beschäftigungssicherheit der Unterneh-
mensangehörigen und bietet damit eine Grundlage für eine
höhere Motivation zu reflektiertem und innovativem Arbeitsver-
halten.

Dem stehen zwei hemmende Zusammenhänge entgegen:

1. Die Differenzierung und Flexibilisierung von Arbeitszeiten und
Arbeitsorten verringert die Kollektivität zwischen den Arbeitnehmern in Arbeit und Freizeit, verringert damit die Möglichkeit zu
kollektiven Nutzungsformen von Infrastrukturen und Gebrauchsgütern, die Möglichkeit zu kollektivem Engagement unter anderem auch im Umweltschutz.

2. Die Intensivierung von Arbeits- und Leistungskonkurrenz führt
zu einer verstärkten Konzentration auf die Arbeit und zu Tendenzen der Entsolidarisierung in Arbeit und Freizeit sowie zu einem
steigenden Erholungsbedarf, der zunehmend individuell und
konsumorientiert abgedeckt wird.

Bei unseren ersten Gesprächen und Befragungen sind wir auf
eine Reihe von Mechanismen gestoßen, über die die Dimension der
Umstellungserfordernisse abgeschwächt worden sind (Nichtrealisie-
rung von Teilen des Tarifvertrags, hohe Bedeutung von Mehrarbeit
mit der Folge von höherer Arbeitszeit und höherem Einkommen als
modellmäßig vereinbart) und die dazu führen, in bisherigen Verhaltensstrukturen zu verharren. Wesentlich für den defensiven
Umgang der VW-Beschäftigten mit den neuen Arbeitszeitmustern ist
die Tatsache, daß die Veränderung von außen aufgezwungen ist und
als befristet erklärt wurde. Hinzu kommt, daß diese Fallstudie in
einer Stadt durchgeführt wird, die durch das Automobilwerk geprägt
ist und in der noch relativ wenig Infrastrukturen aufgebaut sind, um
ein stärkeres sozialökologisches Engagement auszudrücken.

Insgesamt deuten sich segmentierte Verhaltensstrukturen an, die
bestätigen, daß in keiner Weise von einem individuell konsistenten
Umweltverhalten ausgegangen werden kann. Die globalen Umwelt-

152

probleme und die Notwendigkeit einer Wende zu Nachhaltigkeit sind bekannt und sind auch weitgehend akzeptiert. Sie sind den Beschäftigten im alltäglichen Verhalten im Betrieb, im Privatbereich und in der Kommune durchaus präsent, aber prägen das individuelle Verhalten doch in sehr unterschiedlicher Weise:

- Der wichtigste Bereich zum Ausdrücken persönlicher sozialökologischer Orientierungen sind einzelne Formen privaten Umweltverhaltens, insbesondere in den Bereichen der Abfalltrennung und -sammlung, der schonenden Ressourcennutzung in Eigenheim und Garten, des Naturbezugs und des Mobilitätsverhaltens. Dabei gibt es noch eine Menge von Analysebedarf darüber, in welchen Denkmustern und in welchen Verhaltensmustern sich direkte oder indirekte ökologische Optionen ausdrücken (z.B. das Verhältnis von ökonomischer Sparsamkeit und ökologischer Sparsamkeit).

- Der betriebliche Bereich spielt für die Realisierung ökologischer Orientierungen kaum eine Rolle, auch kaum im Feld des individuellen Arbeitsverhaltens. Die Gestaltungskompetenz wird weitgehend beim Management und bei den Vorgesetzten gesehen bzw. auch an die betriebliche Interessenvertretung im Bereich der institutionalisierten Beteiligung delegiert. Der Betrieb als Bereich sozialökologischen Engagements ist von den einzelnen Beschäftigten so gut wie überhaupt nicht erschlossen.

- Im Bereich der Kommune gibt es eine deutliche Trennung zwischen Naturschutz- und umweltpolitischem Engagement: Während ein erheblicher Teil der Arbeitnehmer in Naturschutzgruppen engagiert ist, spielen sie in den umweltpolitischen Organisationen so gut wie keine Rolle und treten auch kaum in den kommunalen Entscheidungsgremien auf. Wir haben bisher wenig Hinweise, daß sich dieses grundlegende Verhaltensmuster verändert; die wichtigsten Entwicklungen dürfte es im Bereich des privaten Verhaltens geben, insbesondere wenn sie mit massiven materiellen Einschränkungen, mit Krankheit, mit einem Berufswechsel oder mit Frühverrentung verbunden sind.

Umweltbezogenes Verhalten steht dabei immer im Wechselverhältnis mit anderen Zielen, die bei der gleichen Entscheidung zu berücksichtigen sind. Persönlicher Umweltschutz ist immer, grundsätzlich gesprochen, eine abhängige Variable gewesen, deren Bedeutung dann gestiegen ist, wenn die zentralen Variablen wie soziale Sicherheit, Gesundheit, Komfort und soziale Integration in zufriedenstellender Weise eingelöst sind. Diese Interferenz bedeutet, daß es notwendigerweise immer ein Spannungsverhältnis zwischen geteilten Umweltzielen und Entscheidungsprioritäten in konkreten Situationen gibt – was nur zu einem geringen Teil persönlicher Unentschlossenheit und Inkonsequenz zuzuschreiben ist. Umweltschutz findet immer im Wechselverhältnis mit anderen Orientierungen statt und ist zur wichtigsten »Nebensache« geworden. Dazu trägt sicher auch bei, daß die durch Umweltschäden verursachten Einschränkungen der Lebensqualität bei den Beschäftigten wenig präsent sind bzw. in ihrer Bedeutung für ihre Lebensführung nur schwach gewichtet werden.

Um das Verhalten der Beschäftigten im Umweltschutz zu charakterisieren, können wir prinzipiell drei Konstellationen unterscheiden:

1. Umweltrelevantes Verhalten, d. h. objektiv umweltintensives Verhalten, das aber diese Folgewirkungen entweder aus Nichtwissen oder aus anderer Prioritätensetzung nicht berücksichtigt.
2. Umweltreflexives Verhalten ist demgegenüber ein Verhalten, in dem die Umweltwirkungen der einzelnen Handlung bekannt sind und dem Handelnden auch wichtig sind, aber im Verhältnis zu gleichfalls berührten Zielen nicht mit erster Priorität berücksichtigt werden. Die erste Priorität behalten trotz gestiegenen Umweltbewußtseins Lebensziele wie soziale Sicherheit, Gesundheit, Komfort, soziale Integration etc. Die Umweltorientierung wird in jenen Entscheidungssituationen relevant, in denen konkrete Alternativen vorliegen, die sich bezüglich der Erreichung der prioritären Interessen kaum unterscheiden, aber unter Umweltaspekten deutlich differieren. Dann können ökologische Orientierungen zum Zuge kommen. Beim Vorliegen von Alternativen – was viel mit Produktpaletten und Infrastrukturangeboten zu tun hat – werden somit die schädlichsten Alternativen ausgeschlossen.

3. Nachhaltiges Verhalten liegt dann vor, wenn Umweltschutz eine
   so hohe Priorität hat, daß zum Erreichen von Umweltzielen auch
   Einschränkungen bei anderen, wichtigen Zielen in Kauf genom-
   men werden. Hier werden zumindest Teile der persönlichen
   Lebensführung unter ein ökologisches Primat gestellt, was starke
   Motivation und ein stützendes Milieu zur Voraussetzung hat.

Beim dritten Typ könnten wir von »grünen ArbeitnehmerInnen«
sprechen, aber es gibt überhaupt keine Anzeichen dafür, daß deren
Anzahl über ganz wenige Individuen hinausgeht, und daß es diesen
gelingt, im Kollegen- bzw. Kolleginnenkreis eine stärkere positive
Ausstrahlung in Richtung auf Nachahmung zu erzielen. Interes-
santer dürfte sein, inwieweit der zweite Typ verbreitet ist bzw. inwieweit ein Übergang vom unbewußt umweltrelevanten Verhalten zum
umweltreflektierten Verhalten stattfindet und dabei die mit der
Arbeitszeitverkürzung gewonnenen Ressourcen an Zeit produktiv
genutzt werden (Zeitinvestitionen in Umwelt; Rinderspacher 1996).
Als Gegendynamik wirkt sicherlich die zunehmende Verunsicherung der Beschäftigten, die aus dem Umbau und Abbau des
Systems sozialer Sicherung in der Bundesrepublik Deutschland
resultiert. Die neuesten Untersuchungen zur Wohlfahrtsentwicklung im vereinten Deutschland zeigen, daß in letzter Zeit die allgemeine Lebenszufriedenheit deutlich zurückgegangen ist. »Die un-
sicheren und rückläufigen Zukunftseinschätzungen zeigen, daß die
herausgehobene und langfristig stabile Wohlfahrtsposition der Bundesrepublik nicht mehr als selbstverständlich angenommen wird.
Das Modell Bundesrepublik hat in der Wahrnehmung der Bürger
seine Robustheit verloren. Die Zeiten, in denen Zuwächse zu verteilen waren, sind offensichtlich vorüber. In vielen Bereichen geht es
nur darum, Einsparungen abzuwehren.« (WZB-Mitteilungen 73/96,
S. 8). Die Konkretisierung von Umstellungskonzepten der Nachhaltigkeit spitzt sich damit auf die Frage zu, unter welchen Leitbildern
und bei welchen Gelegenheitsstrukturen ein prekär werdender
Wohlstand (Hübinger 1996) mit den Anforderungen der Nachhaltigkeit verbunden werden kann.

Literatur

Antes, R., Steger, U. , Tiebler P. (1992): Umweltorientiertes Unternehmensverhalten – Ergebnisse aus einem Forschungsprojekt. In: U. Steger (Hg.): Handbuch des Umweltmanagement, S. 375 ff., München

Beck, U., Giddens, A., Lash,G. (1996): Reflexive Modernisierung – eine Kontroverse, Frankfurt/M.

Biere, R., Zimpelmann, B. (Hg.) (1997): Umwelt – Arbeit – Betrieb, Handbuch für den betrieblichen Umweltschutz, Köln

Bierter, W., Stahel, W. R., Schmidt-Bleek, F. (1996): »Öko-intelligente Produkte, Dienstleistungen und Arbeit«, Wuppertal spezial 2, Wuppertal Institut für Klima, Umwelt & Energie

Birke, M., Schwarz, M. (1994): Umweltschutz im Betriebsalltag – Praxis und Perspektiven ökologischer Arbeitspolitik, Opladen

BMU (1996): Aktualisierte Berechnung der umweltschutzinduzierten Beschäftigung in Deutschland, Bonn

Bogun, R., Osterland, M. , Warsewa, G. (1990): Was ist überhaupt noch sicher auf der Welt? Arbeit und Umwelt im Risikobewußtsein von Industriearbeitern, Berlin

Brand, K.-W., Eder, K., Poferl, A. (1997): Ökologische Kommunikation in Deutschland, Opladen

Bundesmann-Jansen, J., Frerichs, J. (1995): Betriebspolitik und Organisationswandel – Neuansätze gewerkschaftlicher Politik zwischen Delegation und Partizipation, Münster

BUND/Misereor (Hg.) (1996): Zukunftsfähiges Deutschland – Ein Beitrag zu einer global nachhaltigen Entwicklung, Basel, Boston, Berlin

DGB (1997): Die Zukunft gestalten – Grundsatzprogramm des Deutschen Gewerkschaftsbundes, Düsseldorf

DIW-Wochenbericht (1997): Tendenzen der umweltinduzierten Entwicklung in Deutschland, Nr. 9, Berlin

Enquete-Kommission (1994): Schutz der Erdatmosphäre. Mehr Zukunft für die Erde, Bonn

Heine, H., Mautz, R. (1989): Industriearbeiter contra Umweltschutz ? Frankfurt/Main

Hildebrandt, E. (1992): Umweltschutz und Mitbestimmung, in: U. Steger (Hg): Handbuch des Umweltmanagements, S. 343 ff., München

Hildebrandt, E. (1995): Handlungsbedingungen und Handlungsmöglichkeiten einer ökologisch erweiterten Arbeitspolitik im System industrieller Beziehungen, 3 Bände, Berlin

Hildebrandt, E., Linne, G. , Lucas, R. , Sieben, G. (Hg.) (1994): Umweltschutz und Arbeitsschutz zwischen Eigenständigkeit und Gemeinsamkeit, Düsseldorf

Hildebrandt, E., Schmidt, E. (1994): Umweltschutz und Arbeitsbeziehungen in Europa – eine vergleichende Zehn-Länder-Studie, Berlin

Holl, F.-L., Rubelt, J. (Hg.) (1993): Betriebs-Ökologie – Erfahrungen, Chancen und Grenzen einer neuen Herausforderung, Köln

Huber, J. (1995): Nachhaltige Entwicklung. Strategien für eine ökologische und soziale Erdpolitik, Berlin

Hübinger, W. (1996): Prekärer Wohlstand – Neue Befunde zu Armut und sozialer Ungleichheit, Freiburg

Huter, O., Schneider, W. , Schütt, B. (Hg.) (1988): Umweltschutz für uns – Das Handbuch zur ökologischen Erneuerung, Köln

Jacobs, M. (1997): Environmental Regulation and Economic Performance. In: Hildebrandt, E., A. Oates: Work, Employment and Environment, Berlin (i. E.)

Kommission der Europäischen Gemeinschaften (1993): Wachstum, Wettbewerbsfähigkeit, Beschäftigung – Weißbuch, Brüssel

Le Blansch, K., Hildebrandt, E. , Pearson, D. (1994): Industrial Relations and the Environment – Case Studies, Dublin

Mückenberger, U., Schmidt, E. , Zoll, R. (1996): Die Modernisierung der Gewerkschaften in Europa, Münster

Oates, A., Gregory, D. (1993): Industrial Relations and the Environment – Ten Countries under the Microscope, Dublin

Osterland, M. (1994): Der »grüne« Industriearbeiter – Arbeitsbewußtsein als Risikobewußtsein. In: N. Beckenbach, W. van Treek (Hg.): Umbrüche gesellschaftlicher Arbeit, Göttingen

Poferl, A., Brand, K.-W. (1996): Umweltbewußtsein und Umwelthandeln im Alltag. In: K.-H. Dieckhoff, J. Roth (Hg.): Umweltkrise als Bildungschance, München

Priewe, J. (1996): Wirtschaftswachstum, Beschäftigung, Ökologie – ein magisches Dreieck? In: W. Fricke et al. (Hg.): Jahrbuch Arbeit und Technik 1996, S. 50 ff., Bonn

Projektgruppe »Alltägliche Lebensführung« (Hg.) (1995): Alltägliche Lebensführung – Arrangements zwischen Traditionalität und Modernisierung, Opladen

Rinderspacher, J. (1996): Zeit für die Umwelt. Handlungskonzepte für eine ökologische Zeitverwendung, Berlin

Roth, K., Sander, R. (Hg.) (1992): Ökologische Reform der Unternehmen – Innovationen und Strategien, Köln

Scherhorn, G. (1997): Das Ende des fordistischen Gesellschaftsvertrags, in: Politische Ökologie 50/1997, S. 41-44

Schmidt-Bleek, F. (1994): Wieviel Umwelt braucht der Mensch? MIPS – Das Mass für ökologisches Wirtschaften, Basel

Spangenberg, J. (1996): Ein zukunftsfähiges Europa. Zwischen sozialen Bedürfnissen und Überkonsum, Wuppertal

Schulte, D. (1996): Alternativen für mehr Beschäftigung, Umweltschutz und soziale Gerechtigkeit. In: Gewerkschaftliche Monatshefte 10/96, S. 625 ff., Köln

Veenhoven, R. (1997): Advances in understanding happiness, Manuskript, Rotterdam

Weizsäcker, E. U. v., Lovins, A. B. , Lovins, B. H. (1995): Faktor Vier. Doppelter Wohlstand – halbierter Naturverbrauch, München

WZB-Mitteilungen (1996): Stabilisierung und Ängste. Wohlfahrtsentwicklung im vereinten Deutschland, Heft 73, S. 5 ff., Berlin

Helmut Spitzley

Arbeitszeit und plurale Ökonomie – Handlungsoptionen in einer solidarischen Gesellschaft

1. Welche Gesellschaft wollen wir?

Die Mehrheit der deutschen Jugendlichen befürchtet, daß »Technik und Chemie die Umwelt zerstören werden«, »es immer weniger Arbeitsplätze geben« wird und in Zukunft »noch mehr Menschen arbeitslos« sein werden. (Jugendwerk 1997, S. 295)

Mit diesem skeptischen Blick in die Zukunft stehen die Jugendlichen nicht allein.

> *»Jeden Tag geht mehr Ackerland verloren, als in tausend Tagen neu entstehen kann; jede Minute verschwindet tropischer Regenwald in der Größenordnung von sechzig Fußballfeldern; und in einer erdgeschichtlichen Sekunde verbrennt vor allem der privilegierte Teil der Menschheit alle Energievorräte, die in urhistorischen Zeiten aus versunkenen Wäldern entstanden sind. (...) Die Meere sind leergefischt, der Himmel ist mit Treibhausgasen vollgepumpt, und ein Ende des Raubbaus ist nicht abzusehen ...«. (Vorholz 1995, S. 25)*

Gesellschaft ohne Arbeit?

Gegenwärtig sind in Deutschland mehr als vier Millionen Menschen als arbeitssuchend registriert. Weitere vier Millionen sind »in Maßnahmen geparkt« oder gehören zur »stillen Reserve«.

Die aktuellen unternehmerischen Handlungslogiken scheinen das »Weglassen von Menschen« zum alles beherrschenden Prinzip zu erheben. Die Ankündigung von Massenentlassungen führt bei den großen Aktiengesellschaften zu Kursgewinnen an der Börse.[1] Was gegenwärtig in den industriellen Sektoren der Wirtschaft geschieht, hat – in anderer Form – die Landwirtschaft bereits hinter sich. Noch vor einem Jahrhundert arbeiteten fast überall auf der Welt etwa drei Viertel aller Menschen in der Landwirtschaft. Heute sind es in den hochindustrialisierten Gesellschaften nur noch weniger als fünf Prozent. Und diese wenigen Menschen können die übrigen mit einer mehr als ausreichenden Menge von Nahrungsmitteln versorgen.

Sicherlich gibt es in modernen Gesellschaften noch »viel zu tun«, beispielsweise in den Bereichen Bildung und Pflege. Es scheint aber zweifelhaft, ob die Verluste an Erwerbsarbeitsplätzen in Landwirtschaft und Industrie in anderen Sektoren, zum Beispiel im Dienstleistungsbereich, tatsächlich ausgeglichen werden. Fourastie (1954) hatte noch prognostiziert, die ›Dienstleistungsgesellschaft‹ werde Vollbeschäftigung bringen, hochqualifizierte Berufe, die Befriedigung entfalteter Bedürfnisse und eine hochentwickelte Kultur. Diese Hoffnung ist jedoch inzwischen brüchig geworden. Die erwarteten positiven Effekte stellen sich ganz offenkundig nicht im ökonomischen Selbstlauf ein. Um diese Ziele zu erreichen, bedürfte es vielmehr einer wirkungsvollen politischen Gestaltung.

»Eine solche Politik setzt eine öffentliche Diskussion über mögliche Wege in die Dienstleistungsgesellschaft, deren Chancen und Risiken voraus. Und eine solche Diskussion beträfe sehr weitreichende Themen: die Arbeitsteilung zwischen den Geschlechtern und die Kultur des Alltagslebens, eine Diskussion also über das, was sich Männer und Frauen unter einem guten Leben gemeinsam vorstellen können.« (Siebel 1996, S. 18; siehe auch Häußermann, Siebel 1995).

Wer darf, muß, kann und will welche und wieviel Arbeit leisten? Welche dieser Arbeiten können und sollen von wem bezahlt werden? Ein Blick auf die Entwicklung der Erwerbsarbeit macht den rasanten Anstieg der Arbeitsproduktivität deutlich:Zwischen 1960 und 1994 wurde in Deutschland die Produktivität um 233 Prozent (!!!)

gesteigert. Die durchschnittliche Arbeitszeit je Arbeitnehmer hat sich vergleichsweise wenig verändert, sie sank zwischen 1960 und 1994 lediglich um bescheidene 26 Prozent (Senatsverwaltung für Arbeit 1996, S. 12).

Gespaltene Gesellschaft?

In einer Studie zur ›Zukunft der Arbeit‹ skizziert F. J. Radermacher vom Ulmer Forschungsinstitut für anwendungsorientierte Wissensverarbeitung (FAW) seine Zukunftserwartungen:

»Wenn man sich an der internationalen Debatte orientiert, so wird deutlich, daß sich unter dem aktuellen Druck der weltweiten Konkurrenzsituation alle Wirtschaftssysteme immer mehr entwickeln in Richtung auf ein Nebeneinander zwischen einem Segment der hochkompetitiven Kernarbeit (Core Jobs) und einem sich darum gruppierenden Segment weniger wertschöpfender, (eher zuarbeitender) Rand-Jobs (Fringe Jobs), die durch niedrige Anforderungen, geringes benötigtes Know-how und leichte Austauschbarkeit gekennzeichnet sein werden. (...) Bei Core Jobs ist mit Arbeitszeiten von bis zu 60 Stunden und mehr pro Monat bei extremer Verdichtung der Arbeit zu rechnen; entsprechend werden diese Arbeitsplätze gut dotiert sein.« (Rademacher 1996, S. 37 f.).[2]

Nach dieser Prognose würde die Gesellschaft in drei Teile gespalten: in Kernarbeiter, Rand-Jobber und Erwerbsarbeitslose.

2. Wir leben und arbeiten in einer pluralen Ökonomie

Die öffentlichen Debatten um den ›Standort Deutschland‹ kreisen fast ausschließlich um den Bereich der formellen, geldvermittelten Ökonomie. Sie sind daher blind für andere Bereiche von Wirtschaft und Arbeit.

Aber genügt der Blick auf bezahlte Arbeit, um die Zukunft der Gesellschaft und mögliche Gestaltungsoptionen ausreichend verstehen zu können? Bereits eine rein quantitative Betrachtung macht klar, daß Erwerbsarbeit nur ein Teil der in der Gesellschaft insgesamt geleisteten Arbeit darstellt.

In einer Erhebung zur ›Zeitverwendung der Bevölkerung‹ kommt das Statistische Bundesamt zu dem Ergebnis, daß 1992 in Westdeutschland 48 Milliarden Stunden bezahlte und 77 Milliarden Stunden unbezahlte Arbeit geleistet wurden (Statistisches Bundesamt 1995, S. 15).

Wenn ich im folgenden von ›pluraler Ökonomie‹ spreche, soll der Arbeitsbegriff erweitert und die Vielfalt der gesellschaftlichen Arbeit betont werden. Denn Arbeit wird an vielen verschiedenen Orten geleistet, in und außerhalb von Unternehmen, innerhalb und außerhalb der Geldwirtschaft.

Plurale Ökonomie kann in diesem Sinn definiert werden als die Summe von und das Wechselspiel zwischen vier verschiedenen Feldern von Arbeit[3]:

- marktvermittelte, gegen Geld getauschte Erwerbsarbeit,
- unbezahlte Eigenarbeit,
- bezahlte oder unbezahlte Arbeit in und mit Non-profit-Organisationen,
- Arbeiten an der eigenen Persönlichkeit und bewußtes ›Sein-Lassen‹.

Abb. 1: Arbeitsfelder in einer pluralen Ökonomie

marktvermittelte Erwerbsarbeit	Arbeit im Non-Profit-Sektor
unbezahlte Eigenarbeit	Arbeiten an der eigenen Persönlichkeit und bewußtes Sein-Lassen

Eine Erweiterung des Arbeitsbegriffs und eine höhere Wertschätzung der »anderen Arbeit« hat auch Christine von Weizsäcker im Blick:

> »Da tun sich die Ökonomen und Politiker schon mit der Wortfindung schwer. Wie erstaunt dagegen die Leichtigkeit der Abstraktion, mit der die Herstellung von Giftgas und die Betreuung von Giftgasopfern unter dem gemeinsamen Titel Erwerbsarbeit zusammengefaßt wird. Aber die andere Arbeit? Sie geistert durch die Begriffswelt als Hausarbeit, Familienarbeit, musische Betätigung, soziales Engagement, politische Aktivität, sinnvolle Freizeitbeschäftigung, Hobbywerken, ehrenamtliche Tätigkeit, Reproduktion, Schattenarbeit, Eigenarbeit, Arbeit im informellen Sektor der Ökonomie, Subsistenzarbeit, Selbsthilfe, Arbeit im quartären Sektor – und das alles mit dem gefährlichen Geruch, als Schwarzarbeit unsolidarisch der Erwerbstätigkeit illegale Konkurrenz zu machen.« (C. v. Weizsäcker 1988, S. 2o)

In der Realität gibt es vielfältige Überlagerungen und wechselseitige Abhängigkeiten zwischen den verschiedenen Arbeitsfeldern. Die analytische Differenzierung soll helfen, die bislang eher im Schatten liegenden Arbeitsfelder ins Blickfeld zu rücken und in ihrer jeweils spezifischen gesellschaftlichen Bedeutung wahrzunehmen. Erst in einer Gesamtbetrachtung kann Arbeit wirklich verstanden, können Entwicklungsoptionen bewertet und eine neue Symbiose zwischen den verschiedenen Arbeitsfeldern angestrebt werden.

Die Felder der Arbeit in einer pluralen Ökonomie sollen im folgenden kurz skizziert werden.

Feld 1: Erwerbsarbeit

In einer nun bereits seit Generationen hindurch auf kapitalistischindustrielle Lohnarbeit und entsprechende Lebensweisen orientierten Gesellschaft erfahren viele Menschen diese Form der Arbeit als »natürlich«, als festen, prägenden und unverzichtbaren Bestandteil ihrer Identität und ihres gesamten Lebens. Auch unabhängig von ökonomischen Zwängen fällt es ihnen schwer, ohne das gestaltgebende Korsett der Erwerbsarbeit auszukommen. Marie Jahoda hat in ihrem Buch »Wieviel Arbeit braucht der Mensch?« die psychischen Folgen eines unfreiwilligen Verlusts von Erwerbsarbeit beschrieben.

> *»Die Struktur der Erwerbstätigkeit in der modernen Welt hat sich über mindestens zwei Jahrhunderte entwickelt. Während die Macht der organisierten Arbeiterschaft und veränderte Technologien diese Struktur bedeutend verändert haben, ist sie zumindest in zwei Aspekten praktisch unverändert geblieben. Zum einen ist sie das Mittel, durch das die große Mehrheit der Menschen ihren Lebensunterhalt verdient; und zum anderen zwingt sie, als ein unbeabsichtigtes Nebenprodukt ihrer Organisationsform, denjenigen, die daran beteiligt sind, bestimmte Kategorien der Erfahrung auf. Nämlich: Sie gibt dem wach erlebten Tag eine Zeitstruktur; sie erweitert die Bandbreite der sozialen Beziehungen über die oft stark emotional besetzten Beziehungen zur Familie und zur unmittelbaren Nachbarschaft hinaus; mittels Arbeitsteilung demonstriert sie, daß die Ziele und Leistungen eines Kollektivs diejenigen des Individuums transzendieren; sie weist einen sozialen Status zu und klärt die persönliche Identität; sie verlangt eine regelmäßige Aktivität«. (Jahoda 1983, S. 136)*

Während die innere Logik der ökonomisch-technischen Rationalisierung der Unternehmen dahin tendiert, bezahlte Arbeit entbehrlich zu machen, bewirken gleichzeitig die Individualisierungstendenzen moderner Gesellschaften, daß Erwerbsarbeit für immer mehr Menschen unentbehrlich wird. Auch die in den letzten Jahrzehnten stetig wachsende »Erwerbsneigung« von Frauen hat zwiespältige Ursachen. Einerseits gründet die Suche vieler Frauen nach Erwerbsarbeit im Wunsch nach Unabhängigkeit und Emanzipation. Andererseits ist sie Folge eines Zwangs, der Erosion familiärer Beziehungen und des Verlusts von marktunabhängigen, nicht geldvermittelten Subsistenzformen (vgl. auch Kurz-Scherf 1993).

Bei aller Wertschätzung von Erwerbsarbeit kann nicht übersehen werden, daß sie nicht selten in einer inhumanen Form abgefordert wird, die Männer und Frauen zermürbt, psychisch und physisch schädigt und abstumpfen läßt.

Diese Kritik ist ein Ausgangspunkt für das Konzept der »Neuen Arbeit« des amerikanischen Philosophen Fritjof Bergmann. Zu allererst und sehr grundsätzlich will es die Menschen danach fragen, was sie »wirklich, wirklich wollen«.

> »Die bloße Vorstellung, daß sie zu einer Berufung oder zum Streben nach Höherem fähig seien, bewirkt bei Arbeitern eine radikale und tiefgreifende Änderung. Für die meisten ist es eine ganz neue Erfahrung, ernsthaft und in einer Umgebung, die die Bereitschaft erkennen lässt, viel Zeit für die Entdeckung der Antwort aufzuwenden, gefragt zu werden, was sie allen Ernstes und mit Engagement WOLLEN. Es ist, als ob man mitten in der Nacht wachgerüttelt würde. Für die meisten Arbeiter ist das bisherige Leben ein langer Akt der Resignation, des Hinnehmens, ein Scheintod gewesen. Die Vorstellung, daß das, was sie tief im Inneren und mit allem Ernst WOLLEN, wichtig sein könnte, und daß sich daraus Handlungsmöglichkeiten und Erfüllung ergeben könnten, stellt eine Wiederauferstehung dar!« (Bergmann 1990, S. 73)

Feld 2: Eigenarbeit
Eigenarbeit ist etwas sehr altes und selbstverständliches. Es sind Tätigkeiten für sich selbst, die Familie, Nachbarn, Freunde oder auch für unbekannte Menschen. Selbst in modernen, kapitalistischen Gesellschaften wird mehr als die Hälfte der gesamten Arbeitszeit als unbezahlte Arbeit geleistet, meist selbstverständlich und ohne öffentliche Beachtung, vor allem von Frauen.

> »Historisch gesehen ist Eigenarbeit also etwas primäres, nicht quartäres, etwas sehr fundamentales, nicht ›alternatives‹. Damit überleben die Armen unter der Dollar-Existenzgrenze, damit überleben die Menschen in von Wirtschaftszusammenbrüchen oder gar Kriegen erschütterten Gebieten; sie war bei Arbeitern ohne Gewerkschaft mit gefüllten Kassen seit je eine der Grundvoraussetzungen der Streikfähigkeit.« (v. Weizsäcker 1988, S. 20)

Eigenarbeit kann Qualitäten enthalten, die viele Menschen in ihrer Erwerbsarbeit nicht oder zu wenig finden: Selbstbestimmung der Produkte und deren Gestaltung, Eigenverantwortlichkeit in der Organisation der Arbeit, Einfluß auf die Auswahl der Mit-Arbeiter-Innen, eigenständige Entscheidungen über das Arbeitstempo, die Lage und Länge von Arbeitszeiten ...

Zeit ist eine wichtige, aber nicht die einzige Ressource, die Eigenarbeit benötigt. Nicht anders als die Erwerbsarbeit bedarf es geeigneter Arbeitsräume, Vorprodukte, Werkzeuge, Informationen, Rechte, Kooperation und Unterstützung durch gesellschaftliche Institutionen. Das ›Haus der Eigenarbeit‹ in München kann in dieser Hinsicht als Pionierunternehmen betrachtet werden, da es Räume, Werkzeuge, Informationen, Qualifikationsvermittlung und soziale Unterstützung für viele verschiedene Formen der Eigenarbeit bietet (Redler 1991; Redler/Horz 1994).

Wer also bei der Gestaltung der Zukunft der Arbeit nicht nur die Erwerbsarbeit fördern will, muß auch freie Zeit, geeignete Räume, angepasste Technologien, grundlegende Rechte und Bildung für Eigenarbeit fordern. Eigenarbeit als lebenserhaltende Tätigkeit jenseits der Lohnarbeit (Ullrich 1993) enthält eine Fülle von verdrängten Potenzen und Handlungschancen, die entweder verschüttet oder noch unentdeckt sind. (vgl. z. B. Bergmann 1997)

Feld 3: Arbeiten in Non-profit-Bereichen
Arbeit in Non-profit-Bereichen ist nicht weniger vielgestaltig als die beiden bereits skizzierten Felder der pluralen Ökonomie. Sie umfaßt bezahlte wie unbezahlte Tätigkeiten in informellen Organisationen, gemeinnützigen Vereinen, Selbsthilfegruppen, alten und neuen Genossenschaften, Gewerkschaften, politischen Parteien und Nonprofit-Organisationen.

Wie stünde es um die Gesellschaft ohne Aktivisten für Menschenrechte, ohne selbsternannte Umweltschützer, ohne Nachbarschaftshelfer, ohne ErsatzdienstlerInnen in Kinder- und Altengruppen, ohne ÜbungsleiterInnen in Sportvereinen, ohne DirigentInnen von Stadtteilchören, ohne OrganisatorInnen von Volksfesten, ohne Selbsthilfegruppen für ungewöhnliche Krankheiten, ohne AufbauhelferInnen in Katastrophengebieten, ohne Menschen, die gemeinsam mit nicht an Profit orientierten Organisationen sozial, kulturell oder politisch aktiv sind?

Denen, die sich daran beteiligen, würde ohne diese Arbeit in ihrem Leben Wichtiges fehlen und mehr noch den anderen, die von dieser Arbeit profitieren. Ohne Tätigkeiten in Non-profit-Bereichen wären viele gesellschaftlich wichtigen Organisationen und Institutionen funktionsunfähig, könnte eine *zivile Gesellschaft* nicht existieren.

Auch die Arbeit in Non-profit-Bereichen erfordert öffentliche Anerkennung, Räume, Technologien, Rechte und vor allem die Bereitschaft und die Zeit von Menschen, sich an ihr zu beteiligen.

Feld 4: Arbeiten an der eigenen Persönlichkeit und bewußtes Sein-Lassen
Wenn persönliche Entwicklungsarbeit und ›Sein-Lassen‹ als eigenständiges Feld der pluralen Ökonomie genannt werden, mag dies zunächst auf Verwunderung stoßen. Es ist aber zu fragen, ob das Einlassen auf eine Meditation, die Erarbeitung eines Gedankens, das Knüpfen von Gesprächsfäden oder das Pflegen persönlicher Beziehung als weniger wichtig oder »produktiv« gelten soll als das Herstellen und Vermarkten beliebiger, zum Verkauf bestimmter Produkte.

»Gutes Leben« ist wohl nicht vorstellbar, ohne daß frau oder mann an der eigenen persönlichen Entwicklung »*arbeitet*«. Dies erfordert zeitintensives, genaues Beobachten, sich und andere Menschen wirklich wahrzunehmen, auf sich und andere zu hören, sich auszutauschen ...

In dem wundervollen Märchen von den Zeitdieben bringt das kleine Mädchen Momo durch seine besondere Art des Zuhörens Menschen zur Besinnung und auf gute Gedanken. Ist die von Momo hierfür verwendete Zeit, ist ihr Zuhören nicht ebenso wichtig und gesellschaftlich weit »produktiver« als die Arbeit der bei der Sparkasse angestellten Zeitdiebe? (Ende 1973).

Oft ist es gut, *nichts zu tun* und sich, andere Menschen und die Natur bewußt »*in Ruhe zu lassen*«.

›Arbeit‹ und ›Sein-Lassen‹ ergänzen einander. Mehr noch: ›Sein-Lassen‹ ist häufig identisch mit dem *Unterlassen von Zerstörungen* an der eigenen Person oder der Mitwelt. In diesen Fällen führt ›Sein-Lassen‹ zu besseren Ergebnissen als zerstörerische ›Produktion‹.

Es scheint daher durchaus berechtigt, Arbeiten an der eigenen Persönlichkeit und ›Sein-Lassen‹ als unverzichtbare Teile der pluralen Ökonomie zu begreifen.

Die in den verschiedenen Feldern der pluralen Ökonomie tätigen Personen benötigen unterschiedliche Ressourcen an Rechten, Bildung, Räumen, Materialien, Technik, Kooperationen ... Eines wird aber in jedem Feld von jeder darin arbeitenden Person benötigt: Zeit.

3. Der Wunsch nach kürzerer Arbeitszeit

Das Gefühl, angespannt und überfordert zu sein, in Hetze zu leben und keine Zeit zu haben für die »wichtigen Dinge des Lebens« ist in den Industriegesellschaften weit verbreitet. Viele Menschen wünschen sich daher kürzere Erwerbsarbeitszeiten und mehr freie Zeit »für sich«.

Auf die Frage »Wenn Sie den Umfang ihrer Arbeitszeit selbst wählen könnten und dabei berücksichtigen, daß sich ihr Verdienst entsprechend der Arbeitszeit ändern würde: Wie viele Stunden in der Woche würden Sie dann am liebsten arbeiten« nannten 30 Prozent der in Westdeutschland Beschäftigten 30 Wochenstunden und weniger (Deutsches Institut für Wirtschaftsforschung (DIW) 1994, S. 619).

Auch wenn man die Wünsche nach Verlängerung und Verkürzung der Arbeitszeiten gegeneinander aufrechnet, ist im Ergebnis ein deutlicher Wunsch zur Arbeitszeitverkürzung erkennbar. Das Kölner Institut zur Erforschung sozialer Chancen (ISO) unterscheidet in einer 1995 durchgeführten repräsentativen Untersuchung zwischen den *tatsächlichen*, den vertraglich *vereinbarten* und den *gewünschten* Arbeitszeiten und stellt beträchtliche Unterschiede fest:

»Die tatsächlichen Arbeitszeiten betragen in Westdeutschland im Durchschnitt 38,1 Stunden (1993: 38,5), die vertraglichen 35,1 Stunden (1993: 36,0 Stunden) und die gewünschten 34,1 Stunden (1993: 34,5 Stunden)« (Institut zur Erforschung sozialer Chancen/ Bauer u. a. 1996, S. 18).

Es besteht also bei vielen Menschen der Wunsch, kürzer erwerbstätig zu sein und die Bereitschaft, *Erwerbsarbeit abzugeben*. Wenn diese Wünsche nach Arbeitszeitreduktion realisiert würden, hätte dies erhebliche beschäftigungspolitische Effekte: »Das sich aus den Reduktionswünschen ergebende Reduktionspotential ist beträchtlich: der Differenz zwischen tatsächlichen und gewünschten Arbeitszeiten entspricht ein rein rechnerisches Arbeitsplatzäquivalent von rund 2,6 Millionen Vollzeitarbeitsplätzen ...« (ebenda).

Freilich sind derartige Umfrageergebnisse vorsichtig zu interpretieren. Zum einen ist nicht sicher, daß diejenigen, die sich für kürzere Arbeitszeiten aussprechen, diese im Ernstfall auch tatsächlich nutzen. Andererseits ist aber auch zu fragen, wie sich das Votum derjenigen begründet, die sich gegen jedwede Arbeitszeitverkürzung oder gar für Arbeitszeitverlängerungen aussprechen. Eine Ursache könnte darin bestehen, daß der über Generationen reichende Sozialisationsprozess insbesondere für Männer feste (wenn auch immer weniger realisierbare) Vorstellungen hinterlassen hat von »normaler« Arbeit, wielange sie zu dauern und wieviel Geld der Mann nach Hause zu bringen habe.

Auch muß gefragt werden, ob hinter ablehnenden Haltungen gegenüber Arbeitszeitverkürzung und Umverteilung von Erwerbsarbeit nicht noch tiefere Ängste als die vor (überschaubaren) Einkommensverlusten stecken.

»Möglicherweise verbergen sich dahinter auch eine tiefgreifende Verunsicherung individueller und gesellschaftlicher Entwicklungsperspektiven und eine zunehmende Existenzangst, die sich weniger auf die aktuellen Einkommensrisiken als auf eine soziale Deklassierung in einem viel umfassenderen Sinn bezieht. (...) Möglicherweise ist die Lohnpräferenz mehr ein Reflex auf konzeptionelle Defizite zur Gewährleistung eines Minimums an sozialer Zukunftssicherheit denn eine Absage an gesellschaftliche Reformvorschläge, für deren Realisierung den einzelnen Bürgern und Bürgerinnen auch ein materieller Beitrag abverlangt werden müßte« (Kurz-Scherf 1993, S. 23f).

Defizite an materieller und sozialer Zukunftssicherheit sind in einer Strategie der Arbeitsumverteilung aufzugreifen und ausglei-

chende Perspektiven anzubieten. Neben finanziellen Aspekten
wären dabei auch Identifikationswünsche und individuelle, von der
jeweiligen Lebensphase abhängige Anforderungen zu berücksichtigen. Materielle und soziale Zukunftssicherheit ist freilich nicht nur
auf den Bereich der Erwerbsarbeit zu beziehen, sondern hätte die
»ganze Arbeit« d. h. alle Tätigkeitsfelder der ›pluralen Ökonomie‹ in
den Blick zu nehmen und auch mögliche Neukompositionen zwischen verschiedenen Feldern zu fördern (vgl. z.B. Ullrich 1993,
Bergmann 1997).

4. Arbeit und Konsum:
Auf der Suche nach dem guten Leben

Die objektiven Voraussetzungen für die Verkürzung und Umverteilung von Erwerbsarbeitszeit verbessern sich mit wachsender gesellschaftlicher Arbeitsproduktivität. Diese macht menschliche Arbeitskraft entbehrlich und erhöht die Menge des geschaffenen gesellschaftlichen Reichtums.[4]

So mußten zur Herstellung von Gütern und Dienstleistungen im
Wert von einer Million DM im Jahre 1965 noch 21 Personen ein Jahr
lang arbeiten, im Jahre 1995 aber nur mehr 11 Personen (jeweils in
Preisen von 1991).

Die Steigerung der Arbeitsproduktivität ermöglichte auch die
Steigerung der Kaufkraft pro Lohnminute auf ein historisch zuvor
nie erreichtes Niveau:

Während beispielsweise zu Beginn der sechziger Jahre ein durch-
schnittlicher Arbeitnehmer noch 39 Minuten arbeiten mußte, um
250 g Markenbutter kaufen zu können, waren es Mitte der neunziger
Jahre nur noch 6 Minuten (Institut der Deutschen Wirtschaft 1995).

Statt lediglich an »Arbeit, Arbeit, Arbeit« zu denken, könnte
diese Steigerung von Produktivität und Kaufkraft genutzt werden,
Zukunftsdiskussionen konsequent auch über die Frage zu führen,
wie »*gutes Leben mit weniger Arbeit*« zu erreichen sei.[5]

Dabei sind allerdings mindestens zwei Problemfelder mitzube-
denken:

1. Wachstum und Effizienzsteigerung können nicht nur zur Problemlösung beitragen, sondern gleichzeitig selbst Teil des Problems sein. Erstens, weil Produktivitätssteigerungen mit Intensivierung der Arbeit und Überforderungen von Menschen verbunden sein kann; zweitens Effizienzsteigerung nicht selten mit ökologisch und sozial fragwürdigen Produktionstechniken und Organisationsformen erkauft wird; drittens Wachstum der formellen Ökonomie mit einer immer tiefer reichenden Kommerzialisierung der sozialen Beziehungen verbunden ist; viertens, weil Effizienzsteigerung menschliche Arbeitskraft und damit Erwerbsarbeitsplätze überflüssig macht und fünftens auch die Qualität der Produkte negativ verändert werden kann. So ist nicht auszuschliessen, daß – um bei unserem Beispiel zu bleiben – der veränderte Prozeß der Herstellung und Verteilung von Butter negative Folgen mit sich bringt und daher zu überlegen ist, ob nicht bereits eine Übereffektivierung mit gesellschaftlich und ökologisch kontraproduktiven Folgen stattgefunden hat (Illich 1980). Bei einem komplexen gesellschaftlichen Vorteil-/Nachteilvergleich könnte ein Übergang zu einer ökosozialen Landwirtschaft ratsam sein. Die Auswirkungen auf die benötigte Arbeitszeit, die Arbeitsplätze, Konsum- und Kostenstrukturen sind in detaillierten Untersuchungen zu dem jeweiligen gesellschaftlichen Bedarfsfeld zu ermitteln und bei gesellschaftlichen Entscheidungen über ökonomisch-ökologisch-soziale Optimierungsprozesse zu berücksichtigen.
2. Seit den achtziger Jahren ist eine drastische Umverteilung des gesellschaftlichen Mehrprodukts zu Gunsten der Kapitaleinkommen und ein Absacken der Lohnquote festzustellen. Diese ungleiche Verteilung des gesellschaftlichen Reichtums ist nicht ausser acht zu lassen und bei der Entwicklung von sozial akzeptablen Handlungsstrategien zu bedenken.

Aber auch vor diesem Hintergrund ist kaum zu bestreiten, daß in den westlichen Industrieländern mittlerweile große Bevölkerungsgruppen über gewerkschaftlich erkämpfte, historisch einmalige Konsummöglichkeiten verfügen. Breite Schichten von Angestellten, Beamten und auch Arbeitern nutzen – wenn auch auf einem deutlich niedrigeren Niveau von Quantität und Qualität – inzwischen ähnliche Konsumgüter wie »die Reichen«. Es ist daher durchaus zutreffend, wenn Eckart Hildebrandt bemerkt, daß »der Klassenkampf in der Produktion verloren, aber beim Konsum gewonnen wurde«.[6] Die »Sättigungsgrade« bei vielen Konsumgütern, der Umfang des privaten Hausbesitzes, die Höhe der in den kommenden Jahren fällig werdenden Erbschaften, Zahl und Pferdestärke der privaten Pkw, die Häufigkeit und Reichweite von Urlaubsflügen sind hierfür nur einige Beispiele.

Der Schriftsteller Hans Magnus Enzensberger hat jüngst einen Abgesang auf den überholten Konsumismus angestimmt und einen »neuen Luxus«, der mit Geld allein nicht zu kaufen sei, entdeckt:

> *»Merkwürdige Verkehrung einer Logik der Wünsche: Der Luxus der Zukunft verabschiedet sich vom Überflüssigen und strebt nach dem Notwendigen, von dem zu befürchten ist, daß er nur noch den Wenigsten zu Gebote stehen wird. Das, worauf es ankommt, hat kein Duty Free Shop zu bieten«. (Enzensberger 1996)*

Enzensberger nennt als Charakteristika des neuen Luxus (oder vielleicht bescheidener: des guten Lebens): *Zeit, Aufmerksamkeit, Raum, Ruhe, Umwelt und Sicherheit.* Diese Werte sind bei der Jagd nach Wachstum von Produktion und Konsum vielfach verdrängt worden und unter die Räder geraten. (Illich 1980, Klipstein v./Strümpel 1984, Ulich 1994, Zeuner 1995). Nicht auszuschließen ist daher, daß sich mit der Zeit neue Sichtweisen auf Lebens- und Konsumstile ausbilden: Eleganz der Einfachheit und Zeitwohlstand statt Güterreichtum (Scherhorn 1994, Loske u. a. 1996).

Warum sollte nicht ein anderer als der konsumistische »american way of life« attraktiv werden? Warum keine überlegteren und ballastfreien Kaufentscheidungen, kein »lean consumption«? Vielleicht werden neue Formen des Genießens, des Arbeitens und Lebens bald auch deshalb gewählt und Zukunft haben, weil sie einerseits mehr Freiheit von Erwerbsarbeit ermöglichen und andererseits *ökologisch verträglich* und *gesellschaftlich verallgemeinerbar* sind.

Die ständig wachsende Arbeitsproduktivität in Verbindung mit der nicht von allen, aber doch von vielen Menschen bereits empfundenen Sättigung mit Konsumgütern, machen es möglich, neu über Verkürzung und Neuverteilung von Erwerbsarbeitszeit nachzudenken, nicht nur mit Angst vor Verlusten, sondern auch mit Blick auf Gewinne an freier Zeit und neue Qualitäten des Lebens (z. B. Zeuner 1995).

5. Erstes Gedankenexperiment: Die 25-Stunden-Woche im Jahre 2020

Als Folge des Produktivitätsfortschritts kann Jahr für Jahr ein größeres Gesamtprodukt zwischen Kapital und Arbeit verteilt werden. Diese Verteilung ist zwischen Kapital und Arbeit umstritten und wird auch weiterhin hart umkämpft sein.

Unterhalb dieser gesellschaftlichen Grosskonflikte wird auch das »Teilen in der Klasse« stärker thematisiert werden. Bei der Nutzung der auf die Beschäftigten entfallenden (von ihnen stets neu zu erkämpfenden) Produktivitätsgewinne sind dabei zwei strategische Optionen zu unterscheiden:

- Die durchschnittliche Arbeitszeit kann beibehalten und die Einkommen der Beschäftigten gemäß der Produktivitätsgewinne erhöht werden.
- Oder es können die Realeinkommen beibehalten und die Produktivitätsgewinne für die Senkung der Erwerbsarbeitszeit genutzt werden.

Aus beschäftigungspolitischer Sicht ist der zweite Weg vorzuziehen. In einem Gedankenexperiment soll daher davon ausgegangen werden, daß in den nächsten Jahren der auf die Arbeitnehmer entfallende Teil des Produktivitätszuwachses konsequent in eine Verkürzung der Erwerbsarbeitszeit umgesetzt wird: Die tatsächlichen Erwerbsarbeitszeiten lagen 1995 in Westdeutschland bei durchschnittlich 38 Wochenstunden. Geht man davon aus, daß sich die durchschnittliche Arbeitszeit bis 1998 nicht wesentlich verändert hat, von da an aber eine jährliche Reduktion in Höhe des Produktivitätszuwachses (angenommen: 2 Prozent/a) erfolgen wird, ergibt sich für das Jahr 2000 eine durchschnittliche Arbeitszeit von 36,5 Stunden, die auf 33 Stunden (2005), 30 Stunden (2010), 27 Stunden (2015) und 25 Stunden im Jahre 2020 gesenkt werden kann.

Die durchschnittlichen Realeinkommen würden dabei konstant gehalten und wären im Jahre 2020 auch bei einer 25-Stunden-Woche noch ebenso hoch wie gegenwärtig bei einer durchschnittlichen tatsächlichen Erwerbsarbeitszeit von 38 Stunden.

Mit anderen Worten: In nur einer Generation könnte ohne Änderung des Verteilungskompromisses zwischen Kapital und Arbeit und unter Beibehaltung der *gegenwärtigen durchschnittlichen Einkommen* die tatsächliche Erwerbsarbeitszeit *auf durchschnittlich 25 Wochenstunden* gesenkt werden.

Das Ziel einer 25-Stundenwoche für alle könnte noch schneller erreicht werden, wenn es gelänge, möglichst viele erwerbsarbeitslose Menschen in das Beschäftigungssystem zu integrieren und die Erwerbsarbeit auf eine größere Zahl von Personen zu verteilen.

6. Zweites Gedankenexperiment: Die Vier-Tage-Woche als Anfang?

Am Anfang stand die Krise. Nach Milliardenverlusten und mitten in einer tiefgreifenden Absatzflaute kündigte im Jahre 1993 der Vorstand der Volkswagen AG die Entlassung von dreißig Prozent der beschäftigten Mitarbeiterinnen und Mitarbeitern an.

Aber es wurden auch über Alternativen verhandelt. Schließlich einigten sich Vorstand und Gewerkschaft auf einen ›Beschäftigungssicherungsvertrag‹. Dieser sah einen erheblichen Abbau des Beschäftigungsvolumens vor. Um aber Entlassungen zu vermeiden, wurde das verbleibende Arbeitsvolumen gleichmäßig auf alle Beschäftigten verteilt. Dadurch konnte die Arbeitszeit drastisch von 36 Stunden pro Woche gesenkt und mit 28,8 Stunden neu vereinbart werden. Publizitätswirksam war das neue Leitbild der Viertagewoche aus der Taufe gehoben.

Mit der Absenkung der Arbeitszeit um 20 Prozent war eine durchschnittliche Reduktion des Bruttoeinkommens der VW-

Beschäftigten von rund 16 Prozent verbunden; aufgrund der progressiven Staffelung der Lohn- und Einkommenssteuer fiel der Netto-Einkommensverlust allerdings geringer aus (näheres: Peters 1994, Hartz 1994 und 1996, Promberger u. a. 1996).

Verglichen mit Massenentlassungen bot die Vereinbarung dem Unternehmen wesentliche Vorteile:

- Die Verringerung des Arbeitsvolumens erfolgte »einvernehmlich« und die damit verbundene Senkung der Arbeitskosten konnte sofort in Kraft treten.
  Da kein Sozialplan auszuhandeln und keine Abfindungen zu zahlen waren, blieben dem Unternehmen Kosten in Milliardenhöhe erspart.
- Das Humankapital in Form einer hochqualifizierten Belegschaft mit funktionierenden formellen und informellen Organisationsstrukturen blieb erhalten und uneingeschränkt verfügbar. Nach den Kriterien eines Sozialplans hätten insbesondere junge Mitarbeiter entlassen werden müssen mit den entsprechend negativen Folgen für die Alterstruktur der Belegschaft.
- Auch konnten Imageverluste und entsprechende Rückwirkungen auf das Unternehmen vermieden werden. Massenentlassungen hätten auch zu gravierenden regionalpolitischen Problemen und schwer kalkulierbaren Konflikten im Unternehmen geführt. Das über Jahrzehnte gepflegte Leitbild der Betriebsfamilie, die in guten und schlechten Zeiten zusammenhält, wäre durch Massenentlassungen schwer beschädigt worden. Vertrauen in die Sicherheit des eigenen Arbeitsplatzes ist aber unbedingt erforderlich, wenn Mitarbeiter positiv an den ›kontinuierliche Verbesserungsprozesse‹ genannten Rationalisierungsverfahren konstruktiv mitwirken sollen.
- Die 28,8 Stundenwoche ist eine vertraglich vereinbarte Untergrenze. Je nach Auftragslage kann das Unternehmen längere Arbeitszeiten anordnen. Der Vertrag verschafft dem Unternehmen also einen erheblich erweiterten Arbeitszeitkorridor und ermöglicht ihm – je nach Bedarf – von der Belegschaft kurzfristig *mehr oder weniger Arbeitszeit abzufordern*. Das Unternehmen erhöht dadurch einseitig seine Verfügung über die Zeit der Beschäftigten

und kann, ohne Personen entlassen oder zusätzlich einstellen zu müssen, die vorhandene Belegschaft flexibler einsetzen und stärker als zuvor »atmen«(Hartz 1996).

Obwohl (und zum Teil auch weil!) die Volkswagen AG Entlassungen vermieden und stattdessen die Arbeitszeit gesenkt hat, macht das Unternehmen glänzende Geschäfte; seit Einführung der Vier-Tage-Woche wurden Jahr für Jahr höhere Gewinne ausgewiesen.

Aber auch aus gesamtwirtschaftlicher Sicht scheint das Modell eher vorteilhaft:

>*Bislang liegen zwei Studien vor, die den gesamtwirtschaftlichen Auswirkungen von temporären Arbeitszeitverkürzungen nachgehen (Bach/Spitznagel 1994; Meinhardt et al. 1994). Beide Untersuchungen kommen in weitgehender Übereinstimmung zu dem Ergebnis, daß Arbeitszeitverkürzungen nach dem Muster des VW-Modells gesamtfiskalisch billiger sind als die Alternative Entlassungen. Die Ausgaben- und Einnahmeeffekte verteilen sich je nach Alternative sehr unterschischiedlich auf die verschiedenen Sozialversicherungsträger und die Gebietskörperschaften. Im Vergleich zu der Alternative der Entlassungen sinken bei beschäftigungssichernden Arbeitszeitverkürzungen auf der Einnahmenseite zum einen die Beiträge zur gesetzlichen Renten- und Krankenversicherung und zum anderen reduziert sich die Summe der Lohn- und Einkommensteuer aufgrund des Progressionseffektes überproportional. Auf der Ausgabenseite stehen dem jedoch deutlich geringere Ausgaben bei der Bundesanstalt für Arbeit gegenüber, so daß die höheren Beitragseinnahmen bei der Renten- und Krankenversicherung, die sich bei einer Entlassung der Arbeitnehmer ergeben hätten, durch die Ersparnis des Arbeitslosengeldes bzw. der Arbeitslosenhilfe mit der Realisierung temporärer Arbeitszeitverkürzungen überkompensiert werden« (Promberger u. a. 1996, S. 181).*

Es spricht also auch aus gesamtwirtschaftlicher Sicht alles dafür, daß der Staat durch geeignete Rahmensetzungen derartige Modelle der beschäftigungssichernden Arbeitszeitverkürzung fördert.

Auch die Beschäftigten scheinen mehrheitlich den Tausch »Einkommen« gegen »Arbeitsplatzsicherheit/Zeitgewinn« zu billigen:

»Die 28,8-Stunden-Woche wird von der Belegschaft breit akzeptiert. Eine deutliche Mehrheit der Beschäftigten ist zufrieden (39 v.H.) bzw. sehr zufrieden (10 v.H.) eingestellt oder urteilt mit »teils/teils« (35 v.H.). Der Anteil der unzufriedenen (11 v.H.) oder sehr unzufriedenen Beschäftigten (5 v.H.) ist mit insgesamt einem knappen Sechstel angesichts der tiefgreifenden Veränderungen beim Einkommen vergleichsweise niedrig« (Promberger u. a. 1996, S. 91).

Wenn die Rahmenbedingungen entsprechend gestaltet werden, sprechen aus der Sicht der Arbeitenden nicht nur beschäftigungspolitische, sondern auch eine Reihe weiterer Argumente:

* Kürzere Arbeitszeiten verringern arbeitsbedingte Belastungen und Erkrankungen;
* freiere Formen der Aufteilung familiärer Lasten (und Freuden!) werden möglich;
* die Chancen auf Teilnahme am sozialen, kulturellen und politischen Leben wachsen;
* die zusätzliche Zeit kann für Eigenarbeit oder Musse genutzt werden.

Unter der Voraussetzung, daß Länge und Lage der tatsächlichen Arbeitszeiten nicht einseitig vom Unternehmen festgelegt werden, sondern auch die Interessen der Beschäftigten in einem (durchaus konfliktären Aushandlungsprozess) Berücksichtigung finden, können durch die Verkürzung der Erwerbsarbeitszeit deren Dominanz gelockert und die übrigen Felder der ›pluralen Ökonomie‹ stärker als bisher in die Zeitplanung von Individuen und Gruppen integriert werden.

Aussagen über die Wirkungen dieser Arbeitszeitverkürzung auf die Lebensweise der betroffenen Personen und ihrer Familien sind bislang noch kaum möglich, insbesondere aus zwei Gründen: Zum einen hat die Volkswagen AG als Folge des deutlich gestiegenen Absatzes ihrer Produkte den vereinbarten Arbeitszeitkorridor nach oben in Anspruch genommen, so daß die 28,8-Stundenwoche bislang eher die Ausnahme war und noch wenig praktiziert wurde.[7]

Zum anderen kann nicht erwartet werden, daß fundamentale Einstellungen und Verhaltensweisen, die in Sozialisationsprozessen, die mehrere Generationen beanspruchten, herausgebildet worden sind, in kurzer Zeit verändert werden.

> *»Der nur eingeschränkte Zugewinn an individuell freier Zeit und an arbeitsseitigen Gestaltungsfreiheiten ist schnell im Alltag aufgefressen worden und hat bisher kaum zur Reflexion über Konsumgewohnheiten und Wohlstandsvorstellungen beigetragen; ein breiteres Re-Arrangement der Lebensführung unter sozialökologischer Perspektive ist bislang nicht erkennbar.«* (Hielscher, Hildebrandt 1997, S. 59).

Die vorliegenden empirischen Untersuchungen machen aber bereits deutlich, daß Akzeptanz und praktische Nutzung von Arbeitszeitverkürzungen entscheidend davon abhängen, ob eine langfristige Verlässlichkeit des Zeitgewinns und dessen Verfügbarkeit sichergestellt ist. Denn nur, wenn die betroffenen Personen ihre Zeitverwendung langfristig gestalten und ihre erwerbsarbeitsfreie Zeit zuverlässig in andere Bereiche investieren können, eröffnen sich für sie Chancen auf neue soziale (und vielleicht auch ökologische) Arrangements.

> *»Bei den befragten Beschäftigten in Emden deutet sich an, daß eine verläßliche Arbeitszeitverkürzung in Form einer tatsächlichen Vier-Tage-Woche über einen Zeitraum von fast zwei Jahren hinweg zu deutlich veränderten Zeitplanungen und Gestaltungsformen des Familienlebens geführt hat. Der Wunsch nach einer Fortsetzung der Vier-Tage-Woche kann hier als Folge positiver Erfahrungen interpretiert werden und verweist auf die Chancen dieses Arbeitszeitmodells. Die Beschäftigten erfahren und bewerten den Zugewinn an Freizeit als Erhöhung ihrer Lebensqualität und sind dafür auch zu einem Lohnverzicht – solange er sich in Grenzen hält – bereit. Dies erscheint nicht nur im Hinblick auf die hohe Zahl erwerbsloser Menschen in der Bundesrepublik relevant, sondern auch hinsichtlich einer*

*gesamtgesellschaftlichen Neuverteilung von Arbeit, die auch das
Geschlechterverhältnis in den Blick nimm.« (Jürgens, Reinecke
1997, S. 327).*

7. Drittes Gedankenexperiment: »Vollbeschäftigung neuen Typs«

Erwerbsarbeitslosigkeit ist in ökonomischer Sicht interpretierbar als »Überangebot« an Arbeitskraft. Ein Marktausgleich kann daher angestrebt werden entweder

- über eine Steigerung der Nachfrage oder
- eine Verringerung des Angebots (Offe 1997).

»Überflüssige« Arbeitskraft vom Markt nehmen

Die »Vermehrung der Erwerbsarbeit« ist in der Vergangenheit bereits an Schranken gestoßen und wird auch in Zukunft nicht unbegrenzt möglich sein. Beschäftigungspolitik muß daher auch an die Beeinflussung der anderen Seite des Arbeitsmarktes denken. Wird die herrschende Arbeitslosigkeit als deutliches »Überangebot« an Erwerbsarbeit suchenden Personen verstanden, wäre – zunächst in einem Gedankenexperiment – eine neue *verallgemeinerbare* durchschnittliche Normalarbeitszeit zu bestimmen.

Werden bei der Bestimmung dieser erwünschten neuen Normalarbeitszeit alle Erwerbsarbeit suchenden Personen einbezogen, läge gegenwärtig die neue, gesellschaftlich verallgemeinerbare Normalarbeitszeit bei 30 oder 32 Stunden pro Woche (oder einer entsprechenden Jahresarbeitszeit).

Mit dieser Definition einer neuen Vollzeitbeschäftigung wäre eine Orientierungsmarke nicht nur für die Individuen und ihre Familien, sondern auch für betriebliche Interessenvertretungen, Tarifparteien und staatliche Politiken gesetzt. Eine »Vollbeschäftigung neuen Typs« wäre nach dieser Definition dann erreicht, wenn Erwerbsarbeit im Umfang dieser neuen Normalarbeitszeit allen Erwerbsarbeit suchenden Personen angeboten werden könnte.

Die neue Normalarbeitszeit ist nun nicht als starre Norm, von der keine Abweichungen möglich sind, zu verstehen. Sie sollte aber auf allen Ebenen der Regulation Leitbild setzend sein und nachdrücklich gefördert werden. Gerade eine solche, grundsätzlich verallgemeinerbare »Norm« macht flexible Abweichungen möglich, ohne daß die Individuen Einbußen an sozialer Sicherheit hinnehmen müßten.

Eine die »Vollbeschäftigung neuen Typs« anstrebende Politik könnte sich verschiedener Strategien bedienen:

(1) Stärkung individueller Rechte
Wie Untersuchungen des Deutschen Instituts für Wirtschaftsforschung belegen, wünschen sich rund ein Drittel der Erwerbstätigen Arbeitszeiten von dreißig Wochenstunden und weniger (DIW 1994). Nur einem kleinen Teil dieser Personen gelingt es – wegen einer Vielzahl behindernder Bedingungen – als individuelle ›Zeitpioniere‹ ihre Wünsche nach kürzeren Arbeitszeiten zu realisieren (Hörning u. a. 1991).

Wenn gegenwärtig eine Reihe von Regelungen z.B. des Sozialversicherungsrechts der individuellen Inanspruchnahme persönlicher Zeitwünsche entgegenstehen und nicht zuletzt arbeitspolitisch kontraproduktiv wirken, so sind diese Hindernisse mit Blick auf eine »Vollbeschäftigung neuen Typs« zu prüfen und nach Abhilfemöglichkeiten zu suchen. Modelle individuell variierender Arbeitszeiten sind zu erproben und durch entsprechende Gesetzgebung zu unterstützen. Beispielsweise ist daran zu denken, Verhandlungsrechte zur Durchsetzung von individuellen Zeitoptionen zu schaffen (Matthies u. a. 1994).

(2) Arbeitszeitgesetz
Eher am anderen Ende der »Freiwilligkeitsskala« rangiert die Möglichkeit, mit direkten staatlichen Eingriffen die Erwerbsarbeit oberhalb der vereinbarten neuen Normalarbeitszeit zu verhindern. Ein solcher Eingriff wäre angesichts unterschiedlicher betrieblicher Problemlagen und differierender Arbeitszeit- und Einkommenswünsche verschiedener Personengruppen allerdings kaum wünschenswert und wohl auch nicht durchsetzbar.

Die gesetzlichen Rahmenbedingungen sind mit Blick auf eine allgemeine Arbeitszeitverkürzung und eine solidarische Arbeitsumverteilung wesentlich zu verbessern. Zu denken ist beispielsweise an eine gesetzliche Definition einer wünschenswerten Jahreshöchstarbeitszeit mit wirksamen Restriktionen für Mehrarbeit. Möglich ist auch eine schrittweise Verschärfung des Arbeitszeitgesetzes und eine Mehrarbeitsbegrenzung auf 40 Stunden pro Woche.

(3) Tarifverträge und Betriebsvereinbarungen
Auf einer mittleren Eingriffstiefe liegen Vereinbarungen zwischen Tarifparteien. Gewerkschaften können ihre Politik der Senkung von Wochenarbeitszeiten wieder verstärken. Klaus Zwickel, Vorsitzender der Industriegewerkschaft Metall, hat im Frühjahr 1997 die innergewerkschaftliche Diskussion wieder eröffnet und die Forderung nach Einführung der 32-Stunden-Woche erhoben.

Bereits 1996 haben die Tarifparteien in der Metallindustrie nach dem Muster des VW-Modells Flächentarifverträge zur Beschäftigungssicherung abgeschlossen, die es erlauben, zur Abwehr von Entlassungen *Betriebsvereinbarungen über Arbeitszeitverkürzungen* zu treffen. In Unternehmen, in denen Entlassung drohen, können seitdem Betriebsräte beschäftigungssichernde Arbeitszeitverkürzungen mit Hilfe der Einigungsstelle notfalls auch gegen die Unternehmensleitungen durchsetzen.[8]

In einem nächsten Schritt könnten Tarifverträge und Betriebsvereinbarungen ergänzt werden um Regelungen, die betriebsbedingte Kündigungen solange ausschließen, wie die durchschnittliche betriebliche Arbeitszeit höher liegt als die vereinbarte Normalarbeitszeit »neuen Typs« zum Beispiel von 30 Stunden pro Woche.

(4) Bonus-Malus-Regelungen
In die Überlegungen zur Verkürzung der durchschnittlichen Erwerbsarbeitszeiten können indirekt wirkende »weiche Instrumente« einbezogen werden. Sie sollen einen sanften, aber wirksamen Sog in Richtung auf Verkürzung und Neuverteilung von Erwerbsarbeitszeit ausüben.Ein solcher Weg wird seit kurzem unter der Chiffre »Bonus-Malus-Modell« diskutiert (z.B. Arbeitsgruppe Umverteilung der Arbeit 1995, Beck 1997, Spitzley 1997).

Die Grundidee ist einfach:
Arbeitszeiten, die ein bestimmtes Volumen im Sinne der »Normalarbeitszeit neuen Typs« nicht übersteigen, werden finanziell bevorzugt, etwa indem sie ganz oder teilweise von Einkommensteuern und/oder Sozialabgaben freigestellt werden (Bonus).

Andererseits sind Einkünfte, die in darüber hinausgehenden Arbeitszeiten erzielt werden, entsprechend stärker zu belasten (Malus).

In der Regel sind Bonus-Malus-Systeme aufkommensneutral ausgestaltet, so daß öffentliche Haushalte oder Sozialversicherungsträger nicht belastet werden.

Dies ist zunächst ein rohes Gedankenmodell, das wahrscheinlich eine Menge Fußangeln und Missbrauchsgefahren in sich birgt. Diese wären in einer offenen Diskussion sorgfältig zu prüfen und bei der praktischen Ausgestaltung auszuschalten.

Bonus-Malus-Systeme können auf verschiedenen Regulationsebenen eingesetzt werden. Der Gesetzgeber kann sie ins Steuer- und Abgabenrecht integrieren und damit allgemein wirksam werden lassen. Aber auch die Tarifvertragsparteien und betriebliche Akteure können Bonus-Malus-Systeme nutzen. Mit Blick auf arbeitsmarktpolitische Erfordernisse wären verkürzte Normalarbeitszeiten in Tarifverträgen zu vereinbaren. Arbeitszeiten, die diese Grenze einhalten oder unterschreiten, werden mit einem prozentualen Einkommenszuschlag (Bonus) gefördert, während längere Arbeitszeiten mit einem Abschlag (Malus) belastet werden. Kürzere Arbeitszeiten könnten an Attraktivität gewinnen, Überstunden würden abgebaut und die beschäftigungspolitisch gewünschte Verkürzung und Umverteilung von Arbeitszeit würde sanft, aber nachhaltig gefördert.

Die Anwendung von Bonus-Malus-Systemen in der Arbeitszeitpolitik stellt eine konzeptionell noch wenig entwickelte Handlungsperspektive dar. Vielleicht liegen aber gerade in dieser Offenheit Chancen für konsensuale Ausgestaltungen.

8. Viertes Gedankenexperiment:
Interessenvertretung der »ganzen Arbeit«

Obwohl Menschen in allen vier Feldern der pluralen Ökonomie
Zeit investieren und gesellschaftlichen Reichtum schaffen, gibt es
für wesentliche Sektoren keine wirkungsvolle Interessenorganisation. Kann die Vertretung der »ganzen Arbeit« von bestehenden
Organisationen – z. B. den Gewerkschaften – übernommen werden?

Gewerkschaften sind entstanden und verstehen sich bislang
überwiegend als Interessenvertretung der Erwerbsarbeiter und Erwerbsarbeiterinnen. Ihr Ziel ist vor allem, den Abbau von Erwerbsarbeitsplätzen zu bekämpfen, die Arbeitsbelastungen zu begrenzen,
qualifiziertes Arbeiten zu ermöglichen und möglichst hohe Erträge
in Form von Einkommen zu erzielen. Auch setzen sie sich für die
soziale Absicherung der ErwerbsarbeiterInnen durch Kranken- und
Rentenversicherungen ein (ausführlich: Deutscher Gewerkschaftsbund 1997).Vergleichbare Interessenvertretungen fehlen bislang in
den drei anderen Feldern der pluralen Ökonomie.

Erweiterung des gewerkschaftlichen Blickfeldes

Es ist absehbar, daß die Unternehmen den Anstieg der Arbeitsproduktivität auch in Zukunft dazu nutzen werden, Erwerbsarbeitsplätze abzubauen. Wenn aber die Zahl der Erwerbstätigen
schrumpft, reduziert dies die Zahl der organisierbaren und tatsächlich organisierten Gewerkschaftsmitglieder. Die Folge ist, daß
Gewerkschaften Kampfpotential, Durchsetzungsfähigkeit und politischen Einfluß einbüßen. Wachsende Erwerbsarbeitslosigkeit
beeinträchtigt daher die Funktionsfähigkeit von traditionellen
Gewerkschaften. Angesichts von wachsender Massenarbeitslosigkeit müssen sich Gewerkschaften daher auch aus organisationspoli-
tischen Eigeninteressen mit allen Mitteln für eine Verkürzung und
Verteilung von Erwerbsarbeitzeit engagieren.

Arbeitszeitverkürzung kann dabei ausschließlich als defensive
Strategie, als ›Umverteilung von Erwerbslosigkeit‹ verstanden und
entsprechend begeisterungslos verfolgt werden.

In einem erweiterten Verständnis ist Verkürzung der Erwerbsarbeitszeit aber auch positiv zu interpretieren, als eine historisch neue Chance, über mehr freie Zeit verfügen und diese auch nutzen zu können für die übrigen Felder der pluralen Ökonomie, für neue, positiv verstandene Mischungsverhältnisse der vier »Ökonomien«, für unterschiedliche Arbeitsbiographien. Dies eröffnet Perspektiven auf ein »gutes Leben«, das nicht nur auf wachsende Geldeinkommen und Konsumniveaus, sondern auch auf vermehrten, fair verteilten »Zeitwohlstand« und individuelle Gestaltungsfreiheiten abzielt.

Unter Beibehaltung ihrer angestammten Funktion als Interessenorganisation der Erwerbstätigen können die Gewerkschaften also neue Aufgabenfelder besetzen und sich als Interessenorganisation der »ganzen Arbeit« betätigen.

Eine erweiterte Gewerkschaftspolitik könnte also Menschen nicht nur in ihrer Rolle als Erwerbsarbeiter und Erwerbsarbeiterinnen wahrnehmen, sondern sie als »ganze Personen« vertreten, die Entwicklung der »ganzen Arbeit« in den Blick nehmen und in einer neuen symbiotischen Balance alle vier Sektoren der Arbeit vertreten.[9]

Nehmen Gewerkschaften diese Aufgaben an, könnten sie einerseits ihre Mitglieder in den über die Erwerbsarbeit hinausreichenden Tätigkeitsfeldern vertreten und dabei ihre Nützlichkeit auch in außerbetrieblichen Lebenswelten unter Beweis stellen, andererseits ihren Organisationsbereich auf zusätzliche Tätigkeitsfelder und Personengruppen ausdehnen. Warum sollte nicht das Aufgabengebiet der bestehenden Einzelgewerkschaften entsprechend erweitert werden oder aber auch sich eine »Gewerkschaft der EigenarbeiterInnen« im Deutschen Gewerkschaftsbund organisieren und aktiv werden? Wenn den Gewerkschaften diese Erweiterung ihres Aufgabenfeldes nicht gelingt, ist zu erwarten, daß andere Organisationen diese Lücke füllen und die vernachlässigte Interessenvertretung einzelner Bereiche oder der »ganzen Arbeit« übernehmen werden.

9. Arbeit im Übergang zum 21. Jahrhundert

Welche Arbeit wollen wir? In diesem Beitrag sollte deutlich werden, daß – jenseits von Wirtschaftswachstum und Spaltung der Gesellschaft – Optionen auf eine solidarische Verteilung der gesellschaftlichen Arbeiten denkbar sind.

Welche Verbindungen bestehen nun zwischen der Verkürzung und Umverteilung von Erwerbsarbeit und der Bewältigung ökologischer Krisen? Hierzu sind – soweit ich sehe – keine empirischen Aussagen möglich. Die Arbeitszeitverkürzung bei der Volkswagen AG ist teils zu jung, teils bislang zu unvollkommen praktiziert worden, als daß bereits zuverlässige Antworten gegeben werden könnten. Untersuchungen zur optionalen individuellen Arbeitszeitverkürzung, zu ›Zeitpionieren‹, sind wenig aussagefähig, da ökologische Fragen darin bislang kaum thematisiert wurden (vgl. z.B. Hörning u.a. 1991). Die übrige arbeitszeitpolitische Forschung hat die Frage nach Tätigkeiten in anderen Feldern der pluralen Ökonomie bisher weitgehend unberücksichtigt gelassen.[10] Es ist daher unbekannt, was Menschen in der durch Arbeitszeitverkürzung gewonnenen Zeit tatsächlich tun oder tun würden. Hier besteht also ein erheblicher Forschungsbedarf.

Gegenwärtig können nur Fragen formuliert und erste Plausibilitätsabwägungen angestellt werden. Zunächst sei aus ökologischer Sicht aber vor einem allzu raschen Lob der Eigenarbeit gewarnt. Denn Arbeitszeitverkürzung und hieraus möglicherweise resultierende vermehrte Eigenarbeit müssen nicht zwangsläufig zur Schonung der Umwelt führen. Zum einen könnte eine vergleichsweise niedrige Produktivität von Eigenarbeit zu erhöhter, noch rücksichtsloserer Ausbeutung der Natur veranlassen. Zum anderen scheint nicht ausgeschlossen, daß vermehrte »Freizeit« zu einer weiteren Unterwerfung unter die Anforderungen der Freizeitindustrien (zusätzliche Konsumartikel, Vergnügungsparks, Fernreisen ...) führt. Verkürzung der Erwerbsarbeit allein garantiert daher keine ökologieverträglicheren Lebensweisen.

Dennoch spricht einiges dafür, daß Arbeitszeitverkürzungen und eine Aufwertung der anderen Sektoren der pluralen Ökonomie auch ökologische Chancen eröffnen kann:

1. In hochentwickelten Industriegesellschaften ist Erwerbsarbeit oft gekoppelt an die Nutzung globaler Ressourcen und den Einsatz harter Produktionstechniken. Dies führt zu entsprechenden Umweltverbräuchen und tiefen Eingriffen in die Stoffwechselprozesse der Natur. Im Vergleich hierzu muten die Eingriffsmöglichkeiten der Eigenarbeit bescheiden und harmlos an. Die Gefahr der Umweltzerstörung scheint bei vermehrter Eigenarbeit daher tendenziell geringer.

2. Hinzukommt, daß die Entscheidungsprozesse und Verantwortlichkeiten in den beiden Feldern der Arbeit grundsätzlich verschieden sind. Während Entscheidungen in der formellen Ökonomie vielfach weit vom Wirkungsort entfernt und von Personen gefällt werden, die die Auswirkungen ihrer Entscheidungen nicht unmittelbar zu Gesicht bekommen, sind die Rückkopplungswirkungen bei Eigenarbeit in der Regel direkter. Dies könnte dazu führen, daß EigenarbeiterInnen lokal begrenzt und umweltverträglicher wirtschaften, da die Rückwirkungen auf sie und die Personen der engeren Umgebung unmittelbarer erfahren werden.

3. Unbefriedigende Erwerbsarbeit und kompensatorischer Konsum sind zwei Seiten der gleichen Medaille. Es kann daher die These vertreten werden, daß »mehr freie Zeit« den Umfang kompensatorischer Kaufentscheidungen vermindert und umweltbewußteres Konsumverhalten ermöglicht.

4. Schließlich ist zu bedenken, daß in die kapitalistische Ökonomie Mechanismen des »Immer-Mehr«, der Unersättlichkeit, eingebaut sind und zum Beispiel ökologisch motivierte Begrenzungen der Wirtschaftstätigkeit erschweren oder gar verunmöglichen. Dagegen haben selbstgesteuerte EigenarbeiterInnen eher Möglichkeiten zu einer bewußten und freiwilligen Begrenzung ihrer Arbeit und zur Entwicklung einer Kultur der Genügsamkeit.

Ökosoziales Zukunftsprojekt

Die Verkürzung der Erwerbsarbeit ist ein wichtiges Element eines ökosozialen Zukunftsprojekts der Arbeit. Denn vieles spricht dafür, daß ohne eine Verkürzung der durchschnittlichen Erwerbsarbeitszeit, ohne eine solidarische Umverteilung von Erwerbsarbeit kein

Weg herausführt aus Massenarbeitslosigkeit und gesellschaftlicher Spaltung.

Zukunftsprojekte der Arbeit lassen sich freilich nicht einfach auf Zeitpolitik reduzieren. Zuviel anderes ist ebenfalls erforderlich: Wandel individueller und gesellschaftlicher Ziele, angepasste Technologien, Räume, Rechte, Bildung, um nur einige zu nennen.

Zeit ist dabei nur eines der erforderlichen, aber jedenfalls unverzichtbaren Elemente. Denn kürzere Erwerbsarbeitszeiten sind eine Voraussetzung dafür, daß mehr Zeit in die anderen Felder der pluralen Ökonomie investiert werden kann. Freilich setzt dies auch Veränderungen von kulturellen Mustern bei möglichst vielen Menschen und entsprechende Unterstützung durch Politik, Institutionen und Organisationen voraus. Hierbei geht es nicht um starre Regulierung von oben, sondern um das Akzeptieren und Fördern neuer (verallgemeinerbarer!) Leitbilder und die Schaffung von Möglichkeiten, bestehende Zeitwünsche und Optionen auf Tätigkeiten in anderen Feldern der pluralen Ökonomie auch wirklich realisieren zu können. Durch Aktivitäten von oben können Initiativen von unten wesentlich gefördert werden. Dabei sind für die Individuen neue Qualitäten des Lebens zu entdecken und für die Politik neue Handlungschancen. In dieser Perspektive ist Verkürzung und Umverteilung von Arbeit ein wichtiges, paradigmatisches Projekt im Übergang zum 21. Jahrhundert, ein Baustein für eine zukunftsfähige Gesellschaft.

Anmerkungen

1 Die Strategie der drastischen Reduktion von Arbeitsplätzen, schönfärberisch Verschlankung genannt, beschert den Unternehmen einen bemerkenswerten Nebeneffekt. Denn hohe Erwerbslosigkeit stärkt ihre strategische Stellung auf dem Arbeitsmarkt. Diese nutzen sie zur Steigerung der Arbeitsintensität und diese wiederum zum Personalabbau. Eine beschäftigungspolitische Talfahrt ohne Ende?

2 Ein bedenkenswerter Tipp(?)fehler. Statt »60 Stunden und mehr pro Monat« meint Radermacher ganz zweifellos pro Woche. War der Verfasser mit seiner extrem verdichteten und extrem langen Arbeit im entscheidenden Augenblick unaufmerksam? Oder wollte hier eine »zuarbeitende« Sekretärin ihrem »kernarbeitenden« Chef einen nützlichen Denkzettel verpassen? Vielleicht haben sich aber auch vom Autor verdrängte Wünsche ans Licht gewagt und zu Wort gemeldet.

3 Der Begriff ›plurale Ökonomie‹ wird mit etwas anderer Bedeutung auch bei Roustang u. a. (1996) und Seguin (1996) verwendet; siehe Senghaas-Knobloch (1997).

4 Dies gilt nur solange, wie davon ausgegangen werden kann, daß die Wohlstandsgewinne von Produktivitätssteigerungen höher sind als die durch menschliche Produktionsprozesse »nebenbei« verursachten Zerstörungen (vgl. Leipert 1989).

5 Siehe z.B. ADRET 1977, Hörning u. a. 1991, Kurz-Scherf 1993, Ullrich 1993, Ulich 1994, Stratmann-Mertens 1995, Loske u. a. 1996, Biesecker 1997.

6 Redebeitrag auf dem Fachgespräch ›Nachhaltiges Konsumverhalten‹ des Umweltbundesamtes am 9. Mai 1996 in Berlin

7 Die durchschnittlich tatsächliche Arbeitszeit in den VW-Werken lag 1996 bei 32 Wochenstunden.

8 Derzeit ist nicht bekannt, in welchem Umfang diese Vereinbarungen genutzt werden und wie sie sich in der Praxis bewähren. Sie sind zunächst für besondere betriebliche Notsituationen konzipiert. Es wäre aber zu prüfen, ob sie zur Bekämpfung der »allgemeinen Notsituation«, der gesellschaftlichen Massenarbeitslosigkeit genutzt und mit ihrer Hilfe nicht nur Entlassungen vermieden, sondern auch Neueinstellungen erreicht werden können.

9 Vielfältige Ansätze zu einem erweiterten Selbstverständnis bietet das neue Grundsatzprogramm des Deutschen Gewerkschaftsbundes. Dort heißt es: »Wohlstand entsteht nicht nur durch Erwerbsarbeit. Auch Familien- und Erziehungsarbeit sowie ehrenamtliches Engagement leisten dazu einen wichtigen Beitrag. (...) Wohlstandsgewinn kann nicht nur in Einkommenszuwächsen, sondern muß auch im Zuwachs an erwerbsarbeitsfreier Zeit gesehen werden. (...) Phasen von Erwerbsarbeit und Nichterwerbsarbeit in der individuellen Lebensbiographie werden das künftige Bild der Arbeitsgesellschaft bestimmen. Erforderlich hierzu ist eine grundlegende soziale und rechtliche Absicherung.« (Deutscher Gewerkschaftsbund 1997, S. 9f).

10 Eine Ausnahme bildet die Vereinbarkeitsproblematik von Familie und Beruf (vgl. Michailow 1996, S. 51-55).

Literatur

ADRET (1977): Travailler deux heures par jour. Paris: editions du seuil

Arbeitsgruppe »Umverteilung der Arbeit« der SP Schweiz (1995): Wege zur doppelten 25-Stunden-Woche. Bern

Bach, H.-U., Spitznagel, E. (1994): Modellrechnungen zur Bewertung beschäftigungsorientierter Arbeitszeitverkürzungen. In: IAB-Werkstattbericht Nr. 2, Nürnberg

Bauer, F., Groß, H., Schilling, G. / Institut zur Erforschung sozialer Chancen (ISO) (Hg) 1996: Arbeitszeit '95. Düsseldorf: Ministerium für Arbeit, Gesundheit und Soziales des Landes Nordrhein-Westfalen

Beck, M. (1997): Für eine Trendwende in der Arbeitspolitik. Bonn: Manuskript.

Bergmann, F. (1990): Neue Arbeit (New Work). In: Jahrbuch Arbeit und Technik 1990. Bonn: Dietz

Bergmann, F. (1997): »Das Gold in den Köpfen heben«. In: DIE ZEIT vom 7. März 1997, S. 27

Biesecker, A. (1997): Neue Formen der Teilung und Verteilung von Arbeit. Bremer Diskussionspapiere zur Institutionellen Ökonomie und Sozialökonomie Nr. 20. Bremen: Universität Bremen

Deutscher Gewerkschaftsbund (1997): Die Zukunft gestalten. Grundsatzprogramm des Deutschen Gewerkschaftsbundes. Düsseldorf

Ende, M. (1973): Momo oder Die seltsame Geschichte von den Zeit-Dieben und dem Kind, das den Menschen die gestohlene Zeit zurückbrachte. Stuttgart: Thienemanns

Enzensberger, H. M. (1996): Reminiszenzen an den Überfluß. Der alte und der neue Luxus. In: Der Spiegel 51/1996, S. 108-118

Fourastie, J. (1954): Die große Hoffnung des zwanzigsten Jahrhunderts. Köln: Bund

Häußermann, H., Siebel, W. (1995): Dienstleistungsgesellschaften. Frankfurt: Suhrkamp

Hartz, P. (1994): Jeder Arbeitsplatz hat ein Gesicht. Die Volkswagen-Lösung. Frankfurt: Campus

Hartz, P. (1996): Das atmende Unternehmen. Frankfurt: Campus

Hielscher, V., Hildebrandt, E. (1997): Weniger arbeiten, besser leben? In: Politische Ökologie 50, S. 56

Hörning, K. H. u. a.: Zeitpioniere. Flexible Arbeitszeiten – neue Lebensstile. Frankfurt: Suhrkamp 1991

Holst, E., Schupp, J. (1994): Ist Teilzeitarbeit der richtige Weg? In: DIW-Wochenbericht Nr. 35/1994, S. 619.

Hondrich, K. O., Koch-Arzberger, C. (1994): Solidarität in der modernen Gesellschaft. Frankfurt / M.: Fischer

Illich, I. (1980): Selbstbegrenzung. Reinbek: Rowohlt

Institut der deutschen Wirtschaft (1995): Kaufkraft der Stundenverdienste – Zehn Eier in acht Minuten. In: iwd v. 15. Juni 1995, S. 8

Jugendwerk der Deutschen Shell AG (Hg), Arthur Fischer, Richard Münchmeier (1997): Jugend '97. Zukunftsperspektiven, gesellschaftliches Engagement, politische Orientierungen. Opladen: Leske + Budrich

Jürgens, K., Reinecke, K. (1997): Die »28,8-Stunden-Woche« bei Volkswagen: Ein neues Arbeitszeitmodell und seine Auswirkungen auf familiale Lebenszusammenhänge von Schichtarbeitern. In: H. Geiling (Hg): Integration und Ausgrenzung. Hannover: Offizin, S. 309-328

Klipstein v., M., Strümpel B. (1984): Der Überdruß am Überfluß. Die Deutschen nach dem Wirtschaftswunder. München: Olzog

Kurz-Scherf, I. (1993): Normalarbeitszeit und Zeitsouveränität. In: Seifert, H. (Hg): Jenseits der Normalarbeitszeit. Berlin: Sigma, S. 9-79

Leipert, C. (1989): Die heimlichen Kosten des Fortschritts. Wie Umweltzerstörung das Wirtschaftswachstum fördert. Frankfurt: Fischer

Loske, R. u. a.:, BUND/Misereor (Hg) 1996: Zukunftsfähiges Deutschland. Basel: Birkhäuser

Matthies, H., Mückenberger, U., Offe, C. u.a. (1994): Arbeit 2000. Anforderungen an eine Neugestaltung der Arbeitswelt. Reinbek: Rowohlt

Meinhardt, V,. Stille, F., Zwiener, R. (1994): Weitere Arbeitszeitverkürzungen erforderlich. Zum Stellenwert des VW-Modells. In: Wirtschaftsdienst 73 (1993), S. 639-644

Michailow, M. (1996): Ergebnisse der wissenschaftlichen Literatur zum Thema »Arbeitszeit« in Deutschland seit 1990. Rostock: Expertise für den Vorstand der Industriegewerkschaft Metall, Abteilung Frauen

Offe, C. (1997): Was tun mit dem »Überangebot« an Arbeitskraft? In: Gewerkschaftliche Monatshefte 4/1997, S. 239-243

Peters, J. (Hg.) (1994): Modellwechsel. Die IG Metall und die Viertagewoche bei VW. Göttingen: Steidl

Promberger, M., Rosdücher, J., Seifert, H., Trinczek, R. (1996): Beschäftigungssicherung durch Arbeitszeitverkürzung. Berlin: Sigma

Radermacher, F. J. (1996): Zukunft der Arbeit. Ulm: FAW (unveröffentlichtes Manuskript vom 20.11.96)

Redler E. (1991): Einladung zum Abenteuer Eigenarbeit, München

Redler, E./Horz, K. (1994): Langer Atem für die Eigenarbeit. Bilanz eines Forschungsprojektes, München

Roustang G., Laville J.-L., Eme B., Mothé D., Perret B. (1996): Vers un nouveau contrat social. Paris: Desclees de Brouwer

Scherhorn, G. (1994a): Pro- und post-materielle Werthaltungen in der Industriegesellschaft. In: Jahrbuch Ökologie 1995, S. 186-198

Schmid, G. (1994): Wettbewerb und Kooperation zwischen den Geschlechtern: Institutionelle Alternativen einer gerechten und effizienten Arbeitsmarktorganisation. In: Wolfgang Zapf, Meinhold Dierkes (Hg): Institutionenvergleich und Institutionendynamik. WZB-Jahrbuch 1994. Berlin: Sigma, S. 215-237

Seguin, P. (1996): En attendant l'emploi. Paris: Editions du seuil

Senatsverwaltung für Arbeit, Berufliche Bildung und Frauen (1996): Berliner Memorandum zur Arbeitszeitpolitik 2000. Berlin

Senghaas-Knobloch E. (1997): Ein neuer Gesellschaftsvertrag zur Versöhnung zwischen Ökonomie und Gesellschaft? In: W. Fricke (Hg.): Jahrbuch Arbeit und Technik 1997, Bonn, S. 427-430

Siebel, W. (1996): Dienstleistungsgesellschaft und Arbeitsmarkt. Oldenburg: Manuskript

Spitzley, H. (1997): Höchste Zeit für neue Zeiten? Grenzen und Möglichkeiten beschäftigungsorientierter Arbeitszeitgestaltung in Betrieb und Gesellschaft. Bremen, Dortmund: Manuskript

Statistisches Bundesamt (1995): Die Zeitverwendung der Bevölkerung, Tabellenband I. Wiesbaden: Selbstverlag

Stratmann-Mertens, E. (1995): Zeitwohlstand mit 1100 Jahresstunden. In: Belitz, W. (Hg.): Wege aus der Arbeitslosigkeit. Reinbek: Rowohlt, S. 83-102

Ulich, E. (1994): Schwindende Erwerbsarbeit als Chance? In: H. Ruh u. a.: Arbeitszeit und Arbeitslosigkeit. Zürich: ETH

Ullrich, O. (1993): Lebenserhaltende Tätigkeiten jenseits der Lohnarbeit. In: Fricke, W, Fricke, E. (Hg): 1993 Jahrbuch Arbeit und Technik. Bonn: Neue Gesellschaft

Vorholz, F. (1995): Die letzte Party. Ohne Ökoumbau droht der Kollaps. In: DIE ZEIT v. 13. Oktober 1995, S. 25

Weizsäcker, C. v. (1988): Die Arbeit als sinnstiftendes Zentrum des Lebens. In: Vorstand der SPD (Hg.): Materialien »Frauen brauchen mehr!«. Bonn 1988, S. 20-22.

Zeuner, B. (1995): Muße für alle als gewerkschaftliche Utopie. In: Gewerkschaftliche Monatshefte 7/1995, S. 406-413

Teil III
Zum Ganzen der Arbeit

Sabine Wolf

Erwerbsarbeit und Hausarbeit – Zum dualen Denken in der Ökonomik und seinen Folgen für das Geschlechterverhältnis

»In jeder Disziplin blickt der Wissenschaftler durch eine konstruktivistische Brille, die ihm ein bestimmtes Bild von Welt und vom Menschen vermittelt (...). Das Menschenbild wird also nach Vorstellungen, Anschauungen von Welt, wissenschaftlichen Methoden oder Denksystemen über den Menschen geprägt.« Bernd Biervert 1991, S. 42.

Seit ihrer Herausbildung setzt sich die Wirtschaftswissenschaft mit der Frage auseinander, wie Menschen und damit Gesellschaften Güter und Dienstleistungen produzieren, verwenden und verteilen. Um die aus diesem Zusammenhang erwachsenden Probleme methodologisch zu lösen, wurde ein Menschenbild konstruiert, das von »... Vorstellungen, Anschauungen von Welt, wissenschaftlichen Methoden oder Denksystemen über den Menschen geprägt« (Biervert 1991, S. 42) ist und dabei von der Geschlechtlichkeit der wirtschaftenden Menschen abstrahiert. Männer und Frauen tauchen nur als TrägerInnen ökonomischer Rollen, als Arbeitskräfte und KonsumentInnen, auf. Im Menschenbild der ökonomischen Theorie, dem Homo oeconomicus, kommen die jeweils »... eigenen, zeittypischen Rationalitäts- und Fortschrittserwartungen ...« (Ulrich 1993, S. 31) zum Ausdruck, so daß die in der Ökonomik verwendeten Menschenbilder immer auch Projektionen des wirtschafts- und sozialwissenschaftlichen Zeitgeistes sind. Im Rationalitätsverständnis der klassischen politischen Ökonomie und im Anschluß daran auch

194

bei Karl Marx spiegelt sich insofern der Zeitgeist der technisch-industriellen Rationalisierung der Wirtschaft im 19. Jahrhundert wider, als spezifische Annahmen in bezug auf die Handlungsorientierungen des Homo faber in die ökonomische Theorie transportiert wurden (Arendt 1981, S. 298 f.). Diese Handlungsorientierungen, die typisch für den Homo faber sind und die sich bis heute erhalten haben, bestehen in der »... Tendenz, alles Vorfindliche und Gegebene als Mittel zu behandeln; das große Vertrauen in Werkzeuge und die Hochschätzung der Produktivität im Sinne des Hervorbringens künstlicher Gegenstände; die Verabsolutierung der Zweck-Mittel-Kategorie und die Überzeugung, daß das Prinzip des Nutzens alle Probleme lösen und alle menschlichen Motive erklären kann ...« (Arendt 1981, S. 298). In Verbindung mit der Ablösung von einem ethisch-religiös begründeten Weltbild wurden ökonomische Grundsätze entfaltet, »... deren höchstes Ideal Produktivität und deren Vorurteil gegen nicht unmittelbar produktive Tätigkeiten ...« (Arendt 1981, S. 298) noch heute von der traditionellen Ökonomik getragen und vertreten werden: Neoklassische Konzeptionen basieren auf der Annahme, daß die nutzenorientierte Zweck-Mittel-Rationalität mit der Handlungsrationalität identisch gesetzt werden kann (Biervert/Wieland 1990, S. 13), weil die Menschen versuchen, ihren Nutzen zu maximieren.

Wenn Frauen in den Schriften der Ökonomen überhaupt erwähnt werden, erscheinen sie oft nur in Anmerkungen, Fußnoten oder Danksagungen. Es ist nicht deutlich, ob und inwieweit die als universell begriffenen ökonomischen Gesetze auch auf die Handlungen von Frauen zutreffen. Von den überwiegend männlichen Theoretikern wurden Frauen in erster Linie als Mütter und Ehefrauen wahrgenommen, der Status eigenständiger ökonomischer Akteure wurde ihnen nicht zugebilligt. Diese Sichtweise kann auf die rechtlich ungleiche Stellung der Frau im 19. Jahrhundert zurückgeführt werden. Eine Zeit, in der die Disposition über das Arbeitsvermögen einer Frau durch die Verwandtschaftsbeziehungen geregelt war. Die Verfügungsgewalt besaß entweder der Vater oder der Ehemann, so daß eine Frau nicht frei über ihr Arbeitsvermögen und ihre Arbeitsprodukte entscheiden konnte (Gerhard 1978, S. 181). Und »... as a consequence, normative decisions are made on their behalf regarding the place they should hold in the economy and in society.« (Pujol 1992, S. 1). Diese normative Entscheidungsgrundlage lieferte den Wirtschaftswissenschaftlern die Bezugnahme auf den Markt, weil durch die Bewertung von Arbeitsleistungen anhand der Kriterien »produktiv« oder »unproduktiv« die Tätigkeiten, die vor allem von Frauen geleistet wurden, explizit oder implizit als Ausnahme der entwickelten Regeln ausgelegt werden konnten.

Mit der werttheoretischen Differenzierung von Tätigkeiten durch die Kriterien »produktiv« bzw. »unproduktiv« legte die Klassische Theorie ein Fundament, das menschliche Handlungen nicht nur an den Markt koppelt, sondern den Markt zum zentralen Kriterium der Bewertung menschlicher Arbeitsleistungen und Arbeitsprodukte erhebt. Der Faktor zur Bestimmung des Werts ist der marktvermittelte Tausch, der sich in Preisen ausdrückt. Durch diese Begrenzung der Ökonomie auf den Markt werden nicht nur alle Tätigkeiten, die im Zuge der Industrialisierung zunehmend von Frauen verrichtet werden, aus der Analyse ausgeblendet, sondern sie werden auf diese Weise auch implizit bewertet. Der marktvermittelte Tausch (der Männer) wird zum normativen Bewertungskriterium, die gebrauchswertorientierten Arbeitsleistungen (von Frauen) werden als »unproduktiv«, als nicht wertschaffend bestimmt.

Ein erster und wesentlicher Schritt zur Veränderung des Geschlechterverhältnisses war die formaljuristische Gleichstellung von Frauen Anfang des 20. Jahrhunderts. Allerdings hatte die neuzeitliche Orientierung demokratischer Gesellschaften am Gleichheitsgrundsatz und hatten die damit verbundenen sozialen und wirtschaftlichen Wandlungen keinen Einfluß auf die ökonomische Theoriebildung. Die methodologische Abstraktion von der konkreten Körperlichkeit der handelnden Männer und Frauen verdeckt den Zusammenhang zwischen der Geschlechtlichkeit und den ökonomischen Rollen, so daß die Brillen, die Wirtschaftswissenschaftlern ein »... bestimmtes Bild von Welt und vom Menschen ...« (Biervert 1991, S. 42) vermitteln, jeweils ein »blaues« und ein »rosarotes« Glas zu haben scheinen.[1] Wie aber kann der unzeitgemäße Blick auf das Handeln von Männern und Frauen, der eine ungleiche Bewertung der ökonomischen Handlungsfelder »Erwerbsarbeit« und »Hausarbeit« nach sich zieht, verändert werden? Welche

Ansatzpunkte bestehen, um duale Denkweisen in der Ökonomik in bezug auf menschliche Arbeitsleistungen und damit auch auf das Geschlechterverhältnis zu überwinden?

1. Die »Hausarbeitsdebatte«

Die Feministische Forschung hat in den letzten zwanzig Jahren vielfältige Versuche unternommen, traditionelle Theoriebildung zu revidieren. Diese Versuche entspringen unterschiedlichen Theorietraditionen, so daß diese Ansätze heute komplex sind. Trotz theoretischer und konzeptioneller Unterschiede besteht in bezug auf die Wirtschaftswissenschaft eine grundlegende Gemeinsamkeit in der Zielsetzung: Die soziale Ungleichheit zwischen Männern und Frauen, die ihren Ausdruck in der geschlechtsspezifischen Arbeitsteilung und in der Frauendiskriminierung auf dem Erwerbsarbeitsmarkt findet, soll durch die ökonomische Theoriebildung eingefangen werden.

Bereits in den siebziger Jahren hat Feministische Forschung verdeutlicht, daß sich die »Hausarbeit« im Zuge der Industrialisierung als eigenständiger Arbeitsbereich herausbildet (Bock/Duden 1977). Die beiden neuen Arbeitsbereiche »Erwerbsarbeit« und »Hausarbeit« entstehen im Prozeß der Trennung zwischen »bezahlter« und »unbezahlter« Arbeit und bilden das Fundament für die geschlechtsspezifische Arbeitsteilung im Familienhaushalt (Dalla Costa 1973; Delphy 1985; Menschik 1985). Aber die geschlechtsspezifische Arbeitsteilung ist nicht nur ein historisches Phänomen, sondern zugleich ein konstitutives Element des Geschlechterverhältnisses, welches die Beziehungen zwischen Männern und Frauen in sozialer und wirtschaftlicher Hinsicht prägt und entsprechende Berücksichtigung durch die ökonomische Theorie erfahren sollte. Die Kritik der Feministischen Forschung wendet sich gegen den ahistorischen Charakter ökonomischer Theoriebildung, denn weder der Prozeß der Trennung zwischen »Erwerbsarbeit« und »Hausarbeit« und zwischen »bezahlter« und »unbezahlter« Arbeit noch die daraus resultierende Entstehung eines neuen Arbeitsbereichs, dem

Familienhaushalt, wurde zur Kenntnis genommen. Die Ausblendung und Nichtbewertung der »Hausarbeit«, die Frauen – sofern sie unbezahlte Hausarbeit verrichten – zu »non-economic creatures« (Folbre/Hartmann 1988, S.185) macht, wurde als »blinder Fleck« (Werlhof 1978) ökonomischer Theoriebildung bestimmt.

Die »Hausarbeitsdebatte«, die über zehn Jahre im Mittelpunkt Feministischer Diskurse stand, reflektiert die Diskussion um den »Arbeitsbegriff«, um das Verhältnis von »Erwerbsarbeit« und »Hausarbeit« und um die geschlechtsspezifische Arbeitsteilung im Familienhaushalt. Mit der Bezugnahme auf das von Marx und Engels 1845/46 in der »Deutschen Ideologie« formulierte Materialismus-Postulat,[2] das wissenschaftliche Erkenntnisse an den materialen Lebensprozeß bindet, versuchte die Feministische Forschung die werttheoretische Definition der »Hausarbeit« zu revidieren. Den konzeptionellen Ansatzpunkt bildete die Marx'sche Bestimmung des Herrschaftsverhältnisses von Lohnarbeit und Kapital und die Interpretation der aus der Mehrarbeit resultierenden »Ausbeutung von Arbeitskraft«, bei der die Hausarbeit ausgeblendet wird (Mitchell 1981; Millett 1985). Der Versuch, den Marx'schen »Arbeits- bzw. Produktionsbegriff« auf die »Hausarbeit« auszudehnen, zielte auf die Bestimmung der spezifischen (unbezahlten) Mehrarbeit im Produktionsprozeß ab, denn die

»... Geschlechterteilung der gesellschaftlichen Produktion im Kapitalismus kann nicht verstanden werden ohne Bezugnahme auf die Organisation des Haushaltes und die Ideologie der Familie. Damit ist das Hauptfeld der Beziehungen zwischen Männern und Frauen und der Herausbildung geschlechtsspezifischer Individuen benannt, das eng bezogen ist auf die Organisation gesellschaftlicher Produktion.« (Barrett 1983, S.165).

Bezugnehmend auf die Ergebnisse der englischen, US-amerikanischen und italienischen Feministischen Forschung wurde auch in der Bundesrepublik Deutschland der Frage nachgegangen, inwieweit die »Hausarbeit« zur Erzeugung von Mehrwert beiträgt (Backhaus u.a. 1981; Beer 1983; Werlhof 1983). Die »Hausarbeit« wurde als gesellschaftlich wichtige und nützliche, aber nichtmarktvermittelte Tätigkeit bestimmt. Sie wurde als spezifisch weibliche Arbeitsform charakterisiert und der »Erwerbsarbeit« gegenübergestellt. Zentrales Kennzeichen dieser Debatte war der Versuch, das Verhältnis von weiblicher Hausarbeits- und männlicher Lohnarbeitskraft in bezug auf die kapitalistische Akkumulation zu bestimmen, wobei die Hausarbeit explizit unter den Produktionsbegriff subsumiert wurde. Um dabei alle potentiellen Konflikte zwischen Männern und Frauen im Familienhaushalt erfassen zu können, wurde der »Arbeitsbegriff« auf alle Handlungen ausgedehnt, die das Fortbestehen menschlicher Gesellschaften gewährleisten (Hartmann 1981). Der Begriff Hausarbeit wurde auf alle im Familienhaushalt von Frauen geleisteten Tätigkeiten, wie Kindererziehung, »Beziehungsarbeit« (Kontos/Walser 1979), die körperlichen Beziehungen zwischen Mann und Frau oder die »Gebärtätigkeit« (Firestone 1975) erweitert.

Werttheoretisches Ergebnis der »Hausarbeitsdebatte« war, daß die unbezahlten Reproduktionsleistungen von Frauen zum einen die »Ware Arbeitskraft« des Mannes verbilligen, und daß sie zum zweiten den »Mehrwert« steigern. Durch die Übertragung des Marxschen »Ausbeutungsbegriffs« auf die »Hausarbeit« konnten Frauen in beiden Arbeitsbereichen, also in der »Erwerbsarbeit« und in der »Hausarbeit«, als »ausgebeutet« bestimmt werden (Delphy 1985; Werlhof 1978; Folbre 1982). Diese Auseinandersetzung mit der »Hausarbeit« lieferte die Grundlage zur Erklärung der »gesellschaftlichen Ursprünge der geschlechtlichen Arbeitsteilung« (Mies 1988) und zur »Bestimmung der geschlechtlichen Arbeitsteilung im Kapitalismus« (Bennholdt-Thomsen 1983). So argumentierte Veronika Bennholdt-Thomsen aufgrund ihrer Auseinandersetzung mit der geschlechtsspezifischen Arbeitsteilung, daß alle Frauen in erster Linie Hausfrauen sind, während den Männern zahllose Beschäftigungsmöglichkeiten offenstehen und resümierte, »... die Tätigkeiten der Frauen sind durch ihr Geschlecht bestimmt, die der Männer nicht.« (Bennholdt-Thomsen 1983, S.196).

Mit dieser Konzeption konnte die »Hausarbeit«, die vor allem Frauen verrichten, zwar als Bestandteil der im Kapitalismus geleisteten Arbeit bestimmt werden, aber im Gegensatz zur Lohnarbeit war und ist sie »unbezahlte« Arbeit. Wenngleich die im Rahmen der »Hausarbeitsdebatte« erfolgten Versuche der werttheoretischen Bestimmung der »Hausarbeit« die ökonomische Theorie letztlich nicht verändern konnten, so haben die diskutierten Positionen etwas qualitativ Neues hervorgebracht. Diese qualitative Neuerung, die zugleich als Herausforderung an die ökonomische Theorie zu verstehen ist, besteht in dem Versuch, den »Arbeitsbegriff« auf die »Hausarbeit« auszuweiten, um auf dieser Grundlage die vor allem von Frauen geleisteten Tätigkeiten überhaupt theoretisch fassen zu können.

In Auseinandersetzung mit den kritischen Einwänden gegenüber den methodischen Defiziten der »Hausarbeitsdebatte«[3] und verbunden mit der Einsicht, daß vor allem methodologische Grundlagen zu überprüfen sind, ist inzwischen die Frage nach der Bedeutung von Geschlechtlichkeit für die Ökonomik in den Mittelpunkt feministischer Erklärungsansätze gerückt. Die Feministische Forschung charakterisiert die Ökonomik als »einseitig«, »patriarchal« oder »geschlechtsblind« (Knapp 1986; Rudolph 1986; Werlhof/ Mies/Bennholdt-Thomsen 1988) und wählt, da im Homo oeconomicus noch immer ausschließlich »maskuline« Eigenschaften zum Ausdruck kommen, die Auseinandersetzung um das Menschenbild der ökonomischen Theorie als einen möglichen Ansatzpunkt.

Welche neuen Überlegungen, die Wirtschaftstheorie zu verändern, diese Diskussion hervorbringt, wird im Anschluß an die Auseinandersetzung mit den New Home Economics aufgezeigt, einem Ansatz, der bereits in den sechziger Jahren haushaltsbezogene Tätigkeiten berücksichtigt und bewertet hat.

2. Die Entdeckung der »Hausarbeit« durch die New Home Economics

Mit der Entwicklung einer neuen Konsumtheorie (Lancaster 1966) wurde ein Grundstein für die Untersuchung geschlechtsspezifischer Problemstellungen gelegt. Die darauf aufbauende Ausweitung des ökonomischen Gegenstandsbereichs auf den Familienhaushalt durch Becker (1965; 1993) macht im Rahmen des neoklassischen Theoriegebäudes auf den Zusammenhang zwischen bezahlter Erwerbsarbeit und unbezahlten Tätigkeiten im Familienhaushalt aufmerksam. Diese als New Home Economics bezeichneten Ansätze berücksichtigen die nichtmarktvermittelten haushaltsspezifischen Tätigkeiten und die das Geschlechterverhältnis im Familienhaushalt bestimmende Arbeitsteilung zwischen Mann und Frau. Damit verbunden ist die explizite Bewertung der im Haushalt geleisteten Tätigkeiten. Die wesentliche Neuerung ist die Bestimmung der »Hausarbeit« als Einheit von Konsum und Produktion: Im Familienhaushalt wird nicht mehr nur konsumiert, sondern es werden »Güter« für den eigenen Verbrauch produziert. Zu diesen »Gütern« zählen auch Kinder, Status, Gesundheit und Vergnügen (Becker 1993). Eine methodische Voraussetzung zur Bewertung der »Hausarbeit« ist die Verwendung eines geschlechtsunabhängigen Handlungsmodells, daß von eigennützig handelnden Individuen ausgeht, die alle dasselbe Ziel verfolgen: die Maximierung ihres Nutzens trotz knapper Mittel.

Die Ausgangsannahme zur Erklärung der Arbeitsteilung im Familienhaushalt ist, daß der Nutzen für alle Familienmitglieder steigt, wenn sich Mann und Frau auf jeweils einen Arbeitsbereich, also auf »Erwerbsarbeit« oder »Hausarbeit«, spezialisieren. Durch diese Form der Arbeitsteilung entsteht ein komparativer Kostenvorteil für den Familienhaushalt. Die zentralen Kriterien für alle haushaltsspezifischen Entscheidungen sind relative Preise und Einkommen, somit werden alle Tätigkeiten, die Männer und Frauen im Familienhaushalt verrichten, durch die Kategorien Geld und Zeit bestimmt. Die Zielsetzung der Familie besteht in einer Wohlfahrtsteigerung, so daß sie ihre Zeit gemäß den komparativen Kostenvorteilen bereitstellen muß. Unter Verwendung des Humankapitalansatzes[4] (Becker 1962), der geschlechtsspezifische Unterschiede im Humankapital berücksichtigt, wobei unterstellt wird, daß Frauen – ihrer »Natur« entsprechend – besondere Präferenzen für haushalts- und familienbezogene Tätigkeiten haben (Becker 1981, S. 21 f.), und der Zeitallokationstheorie (Becker 1965) wird die innerfamiliale Arbeitsteilung bestimmt. Der komparative Vorteil ist das Ergebnis einer effizienten Zeitallokation des Paares und findet seinen Ausdruck in der Senkung haushaltsspezifischer Kosten (Becker 1993, S. 232). Die Entscheidung, wer sich auf welchen Tätigkeitsbereich spezialisiert, wird in Beziehung zu den Verdienstmöglichkeiten auf dem Erwerbsarbeitsmarkt gestellt. Da in den meisten Fällen die Frau diejenige ist, die geringere Verdienstmöglichkeiten hat, ist es nach den New Home Economics ökonomisch rational, daß sie sich auf »Hausarbeit« spezialisiert.

Durch die Ausweitung des Arbeitsbegriffs haben die New Home Economics die traditionelle Ökonomik verändert. Die »unproduktive« und unbezahlte Arbeit im Familienhaushalt wird als Einheit von Produktion und Konsumtion bestimmt, wird bewertet. Im Gegensatz zur normativ ungleichen Bewertung der Handlungsfelder »Erwerbsarbeit« und »Hausarbeit« durch die traditionelle Theorie, haben die New Home Economics durch die Integration des Familienhaushalts in die ökonomische Analyse versucht, diese beiden Handlungsfelder gleichwertig zu untersuchen. Gelungen ist dies jedoch nicht. Die Spezialisierung von Frauen auf »Hausarbeit« verschafft zwar dem Familienhaushalt einen komparativen Kostenvorteil, stellt aber einen Nachteil für die Frauen derart dar, daß sie nur ihr haushaltsspezifisches, nicht aber ihr erwerbsspezifisches Humankapital steigern. Diese Form der Arbeitsteilung führt dazu, daß eine Frau in bezug auf potentielles Einkommen gegenüber ihrem Ehemann ungleich gestellt wird. Die New Home Economics unterstellen einer Frau, die keiner oder nur teilweise einer Erwerbstätigkeit nachgeht, daß sie nicht bzw. unzureichend in ihr Humankapital investiert, so daß der undurchbrechbare »Teufelskreis ökonomischer Rationalität« (Ott 1993, S. 115), den dieser Erklärungsansatz konstruiert, wie folgt bestimmt werden kann: »Frauen spezialisieren sich auf Hausarbeit, weil sie geringere Verdienstmöglichkeiten am Arbeitsmarkt haben, und sie haben geringere Verdienstmöglichkeiten, weil sie auf Hausarbeit spezialisiert sind.« (Zameck-Glyscinski 1985, S. 360).

Mit der differenzierten Analyse des Familienhaushalts, die sowohl zwischen »Erwerbsarbeit« und »Hausarbeit« als auch zwischen Männern und Frauen unterscheidet, haben die New Home Economics das Menschenbild der Mainstream Economics allerdings dennoch entscheidend modifiziert. Der Homo oeconomicus hat eine geschlechtliche Komponente bekommen; er wird nicht mehr nur mit maskulinen Eigenschaften ausgestattet, sondern jetzt auch mit femininen, ist demzufolge entweder ein Mann oder eine Frau. Die Anwendung des Humankapitalansatzes auf den Familienhaushalt erweitert die Ökonomik also um die Kategorie Geschlechtlichkeit. Damit wird der traditionelle ökonomietheoretische Blick auf das Geschlechterverhältnis ausgedehnt und die biologische Differenz zwischen Mann und Frau als ein rational-ökonomisch relevantes Unterscheidungsmerkmal bestimmt. Daß ein neuer ökonomischer Arbeitsbereich, der Familienhaushalt, verbunden mit der Funktion Hausfrau, im Prozeß der Trennung zwischen bezahlter und unbezahlter Arbeit aus der Doppelung der ökonomischen Rollen Arbeitskraft und Konsumentin entsteht, wird von den New Home Economics in dieser Komplexität nicht erfaßt. Solange der die Industrialisierung begleitende Prozeß der Entkoppelung des ökonomischen Systems von der Lebenswelt, der die Trennung zwischen bezahlter »Erwerbsarbeit« und unbezahlter »Hausarbeit« begründete, nicht zur Kenntnis genommen wird, können bestehende soziale und wirtschaftliche Ungleichstellungen von Frauen jedoch nicht adäquat erklärt werden.

3. Zur Kritik dualer Denkweisen in der Ökonomik

Wenn ökonomische Theoriebildung menschliche Handlungen nur dann als »produktiv« bestimmt, wenn sie ein marktfähiges Produkt erstellen, einen gesellschaftlichen Wert schaffen, dann spiegelt diese eindimensionale Bezugnahme auf den Markt eine normative Bewertung menschlicher Arbeitsleistungen wider. Im Rahmen Feministischer Forschung wird die positive Bewertung »produktiver« Arbeit auf der einen Seite und die Ausblendung der »Hausarbeit«, das Verdecken der Erfahrungswelt von Frauen auf der anderen Seite als Dualismus, als unvermittelte Gegensätzlichkeit kritisiert (Folbre/Hartmann 1988; Pujol 1992). Die normativ ungleiche Bewertung der Handlungsfelder »Erwerbsarbeit« und »Hausarbeit« in der Ökonomik kann als dualistische Konzeption bestimmt werden, da sie einerseits »männliche« Erwerbsarbeit positiviert, indem sie sie bewertet und andererseits »weibliche« Hausarbeit negativiert, indem sie sie ausblendet. Diese dualistische und ungleiche Sichtweise auf menschliche Tätigkeiten gilt es aus Sicht der Feministischen Forschung zu überwinden, denn »... girls and boys are born into the care of people whose task is to find and to teach a balance between individual self-interest and collective reponsibility.« (Folbre/Hartmann 1988, S. 198). Diese Aufgabe ist nach wie vor in erster Linie eine Tätigkeit, für die Frauen Verantwortung tragen, und welche die ökonomische Theorie anerkennen muß.

Allerdings sind die Menschenbilder, die in der Ökonomik verwendet werden, maskuline, und die ökonomische Analyse beschränkt sich (mit Ausnahme der New Home Economics) auf marktvermittelte Güter und Dienstleistungen und blendet alle Notwendigkeiten und Zweckmäßigkeiten, die das Leben erhalten und verbessern, aus. Deshalb hat der Homo oeconomicus »... no childhood or old age, no dependence on anyone, no responsibility for anyone but himself. The environment has no effect on him, but rather is merely the passive material, presented as ›constraints‹, over which his rationality has play.« (Nelson 1992, S. 115). Diese Bilder und Mythen der Maskulinität sichern die Vorherrschaft und Privilegierung maskuliner Werte in der Ökonomik, indem sie von den als feminin bezeichneten Eigenschaften deutlich abgegrenzt werden. »For example, European and American men traditionally have been identified through their individual exploits or their jobs while women have been identified by their relationships as wives and mothers.« (Ferber/Nelson 1993, S. 10).

Auch den New Home Economics liegt eine Sichtweise zugrunde, die den Mann an den Markt und die Frau an das Haus bindet. Hier wird Geschlechtlichkeit zum normativen Bewertungskriterium der Arbeitsteilung in der Familie, denn der komparative Kostenvorteil liefert sowohl das Ergebnis als auch die Begründung der existierenden geschlechtsspezifischen Arbeitsteilung im Haushalt. Doch die angenommene Bindung der Frau an die Familie ist nicht notwendigerweise eine Funktion ihrer Präferenzen oder ihrer Produktivität (Folbre/Hartmann 1988, S. 195), sondern kann genauso aus der Ablehnung anderer Familienmitglieder, bei der »Hausarbeit« zu helfen oder die Verantwortlichkeit für die Kinderaufsicht und Erziehung zu übernehmen, folgen. Indem dieser Ansatz unterschiedliches Handeln von Männern und Frauen auf Unterschiede im Humankapital reduziert und auf die geschlechtliche Verschiedenheit zurückführt, wird gleichermaßen seine Verwurzelung in dualistischen Sichtweisen deutlich. Mit diesem Ansatz werden geschlechtsspezifische Rollenzuweisungen im Familienhaushalt und Frauendiskriminierung in der Erwerbsarbeit theoretisch fundiert und fortgeschrieben (Wolf 1996).

Vor diesem Hintergrund geht es vor allem darum, grundlegende Kritik am sexistischen[5] und androzentrischen[6] Wissenschaftsverständnis zu formulieren, das in der geringen Präsenz von Frauen im Wissenschaftsbereich, der damit zusammenhängenden verzerrten Wahrnehmung und ausgrenzenden Interpretation frauenspezifischer Lebens- und Erfahrungswelten sowie in den grundlegenden Annahmen, Denk und Sprachformen zum Ausdruck kommt (Harding 1991, S. 85 ff.). Daher besteht das zentrale Anliegen der Feministischen Forschung heute darin, die »… Unterschiede zwischen den Geschlechtern und insbesondere die Unterdrückung und Diskriminierung von Frauen … als Ergebnis von Geschichte statt als Effekt natürlicher Unterschiede und damit als veränderbar …« (Gildemeister/Wetterer 1992, S. 205) zu verstehen. Die in bezug auf die Ökonomik geführten Auseinandersetzungen Feministischer Forschung dokumentieren, daß die Geschlechtszugehörigkeit sozial konstruiert (Folbre/Hartmann 1988) bzw. das Geschlechterverhältnis sozial konstituiert (Beer 1990) ist, und daß ein Ansatzpunkt für Veränderungen in der Kritik an der dualistisch konzipierten Wirtschaftstheorie besteht. Die Feministische Forschung argumentiert, daß der ahistorische und dualistisch strukturierte Charakter ökonomischer Theorie den Zugang zur Erklärung von Ungleichheit zwischen den Geschlechtern verhindert (Folbre/Hartmann 1988, S. 185). Die ökonomietheoretische Bestimmung der »Hausarbeit« reflektiert eine verzerrte Sichtweise, die als ahistorische und dualistische bezeichnet werden kann, und die es zu verändern gilt. Der ahistorische Charakter wird in der als »nicht-ökonomisch« bestimmten »Haus- und Familienarbeit«, der dualistische in Begriffspaaren wie öffentlich / privat, Markt / Haushalt, Eigennutz / Altruismus, ökonomisch / nicht-ökonomisch sichtbar.

Darüber hinaus zeigt sich im Menschenbild der ökonomischen Theorie, daß »… science has been socially constructed to conform to a particular image of masculinity« (Nelson 1992, S. 108), und daß die Ökonomik »... deals with concepts of the individual, activity, choice, and competition that are identified in our culture with masculinity.« (Nelson 1992, S. 110). Aus diesem Grund gilt es, die dualistischen Aufsplitterungen zwischen Objektivität und Subjektivität, zwischen Vernunft und Emotion oder zwischen Geist und Körper zu beseitigen (Ferber/Nelson 1993, S. 11). Damit die das Geschlechterverhältnis konstruierenden Mythen in der Ökonomik entzaubert werden können, müssen »... women's experiences and ideals (and at least certain aspects of traditional femininity) ... be elevated or valorized; in some cases where gender systems used to be different, they must be revalorized.« (Ferber/Nelson 1993, S. 10). Es geht also darum, normative Wertvorstellungen der Wirtschaftstheorie offenzulegen und sich endgültig von rational-ökonomischen Erklärungsmustern zu verabschieden, die, wie die New Home Economics, die Menschen als ausschließlich eigeninteressiert bestimmen, sie auf ihre biologische Erstausstattung reduzieren und Veränderungen im Geschlechterverhältnis nicht erklären können. Dualistische Interpretationen menschlicher Handlungen können nur dann revidiert werden, wenn feminine Metaphern entwickelt werden, die neue Begriffe und Kategorien hervorbringen, die das Geschlechterverhältnis entsprechend der gesellschaftlichen Realität erfassen.

Schluß

Das Leben der Menschen ist wesentlich komplexer als es theoretische Ansätze beschreiben können. In einer kapitalistisch konstruierten Gesellschaft schafft zum einen die bezahlte »Erwerbsarbeit« die Voraussetzung zur Einkommenssicherung, zum anderen ist die unbezahlte »Hausarbeit«, bedingt durch die geschlechtsspezifische Arbeitsteilung, nach wie vor eine Tätigkeit der Frauen, die darauf ausgerichtet ist, die Arbeitskraft aller Familienmitglieder wiederherzustellen. Die »Hausarbeit« ist notwendige Arbeit und ihre besondere Qualität besteht darin, daß sie regenerative, versorgende und sorgende Elemente enthält. Eine Bedingung dafür, daß das Geschlechterverhältnis weder in lebensweltlicher noch in theoretischer

Hinsicht auf sozialer Ungleichheit beruht, ist die gleichberechtigte Teilung der Arbeit im Haushalt und eine Gleichstellung von Frauen auf dem Erwerbsarbeitsmarkt. Wie die Gestaltung der beiden Arbeitsbereiche des Familienhaushalts – »Erwerbsarbeit« und »Hausarbeit« – in der Zukunft aussehen wird, ist noch offen. Die »Hausarbeit« ist heute ökologisches Management, setzt in bezug auf die Anforderung der Moderne, nachhaltig zu Wirtschaften, immer spezifischere Kenntnisse voraus, so daß sie endlich »bezahlte« Arbeit werden sollte. Die Einführung eines »Mindest- bzw. Grundeinkommens« wäre ein erster Schritt in diese Richtung.

Anmerkungen

1 Eine erwähnenswerte Ausnahme ist John St. Mill. Schon 1869 vertrat er gemeinsam mit seiner Frau die Ansicht, » ... daß das Prinzip, nach welchem die jetzt existierenden sozialen Beziehungen zwischen den beiden Geschlechtern geregelt werden – die gesetzliche Unterordnung des einen Geschlechts unter das andere –, an und für sich ein Unrecht und gegenwärtig eines der wesentlichsten Hindernisse für eine höhere Vervollkommnung der Menschheit sei (sic.) und daß es deshalb geboten erscheine, an die Stelle dieses Prinzips das der vollkommenen Gleichheit zu setzen, welches von der einen Seite keine Macht und kein Vorrecht zuläßt und von der andern keine Unfähigkeit voraussetzt.« (Mill; Taylor Mill; Taylor 1976, [1869], S. 127).

2 »Die Produktion des Lebens, sowohl des eignen in der Arbeit wie des fremden in der Zeugung, erscheint nun sogleich als ein doppeltes Verhältnis – einerseits als natürliches, andrerseits als gesellschaftliches Verhältnis –, gesellschaftlich in dem Sinne, als hierunter das Zusammenwirken mehrerer Individuen, gleichviel unter welchen Bedingungen, auf welche Weise und zu welchem Zweck, verstanden wird. Hieraus geht hervor, daß eine bestimmte Produktionsweise oder industrielle Stufe stets mit einer bestimmten Weise des Zusammenwirkens oder gesellschaftlichen Stufe vereinigt ist, und diese Weise des Zusammenwirkens ist selbst eine ›Produktivkraft‹, daß die Menge der den Menschen zugänglichen Produktivkräfte den gesellschaftlichen Zustand bedingt und also die ›Geschichte der Menschheit‹ stets im Zusammenhang mit der Geschichte der Industrie und des Austausches studiert und bearbeitet werden muß.« (Marx/Engels 1969 (1845), S. 29 f.).

3 So charakterisiert Ursula Beer, selbst an der »Hausarbeitsdebatte« beteiligt, die Unzulänglichkeiten dieser Auseinandersetzung im nachhinein wie folgt:»… – Überdehnung des marxistischen Produktionsbegriffs in Verbindung mit einer ahistorischen Betrachtungsweise; – Auflösung originär analytischer in moralisierende Kritik kapitalistischer Produktion(sverhältnisse); – Verschmelzung der Abstraktionsebenen in Verbindung mit einer Vermischung der Gegenstandsbezüge; – Auflösung von Verhältnisbestimmungen in umgangssprachliche Terminologien; – Dualistische Interpretationen von ›Kapitalismus‹ und ›Patriarchalismus‹ im Rahmen von Produktionsanalogien.« (Beer 1990, S. 48 f.).

4 Der Humankapitalansatz definiert die »Arbeitskraft« als eine Vermögenskategorie, deren je spezifische Qualifikation sich durch verschiedenartige Investitionen in das Humankapital bestimmen läßt: »Jede Person produziert ihr eigenes Humankapital, indem sie einen Teil Zeit und Marktgüter dazu benutzt, eine ›Schule‹ zu besuchen, berufliche Qualifikation zu erwerben etc.« (Becker 1993, S. 137).

5 »Sexismus war immer Ausbeutung, Verstümmelung, Vernichtung, Verfolgung von Frauen. Sexismus ist gleichzeitig subtil und tödlich und bedeutet die Verneinung des weiblichen Körpers, die Gewalt gegenüber dem Ich der Frau, die Achtlosigkeit gegenüber ihrer Existenz, die Enteignung ihrer Gedanken, die Kolonialisierung und Nutznießung ihres Körpers, den Entzug der eigenen Sprache bis zur Kontrolle ihres Gewissens, die Einschränkung ihrer Bewegungsfreiheit, die Unterschlagung ihres Beitrags zur Geschichte der menschlichen Gattung« (Janssen-Jurreit 1985, S. 702).

6 Androzentrismus kann als die sexistische Dimension innerhalb der Wissenschaften verstanden werden, denn sowohl naturwissenschaftliche als auch sozialwissenschaftliche Theorien wurden ausschließlich auf maskulinen Erfahrungswelten aufgebaut. Auf dieser Grundlage können feminine Lebenszusammenhänge nicht nur ausgeblendet, sondern auch einseitig verzerrt interpretiert werden (Harding 1991, S. 85 ff.).

Literatur

Arendt, Hannah, 1981 (1958): Vita Activa oder Vom tätigen Leben, 5. Auflage, München: Piper

Backhaus, H.-G. u.a. (Hg.), 1981: Gesellschaftliche Beiträge zur Marxschen Theorie 14, Frankfurt/M.: Suhrkamp

Barrett, Michèle: Das unterstellte Geschlecht. Umrisse eines materialistischen Feminismus, Berlin: Argument 1983, (Original: Women's Oppression Today, London: Verso, 1980)

Becker, Gary S.: Der ökonomische Ansatz zur Erklärung menschlichen Verhaltens, 2. Auflage Tübingen: Mohr 1993, (Original: The Economic Approach to Human Behavior, Chicago, 1976)

Becker, Gary S.: Investment in Human Capital: A Theoretical Analysis, in: Journal of Political Economy 1962, Vol.70, No.5, S.9-45

Becker, Gary S.: A Theory of the Allocation of Time, in: Economic Journal 1965, Vol.75, No.299, S.493-517

Becker, Gary S. : A Treatise on the Family, Cambridge Mass.: Harvard University Press 1981

Beer, Ursula: Geschlecht, Struktur, Geschichte. Soziale Konstituierung des Geschlechterverhältnisses, Frankfurt/M.: Campus 1990

Beer, Ursula : Marx auf die Füße gestellt? Zum theoretischen Entwurf von Claudia v. Werlhof, in: Prokla 1983, Nr.52, S.22–37

Bennholdt-Thomsen, Veronika: Die Zukunft der Frauenarbeit und die Gewalt gegen Frauen, in: Beiträge zur feministischen Theorie und Praxis, Köln 1983, Heft 9/10, S.207-222

Biervert, Bernd/Wieland, Joseph: Gegenstandsbereich und Rationalitätsform der Ökonomie und der Ökonomik, in: Biervert, Bernd/Held, Klaus/Wieland, Joseph (Hg.): Sozialphilosophische Grundlagen ökonomischen Handelns, Frankfurt/M.: Suhrkamp 1990, S.7-32

Biervert, Bernd: Menschenbilder in der ökonomischen Theoriebildung. Historisch-genetische Grundzüge, in: Biervert, Bernd/Held, Martin (Hg.): Das Menschenbild der ökonomischen Theorie, Frankfurt/M.: Campus 1991, S.42-55

Bock, Gisela/Duden, Barbara: Arbeit aus Liebe – Liebe als Arbeit? Zur Entstehung der Hausarbeit im Kapitalismus, in: Frauen und Wissenschaft. Beiträge zur Berliner Sommeruniversität, Berlin: Courage 1977, S.118-199

Dalla Costa, Mariarosa: Die Frauen und der Umsturz der Gesellschaft, in: Dalla Costa, Mariarosa/James, Selma: Die Macht der Frauen und der Umsturz der Gesellschaft. Internationale Marxistische Diskussion 36, Berlin: Merve 1973, S.27-66

Delphy, Christine: Hausarbeit oder Haus–Dienstarbeit, in: Schwarzer, Alice (Hg.): Lohn: Liebe. Zum Wert der Frauenarbeit, Erstausgabe 1973, Frankfurt/M.: Suhrkamp 1985, S.173-186

Ferber, Marianne A./Nelson, Julie A.: Introduction: The Social Construction of Economics and the Social Construction of Gender, in: Ferber, Marianne A./Nelson, Julie A. (Hg.): Beyond Economic Man. Feminist Theory and Economics, Chicago: University of Chicago Press 1993, S.1-22

Firestone, Shulamith: Frauenbefreiung und sexuelle Revolution, Frankfurt/M.: Fischer 1975, (Original: The Dialectic of Sex, New York 1970)

Folbre, Nancy: Exploitation Comes Home: A Critique of the Marxian Theory of Family Labour, in: Cambridge Journal of Economics 1982, Vol.6, No.4, S. 317-329

Folbre, Nancy/Hartmann, Heidi: The Rhetoric of Self-Interest: Ideology and Gender in Economic Theory, in: Klammer, Arjo/McCloskey, Donald/ Solow, Robert (Hg.): The Consequences of Economic Rhetoric, Cambridge u.a.: Cambridge University Press 1988, S.184-203

Gerhard, Ute: Verhältnisse und Verhinderungen. Frauenarbeit, Familie und Rechte der Frau im 19. Jahrhundert, Frankfurt/M.: Suhrkamp 1978

Gildemeister, Regine/Wetterer, Angelika: Wie Geschlechter gemacht werden. Die soziale Konstruktion der Zweigeschlechtlichkeit und ihre Reifikation in der Frauenforschung, in: Knapp, Gudrun-Axeli/ Wetterer, Angelika: TraditionenBrüche. Entwicklungen feministischer Theorie, Freiburg: Kore 1992, S.201-254

Harding, Sandra: Feministische Wissenschaftskritik. Zum Verhältnis von Wissenschaft und sozialem Geschlecht, 2. Auflage Hamburg: Argument 1991, (Original: The Science Question in Feminism, Cornell University, 1986)

Hartmann, Heidi I.: The Family as a Locus of Gender, Class, and Political Struggle: The Example of Housework, in: Signs: Journal of Women in Culture and History 1981, Vol.6, No.3, S.366-394

Janssen-Jurreit, Marielouise: Sexismus. Über die Abtreibung der Frauenfrage, Erstausgabe 1976, Frankfurt/M.: Fischer 1985

Knapp, Ulla: Homo Oeconomicus – oder: warum Frauen in der Wirtschaftswissenschaft nicht vorkommen, in: Schlüter, Anne/Kuhn, Annette (Hg.): Lila Schwarzbuch. Zur Diskriminierung von Frauen in der Wissenschaft, Düsseldorf: Schwann 1986, S.180-195

Kontos, Silvia/Walser, Karin: ... weil nur zählt, was Geld einbringt. Probleme der Hausfrauenarbeit, Gelnhausen: Burckhardthaus-Laetare 1979

Lancaster, Kelvin J.: A New Approach to Consumer Theory, in: Journal of Political Economy 1966, Vol.74, S.132-157

Marx, Karl/Engels, Friedrich: Die Deutsche Ideologie. Kritik der neuesten deutschen Philosophie in ihren Repräsentanten Feuerbach, B. Bauer und Stirner, und des deutschen Sozialismus in seinen verschiedenen Propheten, Erstveröffentlichung nach der Handschrift, Moskau 1932, in: Marx-Engels-Werke Bd.3, 5. Auflage Berlin: Dietz 1969

Menschik, Jutta: Feminismus. Geschichte, Theorie, Praxis, 3. Auflage Köln: Pahl-Rugenstein 1985

Mies, Maria: Gesellschaftliche Ursprünge der geschlechtlichen Arbeitsteilung, in: Werlhof v., Claudia/Mies, Maria/Bennholdt-Thomsen, Veronika (Hg.): Frauen, die letzte Kolonie. Zur Hausfrauisierung der Arbeit, Erstausgabe 1983, Reinbek: Rowohlt 1988, S.164-193

Mill, John Stuart/Taylor Mill, Harriet /Taylor, Helen: Die Hörigkeit der Frau, in: Schröder, Hannelore (Hg.): Die Hörigkeit der Frau und andere Schriften zur Frauenemanzipation, Frankfurt/M.: Syndikat 1976, S.125-278

Millett, Kate: Sexus und Herrschaft. Die Tyrannei des Mannes in unserer Gesellschaft, Reinbek: Rowohlt 1985, (Original: Sexual Politics, 1969)

Mitchell, Juliet: Frauenbewegung – Frauenbefreiung, Frankfurt/M.: Ullstein 1981, (Original: Woman's Estate, 1966)

Nelson, Julie A.: Gender, Metaphor, and the Definition of Economics, in: Economics and Philosophie 8, 1992, S.103-125

Ott, Notburga: Die Rationalität innerfamilialer Entscheidungen als Beitrag zur Diskriminierung weiblicher Arbeit, in: Grözinger, Gerd/Schubert, Renate/Backhaus, Jürgen (Hg.): Jenseits von Diskriminierung – Zu den Bedingungen weiblicher Arbeit in Beruf und Familie, Marburg: Metropolis 1993, S.113-146

Pujol, Michèle A.: Feminism and Anti–Feminism in Early Economic Thought, Worcester: Edward Elgar 1992

Rudolph, Hedwig: Der männliche Blick in der Nationalökonomie, in: Hausen, Karin/Nowotny, Helga (Hg.): Wie männlich ist die Wissenschaft?, Frankfurt/M.: Suhrkamp 1986, S.129-145

Ulrich, Peter: Transformation der ökonomischen Vernunft. Fortschrittsperspektiven der modernen Industriegesellschaft, 3. Auflage Bern/Stuttgart: Haupt 1993

Werlhof v., Claudia: Frauenarbeit: Der blinde Fleck in der Kritik der Politischen Ökonomie, in: Beiträge zur feministischen Theorie und Praxis, München 1978, Heft 1, S.18-32

Werlhof v., Claudia: Lohn ist ein »Wert«, Leben nicht? Auseinandersetzung mit einer linken Frau. Replik auf Ursula Beer, in: Prokla 1983, Nr.52, S.38-58

Werlhof v., Claudia/Mies, Maria/Bennholdt-Thomsen, Veronika: Frauen, die letzte Kolonie. Zur Hausfrauisierung der Arbeit, Erstausgabe 1983, Reinbek: Rowohlt 1988

Wolf, Sabine: Ökonomie und Geschlechterverhältnis – Zu den Möglichkeiten und Grenzen der Einbindung des Geschlechterverhältnisses in die ökonomische Theorie, Centaurus: Pfaffenweiler, 1996

Zameck-Glyscinski v., Walburga: Neoklassische Bevölkerungsökonomik, München: VVF 1985

Veronika Bennholdt-Thomsen

Die Zukunft der Arbeit und die Zukunft der Subsistenz

Das Ende der Lohnarbeit?

»Der Weg in eine reine Gesellschaft von Lohn- und Gehaltsempfängern ist eine beschäftigungspolitische Sackgasse.«Der das sagt, ist nicht etwa ein Theoretiker des Ansatzes der »Wirtschaft von unten«, noch ein Vertreter der Ökodorfbewegung oder einer Landkommune, sondern Edmund Stoiber (in der FR vom 11.3.1996), CSU-Ministerpräsident von Bayern und Repräsentant der Standortpolitik. Bekanntlich heißt Standortpolitik, daß die sozialen, steuerlichen und infrastrukturellen Voraussetzungen geschaffen werden, damit das große nationale und internationale Kapital den »Standort Deutschland« weiterhin für seine Investitionen wählen möge. Welche andere Art der Beschäftigung aber soll durch diese Investitionsanreize entstehen, als die für Lohn- und Gehaltsempfänger?

So hat Stoiber seine programmatische Aussage freilich nicht gemeint. Denn er spricht offensichtlich nicht von der Arbeitskraft, die die großen Firmen einstellen, sondern genau von jener, die sie nicht benötigen. Angesichts der Ideologie der Standortpolitik, daß die staatliche Förderung der großen Unternehmen und Banken früher oder später allen zugute kommen werde, so sehr auch momentan sozial- und arbeitspolitische Standards demontiert werden müßten, ist Stoibers Äußerung entweder bemerkenswert ehrlich oder bemerkenswert kaltschnäuzig. Auf alle Fälle enthält sie den Hinweis, daß man die Entkoppelung der Entwicklung von Kapital und Lohnarbeit auch von einem standortpolitischen Ansatz her für eine unumwundene Tatsache hält. Ist das Ende der Lohnarbeit gekommen? Verabschiedet man sich von der Lohnarbeit als dem Paradigma von Arbeit in der modernen Gesellschaft? (vgl. Gorz 1983)

Welche Form von Nicht-Lohnarbeit und Nicht-Gehalt mag der bayerische Ministerpräsident meinen? Stoiber äußerte sich in der oben zitierten Weise bei der Eröffnung der Handwerksmesse 1996 in München. Womöglich ist er der Meinung, daß das selbständige Handwerk neben der großen industriellen Fertigung fortbestehen könne. Diese Ansicht allerdings wäre reichlich unzeitgemäß. Längst hat die teure elektronisch gesteuerte Fertigung alle Handwerksbereiche (z.B. Tischlerei und Schneiderei[1] durchdrungen und damit die Konzentration forciert. Außerdem stellt sich die Frage, wie Handwerk und kleine Industrie ihre Waren sollen absetzen können, da den billigen Weltmarktprodukten Tür und Tor geöffnet sind. Oder wie sollen kleine Dienstleistungsbetriebe unabhängige Beschäftigung bieten können, nun, da die Großorganisation längst nicht mehr nur den Einzelhandel (Supermärkte) oder die Gastronomie (Imbiß- und Restaurantketten), sondern z.B auch die Arbeiten zur Instandhaltung der Gebäude, vom Putzen über den Wachdienst bis hin zum Fassadenanstrich erobert hat? Auch diese Bereiche können nicht gemeint sein.

Vielmehr ist die selbstgeschaffene Beschäftigung am Ende des 20. Jahrhunderts, im Zeitalter der Globalisierung in jenem Bereich zu finden, der in der Dritten Welt »informeller Sektor« genannt worden ist. Hierhin gehören vom Schuhputzer, über die Heilerin und die Imbißbudenbesitzerin, bis hin zum Soft-ware-Spezialisten am heimischen Computer und der stellungslosen, Zeitungsartikel schreibenden Soziologin alle, die sich, ungeschützt von Sozial- und Krankenversicherung, selbstorganisiert ein meist prekäres Einkommen schaffen. Konservative Theoretiker und Politiker in den Zentren, wie Stoiber, haben freilich ein wesentlich positiveres Bild der selbstgeschaffenen Beschäftigungen. Sie folgen dem neoliberalen Credo, daß selbständige Arbeit, d.h. selbstorganisierte Produktion und Verkauf, auch unter herrschenden monopolkapitalistischen Bedingungen mehr als eine Chance haben, einen adäquaten Lebensunterhalt und die Zukunftssicherung zu erwirtschaften. Sie glauben ungebrochen an die Entwicklungs- und Fortschrittsformel, derzufolge Kapitalakkumulation synonym mit Wachstum und gesamtgesellschaftlichem Wohlstand ist, – letztlich sollen von diesem Wohlstand also alle profitieren.[2] Die Tatsache, daß die staatliche Förderung des großen Kapitals keineswegs gleichzeitig Lohnarbeitsplätze schafft, ist in dieser Sicht kein Widerspruch, sondern gehört zum Konzept.

Es gehört zu diesem Konzept, daß behauptet wird, nun wirke das freie Spiel der Marktkräfte, in dem alle die gleiche Chance hätten, wodurch die Gesamtwirtschaft aufblühen würde. Diese Behauptung ist eine gezielte Irreführung. Liberal ist der neoliberale Staat in Wahrheit nur gegenüber den kleinen Leuten, indem er zum Beispiel die Sozialleistungen streicht, und die Kleinen der Marktmacht der Großen aussetzt, während er die großen Kapitalien standortpolitisch subventioniert. Damit werden die kleinen Selbständigen, die da als zukünftiges Arbeitsverhältnis gepriesen werden, einem Marktmechanismus unterworfen, der sie immer wieder nur ruiniert und deshalb in Wirklichkeit als kurzfristig vernutzbare, ungeschützte Lohnarbeitskraft frei zur Verfügung hält. Das bestätigt die stetig steigende Zahl der sozialversicherungsfreien, somit ungeschützten 610-Mark-Jobs. In diese Kategorie gehören auch die sogenannten »neuen Selbständigen«, deren Zahl Uwe Jean Heuser in der Bundesrepublik Deutschland bereits auf über eine halbe Million schätzt. »Dazu zählen Lastwagenfahrer, denen der ehemalige Arbeitgeber den LKW samt allen damit verbundenen Verpflichtungen verkauft und sie nun auf eigene Rechnung fahren läßt«. Auch Bäckergesellen oder Ausbeiner auf dem Schlachthof würden auf diese Weise von ihren bisherigen Chefs »angestellt« (Die Zeit, 14.2.1997). Diese »versteckte Lohnarbeit«/Kapitalverbindung habe ich im Anschluß an die Politik der »Investition in die Armen« und zuletzt der »Investition in die Frauen« vonseiten der Weltbank beschrieben und gezeigt, wie »bequem« diese Arbeitskraft ausgebeutet werden kann. Jegliches Geschäftsrisiko ruht auf den Schultern der Selbständigen, die Gewinne jedoch fließen in die Taschen der Banken und des Unternehmens, das die gesamte Infrastruktur und Organisation in der Hand hat (Bennholdt-Thomsen 1980, 1982, 1992). Dieses Arbeitsverhältnis schien eine typische Erscheinung der Dritten Welt und der Entwicklungspolitik, aber ich habe schon damals darauf hingewiesen, daß sich auch in den Metropolen die Verhältnisse »Drittweltisieren« würde.

Andererseits aber steckt die Politik selbst in der Klemme. Die Wirtschaftsherrschaft der Konzerne und Finanzinstitute ist am Ende des 20. Jahrhunderts so übermächtig geworden, daß der Staat für ihre Interessen erpresst werden kann. Dieser Zustand ist nicht erst durch die gegenwärtige neoliberale Politik entstanden. Vielmehr handelt es sich dabei um die geradezu notwendige und folgerichtige Konsequenz einer sozialen und kulturellen Entwicklung, deren Weichen vor Jahrzehnten – insbesondere nach dem 2. Weltkrieg mit dem Marshall-Plan und der Schaffung der internationalen Entwicklungspolitik mit Weltbank und Internationalem Währungsfond – und auch schon vor Jahrhunderten – zu Beginn der Neuzeit mit der Conquista und der Hexenverfolgung – gestellt worden sind. Wichtiger aber noch ist, daß sich über diese Zeit hinweg eine Kultur der Zustimmung zu den Mechanismen der Akkumulation herausgebildet hat und die entsprechenden Werte verinnerlicht worden sind, so daß wir nicht nur von einer Maximierungswirtschaft, sondern von einer Maximierungsgesellschaft sprechen können. Die kulturelle Verankerung der Anschaung, daß wir alle von der Wachstumsökonomie profitieren würden, wofür das eine oder andere Opfer gebracht werden müßte, verhindert bislang auch, daß aus den manifesten Widersprüchen und Ungerechtigkeiten der gegenwärtigen Wirtschaftssituation Konsequenzen gezogen würden. Das tut die Mehrheit der Bevölkerung nicht und erst recht kein Politiker.

Die Fixierung auf die Lohnarbeit

Seit Jahren führe ich eine persönliche, informelle Statistik. Alle, mit denen ich ins Gespräch komme, frage ich, welche Zukunft sie für uns voraussehen. »So, wie jetzt, kann es nicht weitergehen«, war bislang immer, ohne Ausnahme, die Antwort. Frage ich »Wie soll es weitergehen?«, ernte ich nur Achselzucken. Niemand weiß, wie die Umwelt vor Verschmutzung und Zerstörung bewahrt werden oder wie der Konsumismus überwunden werden könne. Meine These zu dieser Ratlosigkeit lautet, daß man sich bei uns keine andere Arbeits- und Produktionsweise vorstellen kann als die von Kapital und abhängiger Arbeit. Zwar ist die emphatische Zustimmung der Nachkriegsära, mit einem nochmaligen Höhepunkt im Osten zur Zeit der Wende, mittlerweile einer erheblichen Ernüchterung gewichen, dennoch wird dadurch bislang keine andere Phantasie freigesetzt.

Die Ernüchterung besteht darin, daß heute niemand mehr glaubt, daß sich der Idealtypus von Lohnarbeit, nämlich der festbezahlte Facharbeiter, den man für das normale Arbeitsverhältnis hielt, auch tatsächlich für alle Arbeitenden herstellen werde. Bislang ging man davon aus, daß in der westlichen Industriegesellschaft jegliches abhängige Arbeitsverhältnis dem Idealtypus angeglichen werden könne; mit anderen Worten, daß es dem Charakter und der Kapazität dieses Wirtschaftssystems entspräche, gut bezahlte, abgesicherte Lohnarbeitsplätze für alle hervorzubringen. Es schien nur von den Gewerkschaften und der entsprechenden staatlichen Politik abzuhängen, wie schnell und auf welchem Weg – etwa auch vermittelt über staatlich gesteuerte Umverteilung und Lohnersatzleistungen – sich die vorgeblich typische *Lohnarbeits-Lebensweise* für alle verallgemeinern werde.

Bemerkenswert an der aktuellen Situation ist, daß man trotz der Desillusionierung über das, was Lohnarbeit ist, dennoch am *Lohnarbeitsregime* festhält. Dabei hat das System von Kapital und abhängiger Arbeit gerade deshalb eine so breite Akzeptanz erfahren, weil die Lohnarbeit idealisiert und mit dem Bild des Facharbeiters identifiziert worden ist. Konsequenterweise müßte mit der Ernüchterung auch eine andere Vision einhergehen. Daß dies nicht der Fall ist, liegt, so meine These, an der Verinnerlichung des idealisierten Lohnarbeitsdiskurses (vgl. Foucault 1983), was nichts anderes bedeutet, als daß die Tatsache, daß man sich bei uns kein anderes Arbeitsverhältnis vorstellen kann, kulturell verankert ist.

Wie tief verwurzelt der Glaube an die Lohnarbeitsgesellschaft der sog. Sozialen Marktwirtschaft gerade auch in den Gewerkschaften ist, zeigt der Programm-Entwurf des DGB-Vorstandes von 1996 für ein neues Grundsatzprogramm. Darin war zu lesen: »Die Gewerkschaften erwarten auch von den Arbeitgebern und den politischen Verantwortlichen, daß sie alle Anstrengungen unternehmen, um die

Vollbeschäftigung wieder herzustellen«. Dazu merkt eine »Initiativ-gruppe hessischer Gewerkschafter« kritisch an: »Einer Politik, die seit Jahrzehnten demonstriert, daß sie keine Vollbeschäftigung mehr will und die nun den US-amerikanischen Weg der Beseitigung des Arbeitslosenproblems durch Abbau der sozialen Sicherung, Absenkung des Lebensstandards der Arbeitnehmer durch noch mehr Ungleichheit und soziale Aufspaltung und Arbeit in Armut gehen will, wird mit illusionärer und irreführender Verantworungsrhetorik begegnet« (Frankfurter Rundschau 2.5.1996).

Dank der herrschenden Verwirrung kann Herr Stoiber seine eingangs zitierte Bemerkung ungestraft fallen lassen, ohne daß ihm Empörung entgegenschlagen würde, – Empörung über den Zynismus, daß er und seine politischen Freunde bittere Pillen gegen die Massenkrankheit (Lohn)Arbeitslosigkeit anpreisen, während sie gleichzeitig mit jenen gemeinsame Sache machen, die die Seuche verursachen. Dabei hat Stoiber durchaus recht, wenn er sagt, » ... eine reine Gesellschaft von Lohn- und Gehaltsempfängern ist eine ... Sackgasse«. Allerdings hat seine Bemerkung keine andere Funktion, als die Schlupflöcher in der Sackgasse als Weg erscheinen zu lassen. Jedoch der Sackgasse der Maximierungswirtschaft den Rücken zu kehren und die Arbeitsverhältnisse, die bislang durch die Profit- und Zinsmechanismen immer wieder ruiniert werden, aus dieser Umklammerung zu befreien, das können wir vom CSU-Ministerpräsidenten von Bayern wahrhaftig nicht erwarten. Schließlich *glaubt* er an die Herrschaft des Kapital-Lohnarbeitsverhältnisses als notwendige Voraussetzung für den Fortschritt. Und fast noch inbrünstiger als er tun dies seine marxistisch geschulten linken Zeitgenossen.

Der sozialistische Glaube an die Technik und die Zentralisierung und Konzentration der Produktion, war stets von der Überzeugung begleitet, daß die Lohnarbeit und vor allem der Lohnarbeiter die einzig historisch mögliche, moralisch richtige und gesellschaftlich notwendige Aufgabe erfülle. Auch daß das Bild vom Facharbeiter so lange die Vorstellung von Lohnarbeit geprägt hat, ist ganz wesentlich auf das sozialistische Denken zurückzuführen. Tatsächlich ist der Sozialismus, in dem das Kapital von vornherein als Staatskapital auftrat, niemals ein Gegenentwurf zum Kapitalismus gewesen, sondern nur eine Spielart desselben, wie Wallerstein schon lange vor dem Zusammenbruch des realen Sozialismus vertreten hat (Wallerstein 1984:76). Genau diese Tatsache aber wird bis heute von Linken wie Rechten nicht zur Kenntnis genommen und erst recht nicht weitergedacht. Dann nämlich würde sich eine Frage ergeben, die bislang in der Debatte um die gegenwärtige Weltwirtschaftskrise keine Rolle spielt: Stößt der jetzt siegreich herrschende, globale monopolistische Kapitalismus nicht ebenso an Grenzen wie der Sozialismus? Grenzen, die erreicht werden, weil es in der Maximierungsgesellschaft weder um die Reproduktion der Umwelt (oder Natur, oder Erde), noch um die Reproduktion der lebendigen Arbeitskraft geht.

Zur Ideologie des Lohnarbeitsregimes

Die Fixierung auf die Lohnarbeit ist in beiden kapitalistischen Systemen so weit gediehen, daß sie synonym für Arbeit schlechthin gesetzt wird. Bekanntlich wird deshalb von einer Hausfrau, die Mutter von drei oder vier Kindern sein kann, gesagt, »sie arbeitet nicht«. Für unbezahlte Arbeit existiert entsprechend überhaupt kein Arbeitsbegriff, wohingegen Erlöse aus dem Verkauf von Produkten auf dem Markt gerne das Prädikat Lohn erhalten. Selbständige Arbeit, die Geldeinkommen für den Lebensunterhalt erwirtschaftet, macht aus den Arbeitenden in dieser Optik Unternehmer, sprich Kapitalisten, so daß Kleinbauern bei den einen gleich zu Klassenfeinden, bei den anderen zur Kategorie der Rückständigen zählen, die entweder »weichen« und zu echten Lohnarbeitern – oder »wachsen« und zu echten Kapitalisten werden müssen. Allein hinsichtlich des Handwerks scheint noch eine positive Vorstellung von der Leistung des kleinen, selbständig Arbeitenden vorhanden zu sein, was auf seine Nähe zum Facharbeiter zurückzuführen ist. Heute meint »Handwerk« allerdings längst einen mittelständischen Betrieb mit Lohnarbeitern. In der Dritten Welt hat das Ineinssetzen von Wirtschaft mit dem Lohnarbeit/Kapitalverhältnis dazu geführt, daß alle anderen Tätigkeiten in die undifferenzierte Kategorie »informeller Sektor« gepackt worden sind, obwohl sie die Lebenssituation der überwältigenden Mehrheit der Bevölkerung ausmachen und somit die eigentliche Ökonomie darstellen.

Brigitte Holzer zeigt, wie die informelle-Sektor-Konzeption, die für sich in Anspruch nimmt, gerade andere Lohnarbeitsbeziehungen als wirtschaftlich gelten zu lassen, in Wirklichkeit den engen Rahmen des Lohnarbeitsregimes niemals verläßt. »Sie ignoriert nicht nur vielfältige Systeme der Verbindlichkeiten und Absicherungen, sondern bindet unseren Blick und Standpunkt, von dem aus wir die Welt betrachten und bewerten, weiterhin an den Staat und seine Sicherungssysteme bzw. an die im formellen Sektor bereitgestellte Arbeit als Basis der Existenzsicherung«. Als Lebensbasis wahrgenommen wird Wirtschaft nämlich nur dann, »wenn sie dem Regelwerk unterworfen ist, das den Staat konstituiert bzw. vertraglich in die kapitalistische Geld- und Warenökonomie eingebunden ist«. Das gilt auch für den sog. informellen Sektor (Holzer 1997, 121).

Angesichts der Vielzahl von Arbeitssituationen, die weltweit, aber auch bei uns weder überhaupt unter Lohnarbeit subsumiert werden können, noch annähernd der klassischen, euphemistischen Vorstellung von Lohnarbeit entsprechen, fragt sich, was der Begriff »Normalarbeitsverhältnis« bedeuten soll, dessen »Erosion« im Rahmen der vorliegenden Diskussion um die Zukunft der Arbeit festgestellt worden ist. (Festgehalten in den »Leitfragen zum Workshop Arbeitszeit und Ökologie«, der der Arbeit an diesem Band vorausgegangen ist). In Wirklichkeit hat es dieses »Normalarbeitsverhältnis« auch bisher, außer in unserer eingeschränkten, idealtypischen Projektion, nicht gegeben. Was erodiert, ist vielmehr die stillschweigende Annahme, daß es trotz aller Gegensätze ein positives Band zwischen Lohnarbeit und Kapital gebe. Es handelt sich dabei, populär gesprochen, um den Glauben, »wenn es der Wirtschaft gut geht, geht es uns allen gut«. Denn schließlich geht es dem, was unter Wirtschaft verstanden wird, gut, dennoch nimmt die Arbeitslosigkeit zu, was als »jobless growth« bezeichnet worden ist. Der Verlust des Glaubens an die Gemeinsamkeit und nicht zuletzt das Gewahrwerden der wirtschaftlichen Zerstörung der Umwelt, verdunkelt auch das rosige Licht der Erwartung, in das die Lohnarbeit getaucht war.

Dennoch vermag die lange historische Tradition der Fixierung auf den Idealtyp von Lohnarbeit die grundlegende, auch kulturelle,

Kritik stets weiter auf die gleiche Schiene zu bannen. So kritisiert Gorz das Prinzip der ökonomischen Vernunft – genau jenes Prinzip, das das positive Band zwischen Lohnarbeit und Kapital ausmacht – schwenkt dann aber wieder auf die Frage ein, wie die von ihm als gesellschaftlich notwendig deklarierte Lohnarbeit gerechter verteilt werden könnte. Dem habe ich entgegengehalten, daß die abhängigen Arbeitsverhältnisse nicht länger etwas sind, das es zu verbessern, gerechter und sicherer zu gestalten gilt; vielmehr steht ihre Gültigkeit selbst in Zweifel (Gorz 1989; Bennholdt-Thomsen 1990).

Unter der breit gesellschaftlich geteilten Fiktion, daß ein gewisser Idealtypus von Lohnarbeit verallgemeinerbar sei, wurde praktisch widerspruchslos das *Lohnarbeitsregime* verallgemeinert, was mitnichten dasselbe ist. Letzteres bedeutet, daß sich bestimmte wirtschaftliche und politische Machtverhältnisse etablieren konnten, durch die die Mehrheit der Menschen für ihren Lebensunterhalt auf Lohnarbeit verwiesen sind, ohne jedoch Entsprechendes tatsächlich auch vorzufinden. Dieser Falle werden wir uns gegenwärtig nach und nach bewußt. Die Schwierigkeit, einen Ausweg aus der Sackgasse zu finden, liegt darin, daß die sozialistische wie die bürgerliche Theorie auf das Lohnarbeit-Kapital-Verhältnis fixiert sind und sich deshalb überhaupt kein anderes Arbeitsregime vorstellen können. Der Subsistenzansatz teilt diese Fixierung nicht. So wissen wir aus langjähriger Erfahrung mit den Reaktionen auf diesen Ansatz, welchen *Tabubruch* eine nicht lohnarbeits-orientierte Theorie für Linke wie Rechte bedeutet.

»Unter Subsistenzproduktion verstehen wir das Herstellen der Nahrung sowohl als Anbau auf dem Feld, wenn die Ernte in den eigenen Konsum fließt, als auch das Einkaufen, Kochen, Tischdecken und – nicht zu vergessen – Abwaschen. Subsistenzproduktion ist die Arbeit mit den Kindern, allerdings nicht als bezahlte Kindergärtnerin oder Lehrerin, sondern meistens die der Mutter, die keine geregelte Arbeitszeit hat, sondern auch nachts dreimal aufstehen muß, wenn das Kleinkind schreit. In der modernen Gesellschaft ist die Subsistenzproduktion immer mehr zu einer Aufgabe der Frauen geworden. Auch in der kleinbäuerlichen Landwirtschaft heutzutage in der »Dritten Welt« setzt sich in dem Maße, in dem sie kommerzialisiert wird, diese moderne Arbeitsteilung nach

Geschlechtern durch. Die Männer kümmern sich um die Feldarbeit jener Produkte, die verkauft werden, und die Bäuerinnen werden zu Hausfrauen auch in dem Sinne, daß die Feldarbeit für die Nahrungspflanzen zum eigenen häuslichen Konsum in ihre Verantwortung übergeht. Mit diesem Prozeß geht unmittelbar eine Hierarchisierung einher. Arbeit direkt für das Überleben und Arbeit, die kein Geld einbringt, und diejenigen, die sie tun, werden gering geschätzt. Dies ist der Grund dafür, warum Frauen eine qua Geschlecht niedrige soziale Stellung zugewiesen wird, aber auch, warum die Bauern, solange sie nicht mit großer Maschinerie arbeiten, als niedriger Stand verachtet werden« (Bennholdt-Thomsen 1994: 25-26).

Ich arbeite seit zwanzig Jahren an der Subsistenztheorie. In dieser Zeit habe ich zusammen mit meinen Kolleginnen und Freundinnen, Maria Mies und Claudia von Werlhof, den Subsistenzansatz von einem Kapitalismus- und Patriarchats-kritischen Konzept zu einer alternativen, ökofeministischen Wirtschafts- und Gesellschaftsperspektive entwickelt[1]. Anhand der Auseinandersetzung mit den Mechanismen der Ausbeutung, denen die Arbeit von Frauen und anderen Subsistenzproduzenten, insbesondere Bauern in der Dritten Welt, unterworfen ist, wurde uns klar, daß ihre Situation nicht durch ihre Verwandlung in feste Lohnarbeiter gebessert werden kann – abgesehen davon, daß dies sowieso nicht passieren würde –, sondern daß es um die Verteidigung bzw. das Wiedererlangen ihrer Unabhängigkeit durch die Verteidigung ihres Subsistenzregimes geht. Darüber hinaus sind wir der Überzeugung, daß die Subsistenzorientierung die wirtschaftliche und soziale Perspektive ist, die aus der ökologischen Krise und der Krise des globalisierten Kapitalismus führt. (Zentrale Elemente der Subsistenzperspektive werden am Ende dieses Aufsatzes skizziert).

Leben wir von der Lohnarbeit?

Die beginnende Entmystifizierung der Lohnarbeit ist auch ein Ergebnis der Ökologiedebatte. Aufgrund des zunehmenden Gewahrwerdens der Umweltzerstörung schwindet die Zuversicht, daß uns das herrschende Industriesystem auch in kommenden Zeiten einen gesicherten Wohlstand ermöglichen wird. Das ist umso gravierender, als unser System gerade auf diesem Glauben an die Zukunft errichtet ist. Denn wir wirtschaften bekanntlich nicht, um etwas zu erhalten, zu bewahren, sondern um des zukünftigen Zuwachses willen, immer im Hinblick auf Entwicklung und Fortschritt. Sobald aber der stillschweigende soziale Konsens ins Wanken gerät, daß unser wirtschaftliches Tun zu den erwarteten Ergebnissen führen werde, macht sich auch Ernüchterung über das Tun selbst breit.

Die gesellschaftliche Weise des Umgangs mit Natur ist eng mit der Arbeitsweise verknüpft. Sie prägt nicht nur, sondern sie *ist* das gesellschaftliche Naturverhältnis. Gegenwärtig stehen Umwelt und Arbeitskraft unter dem Diktat der Maximierung. Das heißt nichts anderes, als daß das Maß der Nutzung nicht die Reproduktion (also Wiederherstellung oder, wie man heute sagt, Nachhaltigkeit) ist, weder der Umwelt noch von Arbeitskraft, sondern daß es darum geht, aus beiden möglichst viel herauszuholen. Hinsichtlich der Natur ist uns dies bewußt, hinsichtlich der Arbeitskraft weniger.

Dabei ging es beim Lohn noch nie um die Reproduktion der *lebendigen Arbeitskraft*, sondern immer nur um die Reproduktion der *Ware* Arbeitskraft. Dies wird besonders deutlich am Phänomen und in Zeiten der Rationalisierung. Obwohl gesamtgesellschaftlich widersinnig, weil genügend Lohnarbeitskraft zur Verfügung steht, wird von Seiten des Kapitals an diesem teuren »input« gespart. Vor allem wird alles das an der Arbeitskraft eingespart, was ihren Status als Ware übersteigt, nämlich das, was an ihre Lebendigkeit, d.h. an den menschlichen Lebenszyklus geknüpft ist. Alte, die krank werden können, werden frühzeitig entlassen. Frauen, die schwanger werden können, werden nicht eingestellt. Der puren Ware Arbeitskraft am nächsten kommt der erwachsene Mann, oder kommen die jungen Frauen, die gehen, wenn sie eine Familie gründen. Dem reinen Warenverhältnis am nächsten sind jene Arbeitsverhältnisse, in denen nach Belieben geheuert und gefeuert und in denen flexibel nach Stunden oder Stoßzeiten über die Arbeitskraft verfügt werden kann.[3]

Aufgabe des Staates ist es gemäß demokratischer, sozialpartnerischer Ideologie, dafür zu sorgen, daß nicht nur die Arbeit als Ware, sondern auch die lebendige Arbeitskraft bezahlt wird. Genau dieser Regulierungsfunktion entzieht sich der standortpolitisch orientierte Staat in der gegenwärtigen, neoliberalen Globalisierungsphase explizit. Deshalb werden wir im Norden einer Tatsache gewahr, die uns bislang kein oder ein erträgliches Problem war. Es gehört zur Mystifizierung der Lohnarbeit, daß man glaubt, die Menschen könnten ihr (Über-)Leben durch Lohnarbeit reproduzieren, entweder der Staat oder der Arbeiterkampf oder das Kapital würden dauerhaft dafür sorgen. Tatsächlich aber ist die Arbeitskraft im Lohnarbeit/Kapitalverhältnis nur eine Quelle, aus der Wert geschöpft wird, denn, wie die Arbeitswertlehre richtig besagt, ist die einzige wertschöpfende Kraft die lebendige Arbeitskraft.[4] Aber ihre Lebendigkeit wird in diesem Prozeß vernutzt, ohne wiederhergestellt zu werden.

Leben reproduziert sich nicht im Austausch mit Kapital, sondern im Austausch mit Natur. Aber unser moderner ideologischer Apparat, ja unsere Kultur ist darauf gerichtet, dieses grundlegende und zugleich banale Wissen aus dem Bewußtsein zu löschen. Mensch und Natur, und das heißt auch Wirtschaft und Natur, Gesellschaft und Natur, werden als voneinander getrennt gesehen. So kann die lebendige Arbeitskraft im Lohnarbeit/Kapitalverhältnis als Naturressource behandelt werden, deren Reproduktion auch der Natur überlassen bleibt. Marx: »Der Kapitalist kann ... (die Reproduktion der Arbeiterklasse) getrost dem Selbsterhaltungs- und Fortpflanzungstrieb der Arbeiter überlassen« (MEW 23:598; vgl. Neusüß 1985).

Das Natürlich-Kreatürliche am Menschen wird in der modernen Weltsicht abgespalten und in die Unsichtbarkeit verbannt: Die Frau ist nun dazu da, dafür zu sorgen, daß es sich – vorgeblich instinktmäßig – von alleine reproduziert. Der eigentliche, wirtschaftende moderne Mensch wird männlich gedacht. »Männlich, weiß, über 21 Jahre alt und in der großen Industrie beschäftigt«, wie wir feministisch zu spotten pflegen.

Nein, natürlich leben wir nicht von der Lohnarbeit und auch nicht vom Geld, sondern von der Erde, die uns nährt, von Lebensmitteln, Luft und Wasser und von der Fürsorge, Liebe und Zärtlichkeit derjenigen, die sich um uns kümmern. Die Lohnarbeitsideologie ist dazu angetan, vergessen zu machen, daß das Leben aus den Frauen kommt und die Nahrung aus dem Land.

Die Naturalisierung der Arbeitskraft

In Regionen des Südens nimmt der Hunger zu, dort, wo einheimische Produktionsweisen über Jahrhunderte das Überleben sehr wohl gesichert haben. In den Ländern des Nordens sehen sich die Frauen mitten im Warenüberfluß immer weniger in der Lage, in Würde und Achtung Kinder großzuziehen. Die Ursache ist darin zu suchen, daß die bisherigen sogenannten »natürlichen« Reproduktionsfonds – wie Landwirtschaft, Hausfrauenmutter (die aus Nichts immer noch etwas macht), Allmende oder Kolonien – verloren gehen, und zwar in einem doppelten Sinn. Zum einen führt die Mißachtung der Tatsache, daß Wirtschaften ein Austausch zwischen äußerer und menschlicher Natur ist, zur Zerstörung der stofflichen Naturgrundlage. Zum anderen wird den Menschen weltweit der direkte Zugang zu den natürlichen Reproduktionsgrundlagen, unabhängig vom Kapital, immer mehr abgeschnitten[10]. Mit anderen Worten, es gibt keine Region mehr, in der sich der Mensch fern des Lohnarbeitsregimes reproduzieren könnte.

Geschieht nun das, was Rosa Luxemburg 1923 (Luxemburg, 1966) vorhergesagt hat? Bricht der Kapitalismus, alias die industrielle Wachstumsökonomie, zusammen? Rosa Luxemburg hat damals, in Kritik an Marx, herausgearbeitet, daß das Kapital zur Akkumulation der Naturalwirtschaft bedarf, wie sie vor allem in den Kolonien anzutreffen war. Insofern die Naturalwirtschaft nun weltweit verschwunden ist, müßte das Kapital eigentlich keine Gewinne mehr machen und das Wirtschaftssystem also kollabieren. Aber Rosa Luxemburg hatte Recht und auch wieder nicht. Richtig ist ihr Hinweis, daß sich die kapitalistische Akkumulation auf dem Rücken einer Produktion vollzieht, die zur unentgeltlichen Naturressource deklariert wird. Falsch daran ist ihr sehr enger Begriff dieses naturalwirtschaftlichen Akkumulationsfonds, der sie zur Zusammenbruchsthese führte, dann nämlich, wenn alle externen Bereiche zu kapitalismus-internen geworden wären. Tatsächlich ist dieser Zustand mehr oder minder erreicht, dennoch bricht das Akkumulationssystem nicht zusammen.[5]

Das geschieht deshalb nicht, weil die kapitalistische Plünderung naturalwirtschaftlicher Bereiche kein einmaliger historischer Prozeß

– mit Marx »ursprüngliche Akkumulation« genannt – ist, der nun an sein Ende käme. Vielmehr gibt es so etwas wie eine »fortgesetzte ursprüngliche Akkumulation«. Die ursprüngliche Akkumulation findet nicht nur anhand von nichtkapitalistischen Bereichen statt, wie Luxemburg in Übereinstimmung mit Marx meinte, sondern auch von Bereichen, die durch kapitalistische Mechanismen immer wieder neu *naturalisiert* werden. Wir (Maria Mies, Claudia v. Werlhof und ich) haben für diese Bereiche deshalb auch eine andere Bezeichnung gewählt. Wir sprechen nicht von Naturalwirtschaft, aber auch nicht von der ähnlich definierten Subsistenzwirtschaft, sondern von »*Subsistenzproduktion*«, um die historische Kontiniuität bis in den gegenwärtigen globalisierten Kapitalismus hinein zu betonen, jedoch unter Umgehung der Konnotation einer geschlossenen Wirtschaftsweise und abgeschlossenen historischen Phase. (Luxemburg 1966, (1923); Frank 1979; Werlhof 1978; Bennholdt-Thomsen 1981;)

Zu den kapitalistischen Mechanismen mit naturalisierendem Effekt gehört der Sexismus, durch den Frauen immer wieder zu Hausfrauen gepreßt werden, wie nach der Wende ganz massiv in Ostdeutschland geschehen. Solch ein Mechanismus ist auch der Krieg, durch den immer wieder naturalwirtschafts-ähnliche Verhältnisse hergestellt werden, wie etwa in Deutschland durch den Zweiten Weltkrieg. Dazu zählen auch die Strukturanpassungsmaßnahmen, die den verschuldeten Ländern des Südens vom Internationalen Währungsfonds und der Weltbank oktroyiert werden. Dadurch werden vor allem die sozialpolitischen Ausgleichsmaßnahmen zugunsten der armen Mehrheit der Bevölkerung beschnitten, so daß sie entweder den Gürtel noch enger schnallen oder sich die fehlenden Subsistenzmittel durch noch höheren Arbeitseinsatz besorgen müssen. Dabei handelt es sich um nichts anderes als um einen Mechanismus der Entwertung des Kapitals und der Lohnarbeit, der ganze Volkswirtschaften trifft, wie wiederholt bei Verschuldungskrisen in Ländern der Dritten Welt geschehen. Aber diese Phänomene betreffen nicht nur die Dritte Welt, wenn sie dort auch besonders hart treffen. Vielmehr gehört die zyklische, periodische Entwertung des Kapitals, wie etwa massiv in der Weltwirtschaftskrise von 1923, zur kapitalistischen Produktionsweise insgesamt dazu, genauso wie auch die immer wiederkehrende Entwertung der Lohnarbeitskraft, wie wir sie gerade neoliberal und standortpolitisch erleben. Dadurch wird der subsistenzproduzierende Anteil an der lebendigen Arbeitskraft wieder erweitert, bzw. ihre Reproduktion wieder stärker naturalisiert.

Im Gegensatz zu einer echten naturalwirtschaftlichen Organisation der Gesellschaft schafft diese Naturalisierung aber stets miserablere, jegliches eigenen kulturellen und sozialen Kontextes beraubte Lebenssituationen. Was das bedeutet, können wir anhand der Verelendung in Slums, Obdachlosensiedlungen und Asylantenlagern vorausahnen. Mit Rosa Luxemburg läßt sich darüber hinaus annehmen, daß in dem Maße, in dem sich weltweit das industrielle Lohnarbeit-Kapitalverhältnis nach außen und nach innen überall hin verbreitet, die Entwertung immer schneller an ihre Grenzen stoßen wird. Die Wellen der Entwertung werden immer kürzer aufeinander folgen, bzw. die Entwertung wird eine dauerhafte Form annehmen, etwa durch die Aufteilung der Arbeitenden in eine stetig schrumpfende »Stammbelegschaft« und in hart schuftende, neue selbständige Jobber.

Aber so finster, wie eben skizziert, brauchen wir die Zukunft unserer Arbeit gar nicht zu sehen. Das schwarze Loch (Weizenbaum auf einem Symposium anläßlich des 175. Geburtstages von Karl Marx in Trier; Menzel 1993) tut sich nur vom Kapitalstandpunkt aus auf. Sobald wir die Perspektive wechseln und uns bewußt machen, daß wir das Leben, unseres und das unserer Kinder, schließlich selbst produzieren, sieht die Welt anders aus. In Wirklichkeit reproduziert sich der Mensch nicht »natürlich« von alleine, sondern durch Arbeit, durch Lebensmittel, durch Fürsorge, Liebe und Zärtlichkeit. Gerade weil die lebendige Arbeitskraft keine Natur-Ressource ist, weil sie nicht das Uneigentliche ist, das nur als Voraussetzung der vorgeblich eigentlichen Produktion abgespalten werden kann, bezeichnen wir diesen Prozeß auch nicht als Reproduktion, sondern betonen, indem wir von *Subsistenzproduktion* sprechen, das Kreative, das Schöpferische und Erschaffende zusammen mit der Notwendigkeit dieses Tuns. Zwar macht die weltweite Verallgemeinerung des Lohnarbeitsregimes, die Verwandlung aller Dinge und Dienste in Waren (Wallerstein 1984), daß der Spielraum für die Subsistenzproduktion

immer enger wird, aber anstatt weiterhin vergeblich auf die Lohnarbeit zu hoffen, plädieren wir dafür, die Subsistenzmittel und die
subsistenzproduzierenden Verhältnisse aus den einengenden Bedingungen zu befreien und sie wieder in die eigenen Hände zu nehmen.

Die Fixierung auf den Mann

Welche kulturellen Barrieren hindern uns daran, die Kontrolle über
die eigene Subsistenz wiederzugewinnen? Worin liegt die Beschränkung der gesellschaftlichen Vorstellung von Arbeit auf *abhängige
Arbeit* begründet? Wieso hat sie sich als unhinterfragte Prämisse für
gesellschaftlichen Fortschritt einnisten können, trotz der breiten Diskussion um soziale Gerechtigkeit der letzten 200 Jahre? Wie kommt
es, daß ein Arbeitsverhältnis, das Hierarchie, d.h. einen Über- und
Unterordnungszusammenhang voraussetzt, in der demokratischen
Gesellschaft nicht als solches entlarvt worden ist? Die Antwort ist
einfach: Weil es selbst Bestandteil der Hierarchie ist. Und weil in der
Lohnarbeitsposition Machtinteressen und Unterdrückungsmecha-
nismen versammelt sind.

Die Fixierung auf die Lohnarbeit ist das modern-patriarchale
Ideologie-Instrument schlechthin. Gleichzeitig trägt die Legitima-
tionsstruktur, daß damit unser aller zukünftiger Wohlstand geschaffen würde, deutlich Züge einer Heilserwartung, die der religiösen
Legitimation des hierarchischen feudalen Sozialgefüges ähneln.
Bezeichnend auch ist, daß die Verhandlungs- und Konfrontations-
struktur zwischen Lohnarbeit und Kapital von vornherein nach
militärischem Muster gedacht ist, zumal die Arbeiterschaft ihre
Interessen in dem bestehenden Hierarchiegefälle nur als strategisch
organisierte Masse vertreten kann (vgl. Neusüß 1985). Wie also ist
die Lohnarbeitsprämisse kulturell eingebettet?

Die Fixierung auf die Lohnarbeit ist patriarchalisch. Zum einen
in dem Sinne, daß sie männerzentriert ist und zwar in Abgrenzung,
unter Ausschluß, ja unter Negation weiblicher Anteile. Das Modell
der Lohnarbeit ist die industrielle Männerarbeit und nicht die vorsorgende, an die unmittelbaren Bedürfnisse des alltäglichen Lebens,

insbesonders auch von Kindern und Alten geknüpfte Mütter- und Frauenarbeit. Kein Wunder also, daß die Gleichstellung der Frau, vermittelt über die Lohnarbeit (gleiche Bezahlung, gleiche Posten und gleiche Stellung im Beruf wie der Mann), zur Folge hat, daß Frauen zunehmend den männlichen Lebensentwurf übernehmen müssen und wollen.

Zum anderen schreibt das Lohnarbeit/Kapitalverhältnis das patriarchale Geschlechterverhältnis als Gesellschaftsverfassung fest. Die Idee von ökonomischem Wachstum (Produktionssteigerung und Profitmaximierung), von Eroberung der Märkte und Konkurrenz, die unzertrennlich mit diesem Produktionsverhältnis verbunden ist, prägt eine Vorstellung von Wirtschaft als männliches Unterfangen. Wobei der Begriff dessen, was »Wirtschaft« sei, auf die Warenproduktion reduziert bleibt, ganz so, wie der Begriff von Arbeit auf Lohnarbeit reduziert ist. Wirtschaft ist demzufolge jener Bereich, in dem Härte, Unnachgiebigkeit und menschliche Kälte statt Nächstenliebe gefordert sind, alles kriegerische, als männlich identifizierte Werte. Im Kontrast dazu gelten Werte wie Mitleid, sich kümmern um den anderen und liebevolle Zuwendung als unwirtschaftlich. Sie werden an die Frau delegiert. Sozialpsychologisch gesehen erlaubt erst diese Zweiteilung der Werte, daß die menschenfeindliche und unsoziale Version von Wirtschaft konsensuell akzeptiert und als gesellschaftlich notwendig legitimiert werden kann. Auf diese Weise sind Frauen, oder besser gesagt, das Weibliche aus dem Produktionsverhältnis als externes Pendant ausgeschlossen.

Die Fixierung der Mehrheit der Bevölkerung auf die Lohnarbeit, statt andere, weniger hierarchisch unterworfene Arbeitsverhältnisse konzipieren zu können, ist, so meine These, ein geschlechtsspezifischer Herrschaftsmechanismus. Eine Konsequenz dieses »Arrangements« ist die Tatsache, daß damit die Hierarchie von Kapital und Lohnarbeit festgeschrieben und zum gegenwärtigen historischen Zeitpunkt weiter verschärft wird, wie im folgenden noch unter dem Titel »teile und herrsche« beschrieben wird.

Das patriarchale Herrschaftsgefüge des Lohnarbeit/Kapitalverhältnisses ist seinerseits in einen komplexen patriarchalen kulturellen Kontext eingebettet, dessen Leitmotiv die Mißachtung der natürlichen Fruchtbarkeit ist. Hier auch liegt das entscheidende Bindeglied zwischen Naturzerstörung, kapitalistischem Lohnarbeitsverhältnis und untergeordneter Stellung der Frau. Die Argumentation ist bekannt und inzwischen auch über den ursprünglichen ökofeministischen Zusammenhang hinaus akzeptiert[6], wobei allerdings der Stellenwert der Lohnarbeit für das Fortschreiben dieses Syndroms bislang wenig beachtet worden ist. Ich gebe die Argumentation skizzenhaft wieder.

Zu Beginn der Neuzeit, in enger geistiger Verwandtschaft zur gleichzeitig einsetzenden Hexenverfolgung und der parallel verlaufenden Conquista, wird der Begriff von Natur als lebensspendender Mutter fortschreitend ersetzt durch ein Bild von Natur als toter, ausplünderbarer Ressource. Diese Entwertung des Weiblich-Mütterlichen auf der symbolischen Ebene geht mit der realen gesellschaftlichen Entwertung der Frau einher, die sich bis heute fortsetzt. Eng damit verquickt ist die Entwertung der versorgenden, unmittelbar Leben produzierenden Tätigkeiten, bis hin zu dem Punkt, an dem sie nicht mehr als Arbeit wahrgenommen werden. Ich habe diesen Prozeß als Entökonomisierung der Subsistenz bezeichnet. Wobei Subsistenz eben jenen Bereich menschlicher Tätigkeit meint, in dem es um die Erfüllung der unmittelbaren Bedürfnisse geht, unabhängig von der Gewinnmaximierung und im Gegensatz zu einer Produktion, deren Zweck der Profit ist. Die Entökonomisierung und zunehmende Geringschätzung der Subsistenz ist von der zunehmenden Höherbewertung der industriellen Produktion begleitet, jener Produktion also, der es nicht um Austausch mit Natur, sondern um Ausbeutung von Natur geht, nicht mehr um die Steigerung der natürlichen Fruchtbarkeit, sondern deren Überwindung und künstliche Ersetzung (Merchant 1987; Fox Keller 1986; Mies/Shiva 1995).

Genausowenig wie die Versorgungsarbeit der Mütter mit der industriellen Produktion verschwunden ist, sondern patriarchalisch-kulturell unsichtbar gemacht wurde, ist der Subsistenzbereich, d.h. sind Subsistenzarbeit und -produktion verschwunden, wie häufig ökonomisch naiv angenommen wird. Die Subsistenztätigkeiten mit dem entsprechenden Denken, Fühlen und ihrer entsprechenden Kultur sind zwar der Maximierungsproduktion untergeordnet worden und konnten sich nicht entfalten, aber sie sind notwendigerweise vorhanden. Sie sind in der Gegenwart *der* alternative Ansatzpunkt für ein anderes Wirtschaften, jenseits der Fixierung auf die Lohnarbeit und den männlichen Lebensentwurf.

Teile und herrsche: Geschlechtshierarchie und kapitalistische Entwicklung

Die Trennung in private und öffentliche Arbeitsbereiche ist das herausragende Prinzip des kapitalistischen »Bauplans«. Wir kennzeichnen es auch als Trennung von Subsistenz- und Warenproduktion. Diese Aufteilung geschieht zugleich geschlechtsspezifisch. In der Tendenz tun Frauen die subsistenzproduzierenden Arbeiten, die zugleich unbezahlt sind, bzw. kein Geld einbringen, während Männer die warenproduzierenden Tätigkeiten übernehmen. Auch in der bäuerlichen Wirtschaft, in der sich die männliche Arbeit für die Selbstversorgung und in der Produktion unmittelbar notwendiger Lebensmittel, sowie die Verflechtung von Subsistenz- und Warenproduktion (Vermarktung von Überschüssen von Frau und Mann) am längsten gehalten haben, setzt sich in diesem Jahrhundert die Trennung endgültig durch. Die Landwirtschaft industrialisiert sich, Männer arbeiten für cash crops und Biomasse, während die Frau für die Eigenversorgung und den Haushalt zuständig ist.

Wir haben diesen Prozeß »Hausfrauisierung« genannt. Er verläuft historisch parallel und komplementär zur Proletarisierung. Wobei damit weniger die de-facto-Verwandlung aller Frauen in (nur-) Hausfrauen gemeint ist, als vielmehr die patriarchal-gesellschaftliche Zuordnung der Frau. Ihr Platz in der Gesellschaft wird als dem des Mannes untergeordnet definiert, und ist nicht in erster Linie durch ein tatsächliches ökonomisches Verhältnis, sondern durch Machtmechanismen bestimmt, dem feudalen Ständesystem oder einem Kastensystem ähnlich. In Wirklichkeit waren Frauen nie, vor allem mehrheitlich nicht nur-Hausfrauen, sondern sie mußten und müssen immer auch für ein Geldeinkommen arbeiten.[7] Dennoch sorgt ihr Hausfrauenstatus dafür, daß sie in der Erwerbsarbeit geringer bezahlt und schlechter gestellt sind als Männer (Mies 1983; Bennholdt-Thomsen 1987).

Hausfrauisierung und Proletarisierung gehören zusammen. Es handelt sich dabei um einen komplementären, mehr oder minder parallelen Prozeß. Im Gegensatz zu der verbreiteten Ansicht, daß die Proletarisierung, die Verwandlung der Arbeitenden in Lohnarbeiter, den Fortgang der kapitalistischen Produktionsweise markiert, bin ich der Meinung, daß die Hausfrauisierung historisch wie aktuell die Zukunft der Arbeit vorauszeichnet. Wir können durch die Geschichte des Kapitalismus hindurch einen ständig sich wiederholenden Mechanismus beobachten, der darin besteht, daß die jeweils neuen, im kapitalistischen Sinne fortgeschritteneren Produktionsverhältnisse über die Frauen eingeführt werden. Dies geschieht, indem sie von den jeweils herrschenden älteren Einkommensquellen und Arbeitsverhältnissen durch patriarchale Machtmittel ausgeschlossen werden und dann gezwungen sind, sich neue Arbeitsfelder zu erschließen bzw. sich darin zu unterwerfen, bis sie auch daraus wieder vertrieben werden.

Die Geschichte der Hausfrauisierung

Die Geschichte der Hausfrauisierung beginnt manifest[8] mit dem sogenannten langen 16. Jahrhundert (Wallerstein 1974) und dem Ausschluß von Frauen als selbständige Handwerkerinnen aus den Zünften. Sie werden damit daran gehindert, eigenständig, ohne Unterordnung unter einen Mann, ein Einkommen erwirtschaften zu können. Ihre Arbeit wird auf diese Weise privatisiert, weibliches Handwerk wird zur Hilfsarbeit oder unentgeltlicher Zuarbeit degradiert. Daher ist es nicht verwunderlich, daß die Verlagsproduktion (Heimarbeit z.B. am Webstuhl), die die Regeln der Zunftorganisation unterläuft und die Zünfte schließlich zerstören wird, sich über die vom Handwerk ausgeschlossenen Frauen durchsetzen kann. Die Zunftordnung hatte durch die Kontrolle über die Art und Zahl der Betriebe vor allem in der Stadt, das Überangebot und gegenseitiges Niederkonkurrieren vermieden. Dieser Steuerungsmechanismus wurde durch die Verlagsarbeiterinnen, vor allem auf dem Land, ausgehebelt (Kuczynski 1963:31,70; Wolf-Graaf 1981; Höher 1983; Hall 1980).

Die Heimarbeiterinnen läuten die zukünftig dominante proto-industrielle Produktionsform ein. Sie wird aber in der Folge dann von der Männerarbeit regiert. Einer plausiblen These zufolge hat sich die protoindustrielle Heimwirtschaft als Männerarbeitsbereich verallgemeinert, weil sich auf diese Weise die Möglichkeit für Lehrlinge, Gesellen und Knechte ergab, zu heiraten, einen Haushalt zu gründen und auf diese Weise wenigstens »das Haupt von irgendetwas« zu sein (Laslett 1976:23). Denn jetzt wurde für einen überregionalen, ja für den Weltmarkt produziert, wodurch die Gründung wirtschaftlicher Hauseinheiten durch die lokale Gemeinschaft nicht mehr ebenso kontrolliert zu werden brauchte, wie etwa bei einer Handwerkerstelle, deren Produktion für den begrenzten lokalen Markt war. (Medick 1978: 296; Knapp 1984, II: 65-88).

Derselbe Prozeß scheint sich bei der Fabrikarbeit zu wiederholen. Auch hier arbeiteten am Anfang massenhaft Frauen, die aber im Laufe der Ausbreitung des Fabriksystems als Ergebnis der Organisierung der patriarchalen Arbeiterschaft von dieser Einkommensquelle im Sinne einer eigenen Überlebensgrundlage ausgeschlossen werden. Frauen werden vielmehr als Zusatzverdienerinnen definiert und auch damit in die Hausfrauenabhängigkeit gepreßt. Ein typisches Beispiel ist die Weise, wie im Dritten Reich die Fließbandarbeit über die Frauen eingeführt wurde. Indem der höhere Wert der Mutter und Hausfrau bejubelt und damit die Tätigkeit der Frau entökonomisiert wird, wird sie für die Bandarbeit als besonders geeignet erklärt. »Sie freut sich bei der Arbeit an den Bildern, die ihre Phantasie ihr vermittelt, auf die frohen Augen der Kinder, für die sie sich plagt usw.« schreiben NS-Arbeitswissenschaftler (zitiert in Tröger 1982:275).

Es ging also keineswegs darum, die Frauen zurück zu den Kindern, in die Küche und die Kirche zu treiben, sondern darum, auf diese Weise eine billige Lohnarbeitskraft zu schaffen, die neben dem niedrigen, als Zusatzverdienst definierten Lohn vor allem deshalb billig war, weil die Kosten für ihren Verschleiß – der bei der Bandarbeit besonders hoch ist – das Kapital und die Sozialversicherung nicht mehr weiter belastete. Denn für die Frau war die Lohnarbeit sowieso nicht als lebenslanges Unterhaltsprojekt gedacht (Tröger 1982). Anstatt nun diese und ähnliche Perversionen zu denunzieren, die schließlich nur die typische moderne Frauenausbeutung begründen, geschieht es heutzutage immer wieder, daß widersinnigerweise genau jene als frauenfeindlich diffamiert werden, die das Ökonomische an der Mutterarbeit und das gesellschaftlich Notwendige der Mütterlichkeit hervorheben (vgl. Dresler in Ökolinx 1995).

Frauenlohnarbeit im globalen Kapitalismus

Derselbe Mechanismus wie bei der kriegsvorbereitenden Bandarbeit, wirkt gegenwärtig bei der Teilzeitarbeit und den ungeschützten Beschäftigungsverhältnissen, beides fast ausschließlich Frauenarbeit. Anstatt breit für die bessere Sozial- und Alterssicherung dieser Arbeitsverträge zu mobilisieren, haben die Gewerkschaften in Deutschland die Frauen sogar als unsolidarisch diffamiert, weil sie Teilzeitarbeit annahmen. Stattdessen wurde die Kampagne für die 35-Stundenwoche aufgenommen, was nichts weiter als der fortgesetzte Schulterschluß für das patriarchale Familienoberhaupt mit Vollerwerbsstelle ist. Auf die Idee, die unterdrückerische geschlechtliche Arbeitsteilung überwinden zu wollen und die gesamte Arbeiterschaft für Frauenarbeitsrechte zu mobilisieren, sind die Gewerkschaften nicht gekommen. Wir haben 1983 im Rahmen des Kongresses »Zukunft der Frauenarbeit« vorhergesagt, daß damit eine weitere Entsolidarisierung gegenüber dem sich fortschreitend konzentrierenden und rationalisierenden[9] Kapital stattfinden würde, die sich noch rächen würde, indem nämlich die schlecht gesicherte, flexibilisierte Arbeit auch die Zukunft der Männer sein würde (Dokumentation 1984).

Inzwischen leben wir in der Epoche der Globalisierung und wiederum zeigt sich, daß die hausfrauisierten Arbeitsverhältnisse den zukünftigen Gesamttrend vorauszeichnen. Die ersten typisch globalisierten Arbeitverhältnisse waren diejenigen in den Weltmarktfabriken. Angefangen vor ungefähr 25 Jahren bis heute handelt es sich dabei zu 80 bis 90 Prozent um meist junge Frauen, die in den Freien Produktionszonen (FPZ) verschlissen werden. FPZ heißt, daß in einem Grenz- oder Hafengebiet eines Dritte-Welt-Landes besondere Anreize für die Investition von internationalem Kapital geschaffen werden. Es handelt sich in der Regel um Steuerbefreiung, Zusagen über freien Transfer der Gewinne und die Befreiung von sozialgesetzlichen Arbeitsschutzmaßnahmen und Umweltauflagen. Junge Frauen werden als geeignete Arbeitskräfte unter diesen Bedingungen, die keinerlei Perspektive für einen dauerhaften Lebensunterhalt bieten, angesehen, da sie später sowieso Ehefrauen, Hausfrauen und Mütter würden.

Im Zeitalter der Globalisierung setzt sich das Konzept der FPZ als Modell für die Wirtschaftsweise weltweit durch. Die Welthandelsorganisation (WTO) ist in Nachfolge des GATT dazu geschaffen worden, den freien Fluß von Kapital und Waren weiter durchzusetzen. In den Dritte-Welt-Ländern sind die Bedingungen, die dem großen multinationalen Kapital und den Konzernen (MNK) erlauben, ungehindert zu operieren, durch die Strukturanpassungsmaßnahmen geschaffen worden. Sie konnten vom Internationalen Währungsfond und der Weltbank im Zuge der Umschuldungen der überdimensionalen Auslandsverschuldung durchgesetzt werden. Aber auch in den zentralen Ländern der G7, der sieben großen Wirtschaftsmächte, die aus der politischen Stärkung der hier ansässigen MNK nur zu profitieren schienen, machen sich die Folgen von Liberalisierung und Deregulierung bemerkbar. Die nationalen Regierungen müssen um die Investitionsstandorte des großen Kapitals konkurrieren, dem steuerliche und sozialgesetzliche Vergünstigungen eingeräumt werden, was Sozialabbau, weitere Flexibilisierung der Arbeitsverträge, Verbilligung der Arbeitskraft und verstärkte Privatisierung der Versorgungs- und Vorsorgefunktionen zur Folge hat.

Die Subsistenzperspektive[10]

Über lange Zeit schien die Sicherung der Subsistenz eine Frage der Lohnarbeit zu sein. Man war der Meinung, daß die Lohnarbeit und zwar einzig sie, die Subsistenz hervorbringen, produzieren würde. Der Erwerb von Geld unter Bedingungen der Maximierungsgesellschaft schien zu garantieren, daß man sich die Subsistenz und ein

Mehrfaches dessen, was dazu notwendig ist, heute und in aller Zukunft würde kaufen können. Dieser Glaube ist in die Krise gekommen.

Erstens auf einer umfassenden Ebene: Der Weg des Wachstums von Kapital und Lohnarbeit bedroht die ökologischen Subsistenzgrundlagen selbst. Zweitens auf der Ebene von jedem und jeder Einzelnen: Ob, wie und in welcher Form eine Person Lohnarbeit findet, wird immer deutlicher eine Frage des Zufalls. Es gibt keine zuverlässigen Verbindlichkeiten, daß jenseits dieses Glücksfalls die Subsistenz gesichert sei. Anders als in einer moralischen Ökonomie, wo der gemeinschaftliche Moralkodex zumindest die Existenzgrundlage der Mitglieder der Gemeinschaft verbürgt, hält das Roulette der Maximierungsgesellschaft nichts dergleichen bereit.

Heute wird sichtbar, daß die Lohnarbeit die Subsistenzproduktion ruiniert. Tätigkeiten der alltäglichen Versorgung und der Vorsorge für andere Jahreszeiten und Lebensphasen sind der Warenproduktion untergeordnet worden, indem sie an diese delegiert und ganz den Rhythmen und Bedingungen derselben angepaßt wurden. Anders als in warenideologischer Verblendung häufig angenommen wird, ist die Subsistenzproduktion in diesem Prozeß nicht verschwunden, sondern sie existiert in einer nachgeordneten, ruinierten Form fort. Die Erklärung ist einfach: Menschliche Bedürfnisse nach Nähe, Geborgenheit und Liebe, das Heranwachsen der nächsten Generation können nicht warenförmig produziert werden. Dennoch ist die materielle Manifestation der Befriedigung dieser Bedürfnisse, nämlich das Produzieren von essen, kleiden, wohnen, schmücken, tanzen, spielen usw. immer mehr auf Fremde, auf bezahlte Dienste und Fertigprodukte[11] übertragen worden. Insbesondere aber ist die Sicherung all dessen für die Zukunft dem Kapitalgeschehen und dem Staat übertragen worden und damit letztlich anonymen Instanzen. Das vertrauensbildende Phänomen der Gegenseitigkeit ist auf dieser Ebene kaum noch zu erwarten. Dennoch hat der Glaube an Fortschritt und Entwicklung diese gemeinschaftsstiftende, ideologische Funktion bislang, zumindest in den Ländern des Zentrums der Weltökonomie, übernehmen können. Aufgrund der globalisierten (Über-) Dimension, in Verbindung mit der immer weiter fortschreitenden Verwandlung von Dingen und

Diensten in Waren auf der lokalen und Haushaltsebene, und schließlich aufgrund der Tatsache, daß Kapital und Staat den Part der Sicherung der Subsistenz unübersehbar nicht übernehmen, gibt es ein
ernüchtertes Erwachen. Wir müssen anfangen, uns wieder um
unsere unmittelbare Subsistenz zu kümmern.

Mit Subsistenzperspektive ist *kein Modell* gemeint, das nun in
Ablösung des Wachstumsmodells von Lohnarbeit und Kapital propagiert werden soll. Der Modellgedanke selbst ist bereits ein kolonialistischer Mißgriff. Damit wurde eine einzige, in sich schon imperiale Wirtschafts- und Gesellschaftsweise in der ganzen Welt mit
Gewalt- und Herrschaftsmitteln durchgesetzt. Wir geraten gerade in
unserer Epoche an die Grenzen dieser einzigen, unilinearen Aneignungsweise. Es ist kein Wunder, daß dies zum Zeitpunkt ihrer Globalisierung geschieht.

Mit Subsistenzperspektive ist auch *kein Programm* für eine staatliche Politik oder eine Politik von seiten internationaler Organisationen gemeint. Der Subsistenzgedanke wendet sich im Gegenteil
gerade gegen deren Herrschaft und zwar im Sinne der Ablehnung
des Machtprinzips selbst. Wir glauben nicht an das patriarchale Prinzip, daß eine zentralisierte Herrschaft durch eine andere, bessere
ersetzt werden sollte. Subsistenzperspektive meint vielmehr eine
Politik von unten und eine Wirtschaft von unten. Hier wird also
keine Konfrontation gesucht, noch eine Massenlinie, noch die strategisch ausgerichtete Organisation, in der das Sich-Organisieren vor
der Tat kommt. Subsistenzorientierung meint, daß die Richtung der
Entscheidung hinsichtlich jeder Alltagstat und hinsichtlich der Wendepunkte im Leben von der Fixierung auf Lohnarbeit, das Kapital
und den Mann umgelenkt werden soll. Es geht um die Frage nach
der echten Lebensqualität, nach der Lebenserfüllung im Heute,
anstelle der politischen und wirtschaftlichen Organisation *des stets
zukünftigen »um zu«*.

Mit Subsistenzperspektive meinen wir eine praktische und pragmatische Lebenshaltung, wie sie eben auch zum Wesen der Subsistenz gehört. Das heißt essen, sich kleiden, wohnen, für die Kinder
sorgen, arbeiten, sich ausruhen, Gesundheit und Krankheit – all das
sind Dinge, die notwendig sind zum Leben und um die wir uns auch
mitten im Überfluß der Warengesellschaft kümmern müssen, unab

hängig von Einkommen und Geschlecht. Es geht nicht darum, die Lohnarbeit abzuschaffen (von wem auch?), oder daß alle ihren Arbeitsplatz kündigen und aufs Land ziehen sollten, um sich vom eigenen Acker selbst zu versorgen[12], sondern es geht darum, dort, wo man gerade lebt und arbeitet, im Subsistenzsinne zu handeln. Die verallgemeinerte Lohnabhängigkeit ist ebenso ein Fakt, wie die Verallgemeinerung der Geldwirtschaft, dennoch können wir die Verhältnisse gestalten, insbesondere dadurch, daß wir mit Geld und der Erwerbsarbeit anders umgehen.[13] Wir müssen eine subsistenzorientierte Wirtschafts- und Lebensweise neu erfinden, die den Bedingungen des ausgehenden 20. Jahrhunderts angemessen ist.

Die Subsistenzperspektive hat nichts mit Autarkie von Haushalten oder abgegrenzten Gebieten zu tun, noch ist sie rückwärtsgewandt. Tatsächlich hat es auch historisch Autarkie gesellschaftlicher Gruppen nie gegeben, immer wurde auch getauscht. Entscheidend für eine (andere) Wirtschaftsweise ist, historisch wie gegenwärtig, das Prinzip, nach dem getauscht wird. Insofern stehen Fragen nach dem Markt und Parametern des Tausches, die Gegenseitigkeit beinhalten, im Zentrum unseres Interesses.

Maria Mies hat in ihrem Aufsatz »Die Befreiung vom Konsum« vor fast 10 Jahren die Grundzüge eines der ersten Schritte auf dem Weg der Subsistenzperspektive in den überindustrialisierten Ländern skizziert. Sie zeigt darin auf, wieviele Suchtelemente mit der Konsumorientierung verbunden sind und welche Möglichkeiten der Befreiung von den als übermächtig empfundenen Zwängen des wirtschaftlichen und politischen Systems es gibt (neu aufgelegt in: Mies/Shiva 1995). Ich habe zusammen mit vier anderen Wissenschaftlerinnen für eine Gegend im Süden Mexikos gezeigt, daß mitten in der Einflußzone des Weltmarktes ein anderer, nicht auf Konkurrenz und Akkumulation gerichteter Umgang mit demselben Geld wie sonst auch, möglich ist. Mehr noch, daß es den Menschen dort wesentlich besser geht als in jeder anderen vergleichbaren Gegend Mexikos. Der Grund: hier haben sich matriarchale Strukturen behauptet (Bennholdt-Thomsen 1994). Unter dem Sammelbegriff der »Wirtschaft von unten« (vgl. Stiftung Bauhaus 1996)[14] oder im Rahmen alternativer Lebens- und Wirtschaftsgemeinschaften, wie Landkommunen und Ökodörfern sind auch in Europa genügend

Beispiele dafür zu finden, daß und wie die Subsistenzperspektive am Ende des 20. Jahrhunderts funktionieren kann (vgl. Eurotopia).

Über die subsistenzorientierten Verhaltensmuster von Individuen, Haushalten und Gruppen hinaus, sehen wir einen erfolgversprechenden subsistenzorientierten Weg gegen die Massenarbeitslosigkeit, Desorientierung und Umweltzerstörung in der Regionalisierung, und zwar in dem Sinn, daß Produktion, Tausch und Verbrauch in und aus einer Region stattfinden, so daß regionale ökologische Kreisläufe entstehen. Wir plädieren für eine *Regionalisierung* gezielt gegen die wirtschaftliche Globalisierung, um die Zukunft unserer Landschaften und unserer sozialen Beziehungen nicht länger von den multinationalen Konzernen, den Banken und internationalen Finanzinstituten bestimmen zu lassen. Damit plädieren wir für diejenigen, die auf die gesunde Umgebung angewiesen und nicht zuletzt dadurch aufeinander verpflichtet sind, sie selbst in die Hand nehmen.

Zusammenfassend formuliert verstehen wir unter Subsistenzperspektive eine Umorientierung bezüglich der Ziele des Wirtschaftens und bezüglich der Werte, die damit verbunden sind, auf genau jene alltäglich und überall praktizierte Produktion des Lebensnotwendigen, die sich unter den Bedingungen der Maximierungswirtschaft nicht entfalten kann. Es geht also um ein Anknüpfen an Bestehendes, darum, die widerständige Praxis zu stärken und auszuweiten, und nicht um eine neugeschöpfte Utopie. Da in unserer Gesellschaft die Subsistenzorientierung vor allem in den Frauenarbeitsbereichen und auch in der bäuerlichen Wirtschaft überlebt hat, sehen wir auf diesen Gebieten eine besondere Chance der Befreiung von den geistigen und kulturellen Fesseln der Wachstumsideologie, die der subsistenzproduzierenden Praxis dann eine neue Qualität zu verleihen vermag.

(Für Beispiele siehe Bennholdt-Thomsen/Mies 1997 und das »Subsistenzhandbuch«, das Frühjahr 1998 im promedia-Verlag, Wien, erscheint).

Anmerkungen

1 Türen, Fenster, Möbel werden auf computergesteuerten Fertigungsstraßen nicht nur serienmäßig, sondern auch mit variierenden Maßen hergestellt. Nach dem gleichen Prinzip können Kleidungsstücke der Massenkonfektion mit Individualmaßen und persönlichen Fertigungswünschen bei der Fabrik geordert werden.

2 In der internationalen Entwicklungspolitik wurde diese Vision mit der Metapher vom »trickle down effect« belegt, dem Effekt des »Heruntertröpfelns« von den Gewinnen auf den Lebensstandard der Bevölkerung.

3 Das ist das wahre Gesicht der neuen Selbständigkeit, die uns die Standortpolitiker schmackhaft machen wollen. Genau aus dieser Art von Tätigkeiten besteht das berüchtigte »Job-Wunder« in den USA.

4 Plastisch deutlich wird dies im Fall der Saatgut- und Gen-Patentierung. Multinationale Chemiekonzerne eignen sich auf diese Weise ganze oder Teile von Kulturpflanzen an, die das jahrtausendealte Wissen und Können der indigenen Völker in sich bergen. Eine Folge davon ist, daß diejenigen, die bis dahin für die Selektion und das Überleben dieser Pflanzen – z.B. gegen die Verdrängung und Ausrottung durch Weltmarktpflanzen – gesorgt haben, nun für deren Einsatz zahlen sollen.

5 Zumindest dauerhaft nicht, denn zyklisch bricht es sehr wohl immer wieder zusammen.

6 So wiesen auf dem zweiten Frauenkirchentag der nordelbischen evangelischen Kirche viele Rednerinnen darauf hin, daß die Unterdrückung der Frauen und die Zerstörung der Umwelt die gleiche geistige Wurzel haben (FR, 22.4.1996).

7 Der idealtypisch fixierte Blick auf die Hausfrau trug dazu bei, daß diese Tatsache während langer Phasen überhaupt nicht zur Kenntnis genommen wurde. Nicht nur Hausfrauenarbeit, sondern ein Gutteil der Frauenarbeit insgesamt wurde nicht als Arbeit wahrgenommen. Ein ähnliches Phänomen der idealtypischen Verengung habe ich oben hinsichtlich der Lohnarbeit beschrieben, die in der Tendenz mehrheitlich als eine feste, den Lebensunterhalt sicherndes Arbeitsverhältnis gedacht wird, obwohl sie das nur in einem geringeren Anteil ist, und zwar bei uns wie weltweit.

8 Die Wurzeln liegen freilich tiefer, historisch weiter zurück.

9 Bekanntlich ist das eine Methode, um die Lohnarbeit zu entwerten, bzw. eine gesteigerte Naturalisierung der abhängigen Arbeit zu betreiben.

10 Ausführlich zu diesem Thema ist inzwischen von mir und Maria Mies erschienen: Die Subsitenzperspektive. Eine Kuh für Hillary, München 1997.

11 Wobei Fertigprodukte für sich genommen sicherlich nicht das Problem sind. In der matrifokalen Gesellschaft Juchitáns in Süd-Mexiko, in der die Mutter-Kind-Beziehung die wichtigste emotionale, soziale und zukunftssichernde Beziehung ist, wird die gesamte Alltagsversorgung über bezahlte Dienste und Fertigprodukte abgewickelt. Allerdings werden sie nicht anonym-industriell sondern handwerklich gefertigt. Außerdem dreht sich die gesamte lokale Ökonomie um diese Art von gesellschaftlich arbeitsteilig organisierter Subsistenzproduktion. Hausfrauen gibt es in Juchitán nicht (vgl. Bennholdt-Thomsen 1994).

12 Mit solchen und ähnlichen Einwürfen, mit denen verbohrt an den Denkstrukturen des Modells und der Massenlinie festgehalten wird, werden wir immer wieder konfrontiert.

13 VerbraucherInnen organisieren Verbraucher-Erzeuger-Gemeinschaften, um selbst biologisch produzierte Lebensmittel zu bekommen und die Biobauern durch die kostengünstige regionale Vermarktung zu stützen. Mit dem gleichen Ziel werden food-coops gegründet oder setzen sich Büroangestellte für die Einrichtung eines Bauernmarktes ein. Vom Job-sharing über car-sharing, Kleiderbörsen, der gemeinsamen Waschmaschine und dem reihum gehenden Mittagstisch bis hin zu Tauschringen, regionalisierter Ökonomie und Landkommunen sind der Phantasie keine Grenzen gesetzt.

14 Besonders populär, da über die Massenmedien bekannt geworden, sind die verschiedensten Experimente mit Tauschringen, die eigene Währungen entwickeln.

Literatur

Bennholdt-Thomsen, Veronika, 1980: Investition in die Armen. Zur Entwicklungsstategie der Weltbank, in: dies.et al., Lateinamerika, Analysen und Berichte 4, Berlin 1980, S. 74-96

dies. 1981: Subsistenzproduktion und erweiterte Reproduktion, in: Gesellschaft, Beiträge zur Marxschen Theorie, Nr. 14, edition suhrkamp, Frankfurt a.M. 1981: 30-51

dies. 1987: Hausfrauisierung und Migration, in: Bennholdt-Thomsen. Veronika et al., Frauen aus der Türkei kommen in die BRD, Periferia/CON Verlag, Lüdinghausen,: 14-32

dies.:Der Sozialismus ist tot, es lebe der Sozialismus? – Gegenseitigkeit statt sozialer Gerechtigkeit, in: Kurswechsel (Gorz und die Kritik der ökonomischen Vernunft), Heft 3, Wien 1990:75-94

dies.: Entwicklung und Fortschritt aus feministischer Sicht, in: Hennings, Werner (Hg.), Drei Annäherungen an einen Begriff: Entwicklung aus ökologischer, feministischer und strukturalistischer Sicht, Unterrichtsmaterialien Bd. 42, Oberstufenkolleg, Bielefeld, 1992

dies.: (Hrsg.): Juchitán – Stadt der Frauen. Vom Leben im Matriarchat, Rowohlt, Reinbek 1994

dies./Mies, Maria: Eine Kuh für Hillary. Die Subsistenzperspektive, Verlag Frauenoffensive, München 1997.

Dokumentation des Kongresses »Zukunft der Frauenarbeit«, Bielefeld 4.-6. Nov. 1983, Bielefeld 1984

Dresler, Wiltrud: Kritik der Subsistenztheorie und der Matriarchatsthese, in: Ökolinx 19/20, Sommer 1995

Eurotopia – Zeitschrift für »Leben in Gemeinschaft«, vierteljährig, 1996 im 11. Jg. Nürnberg

Foucault, Michel: Sexualität und Wahrheit. Der Wille zum Wissen, Suhrkamp, Frankfurt a.M. 1983

Fox Keller, Evelyn: Liebe, Macht und Erkenntnis. Männliche oder weibliche Wissenschaft? Hanser, München, Wien 1986

Gunder Frank, André : Über die sogenannte ursprüngliche Akkumulation, in: Senghaas, Dieter (Hrsg.): Kapitalistische Weltökonomie, Frankfurt a.M. 1979, S. 68-102

Gorz, André: Abschied vom Proletariat, Reinbek 1983

ders.: Kritik der ökonomischen Vernunft. Sinnfragen am Ende der Arbeitsgesellschaft, Rotbuch Verlag, Berlin 1989

Hall, Catherine: The History of the Housewife, in: Malos, Ellen (Hrsg.): The Politics of Housework, London 1980, S. 44-71

Höher, Friederike: Hexe, Maria und Hausmutter – Zur Geschichte der Weiblichkeit im Spätmittelalter, in: Kuhn, Anette und Jörn Rüsen (Hrsg.): Frauen in der Geschichte III, Düsseldorf 1983, S.13-62

Hofmann, Werner: Sozialökonomische Studientexte, Teil 1, Die Lehre von der Wertbildung, Duncker & Humblot, Berlin 1971

Holzer, Brigitte: Das Verschwinden der Haushalte. Geschlechtsspezifische und gesellschaftliche Arbeitsteilung in der Wirtschaftstheorie, in: Komlosy, Andrea und Christof Parnreiter, Irene Stacher, Susan Zimmermann (Hg.) Ungeregelt und unterbezahlt. Der informelle Sektor in der Weltwirtschaft, Frankfurt 1997, S. 117-132

Knapp, Ulla: Frauenarbeit in Deutschland, 2 Bde., München 1984

Kuczynski, Jürgen: Die Geschichte der Lage der Arbeiter unter dem Kapitalismus, Bd.18, Berlin 1963

Laslett, Peter: Familie und Industrialisierung: Eine »starke Theorie«, in: Conze, Werner (Hrsg.), Sozialgeschichte der Familie in der Neuzeit Europas, Industrielle Welt, Bd. 21, Stuttgart 1976, S. 13-32

Luxemburg, Rosa: Die Akkumulation des Kapitals, Frankfurt a.M. 1966, (1923)

Marx, Karl: Das Kapital. Kritik der Politischen Ökonomie, Bd. I, MEW 23

Medick, Hans, 1978: Haushalts- und Familienstruktur als Momente des Produktions- und Reproduktionsprozesses, in: Rosenbaum, Heidi (Hrsg.): Seminar: Familie und Gesellschaftsstruktur, Frankfurt a.M.: S. 285-308

Menzel, Ulrich, 1993: Virtuelle Transfers ersetzen reale Beziehungen, in: Frankfurter Rundschau vom 14.6.1993

Merchant, Carolyn, 1987: Der Tod der Natur. Ökologie, Frauen und neuzeitliche Naturwissenschaft, München

Mies, Maria: Subsistenzproduktion, Hausfrauisierung, Kolonisierung, in: beiträge zur feministischen theorie und praxis, 6.Jg., Heft 9/10, 1983, S. 115-124

dies.: Befreiung vom Konsum, in: dies. und Shiva, Vandana, Zürich 1995, S. 331-347

dies. und Vandana Shiva: Ökofeminismus. Beiträge zur Praxis und Theorie, Zürich 1995

Neusüß, Christel: Die Kopfgeburten der Arbeiterbewegung oder Die Genossin Luxemburg bringt alles durcheinander, Hamburg 1985

Stiftung Bauhaus Dessau und Europäisches Netzwerk für ökonomische Selbsthilfe und lokale Entwicklung (Hrsg.): Wirtschaft von unten. People's Economy, Dessau 1996

Tröger, Annemarie: Die Planung des Rationalisierungsproletariats. Zur Entwicklung der geschlechtsspezifischen Arbeitsteilung und des weiblichen Arbeitsmarktes im Natinalsozialismus, in: Kuhn, Anette und Rosen, Jörn (Hrsg.), Frauen in der Geschichte II, Düsseldorf 1982, S.245-316

Wallerstein, Immanuel, 1974: The modern world-system. New York/San Francisco/London

Wallerstein, Immanuel: Der historische Kapitalismus, Argument Verlag, Berlin 1984

Werlhof von, Claudia: Frauenarbeit: Der blinde Fleck in der Kritik der politischen Ökonomie, in: beiträge zur feministischen theorie und –praxis, Jg.1, Heft 1, Verlag Frauenoffensivem München 1978, S.18-32

Wolf-Graaf, Anke: Frauenarbeit im Abseits, Frauenbewegung und weibliches Arbeitsvermögen, München 1981

Lieselotte Wohlgenannt

Flexibel arbeiten – ökonomisch wirtschaften – solidarisch leben. Zur Notwendigkeit eines Grundeinkommens

Das ökonomische Prinzip ist in Vergessenheit geraten. Die ursprüngliche Bedeutung: mit möglichst geringen Mitteln möglichst gute Ergebnisse zur Befriedigung menschlicher Bedürfnisse zu erzielen, wurde pervertiert zur Forderung, mit möglichst wenig Kapitaleinsatz höchstmöglichen finanziellen Gewinn zu erreichen. Alles, was sich nicht in Kapital und Geldwert ausdrückt, gilt dabei als Nicht-Wert: die verbrauchte Natur, Verschmutzung von Wasser, Zerstörung der Ozonschicht, die Lebensgrundlagen künftiger Generationen und auch die unbezahlte Arbeit in Haushalt und Kindererziehung. Soweit menschliche Arbeit in die offizielle Wirtschaft eingeht, wird sie zur Ware, die nach Angebot und Nachfrage auf dem Markt gehandelt wird.

Menschen sind aber nicht nur Arbeitskräfte, sondern in erster Linie Mitglieder einer Gesellschaft, deren Zusammenhalt heute weitgehend über die Erwerbsarbeit funktioniert. Die Erwerbsarbeit bestimmt die soziale Stellung, Einkommen und soziale Sicherheit über das Erwerbsleben hinaus und wirkt sich auf Kinder und Angehörige aus. Der gesellschaftliche Rhythmus und das Zusammenleben sind weithin von der gesellschaftlichen Organisation der Arbeit bestimmt. Die politischen Akteure ihrerseits rekrutieren sich in der Demokratie aus Parteien und Interessenverbänden, die den verschiedenen Bereichen von Wirtschafts- und Arbeitsorganisation zugeordnet werden können.

1. Arbeitslosigkeit und Wachstum

Arbeitslosigkeit und »Krise des Sozialstaats« sind die politischen Herausforderungen für die EU vor der Jahrtausendwende. Zwar gehören zu Europa einige der reichsten Länder der Welt, dennoch wächst die Armut als Folge der immer sichtbarer werdenden Einbrüche in der Einkommensverteilung über Erwerbsarbeit. Rationalisierung und Auslagerung einfacher Arbeiten in Niedriglohnländer ermöglichen rasches Wachstum der Produktivität mit geringer werdendem Einsatz menschlicher Arbeit. Da jedoch über Arbeitsplätze durch Erwerbseinkommen und Steuern erwerbsarbeitsabhängige Sozialleistungen (Kinderbeihilfe/Kindergeld, Kranken- und Arbeitslosenversicherung, Pensionen und Renten) finanziert werden, führt eine Verschlechterung des Verhältnisses zwischen aktiv Erwerbstätigen und nicht- bzw. nicht-mehr Erwerbstätigen (Arbeitslosen und RentnerInnen) in eine gesellschaftliche Krise.

Für die Politik wird damit die Schaffung von Arbeitsplätzen zur obersten Priorität. Der Arbeitsplatz als »höchstes Gut«: deutlicher als mit solchen Bewertungen könnte kaum zum Ausdruck gebracht werden, daß Erwerbsarbeit zum Götzen wird, dem alles andere unterzuordnen ist. Auch – und nicht zuletzt – Fragen der Ökologie, der Armut in den Ländern des Südens und zukünftiger Lebensmöglichkeiten auf unserer Erde.

Die fordistische Wirtschaftsweise, wie sie sich seit dem 19. Jahrhundert in den Industrieländern herausgebildet hat, lebt vom Zusammenspiel von Massenproduktion und Massenkonsum. Elmar Altvater, Professor für politische Ökonomie in Berlin, spricht in diesem Zusammenhang von einer »fossilistischen« Gesellschaft, um die Abhängigkeit dieser modernen Industriegesellschaften von den fossilen Energieträgern Kohle, Erdöl und Erdgas zu benennen, der sie ihre Produktivität und ihre Mobilität verdanken. Aus diesem Zusammenhang entsteht eine Dynamik: mehr Güter und Dienste – höhere Löhne – höhere Produktivität – höherer Verbrauch an Ressourcen –, eine Spirale, die sich ständig weiter dreht und drehen muß, will sie nicht zum Stillstand kommen. Dies bedeutet zugleich immer höheren Kapitaleinsatz, wobei menschliche Arbeit wegrationalisiert wird. Wenn in Zeiten raschen Wirtschaftswachstums ständig neue

Wirtschaftszweige und neue Arbeitsplätze entstehen, so sind auch diese denselben Regeln unterworfen und reichen nicht aus, die Freisetzungen zu kompensieren. Dort hingegen, wo zusätzlicher Einsatz menschlicher Arbeit notwendig wäre, in Form persönlicher Dienstleistungen, für Pflege Alter und Kranker oder Kinderbetreuung, scheitert die Schaffung regulärer Arbeitsplätze an den hohen und durch Sozialkosten zusätzlich belasteten Arbeitslöhnen, die bei solchen Diensten über den Markt nicht finanzierbar sind. Dies gilt zumindest in Gesellschaften, die soziale Sicherheit nicht mit extrem großen Einkommensunterschieden verbinden und den Anspruch erheben, daß auch die niedrigsten Löhne zum Leben reichen sollen.

Das Paradox besteht also darin, daß die Arbeitsgesellschaft dazu tendiert, Arbeit überflüssig zu machen, wobei sich das Kapital mehr und mehr verselbständigt. Während Arbeit (trotz aller Wanderungsbewegungen) ortsgebunden bleibt, wird Kapital international dort investiert, wo die höchsten Renditen zu erwarten sind. Die Wirtschaft befreit sich zunehmend von nationalen Bindungen. Investitionen erfolgen dort, wo die meisten Gewinne gemacht werden können und sind somit oft reine Kapitalanlagen. Als 1996 bekannt wurde, die Zahl der Arbeitslosen in den USA sei zurückgegangen, sanken die Börsenkurse. Wenn ein Großunternehmen Arbeitskräfte entläßt und rationalisiert, steigen die Aktien. Daraus entsteht eine neue Situation: Die Interessen der potentesten Teile der Wirtschaft, der internationalen Konzerne und der großen Finanzeinheiten, lösen sich von der Politik einzelner Staaten und deren gesellschaftlichen Interessen.

Die verbleibende nationale Industrie und die Vertreter der Wirtschaft ziehen aus dieser Situation zusätzliche Verhandlungsmacht; vor allem mit dem Argument der Arbeitsplatzsicherung ist fast alles zu erreichen.

Die Länder des Südens müssen sich mehr und mehr in die Weltwirtschaft eingliedern. Die Wirtschaftsmächte erzwingen den freien Markt (GATT – WTO), das Kapital sucht nach Anlagemöglichkeiten, und auch die Bevölkerung sehnt sich nach einem Lebensstil, der ihr durch die überall verbreiteten elektronischen Medien und weltweite Fernsehkanäle täglich vor Augen geführt wird. Um Investitionen anzuziehen, sind die Regierungen dieser Länder gezwungen, ökologische und arbeitsrechtliche Toleranz walten zu lassen.

Unbestritten ist, daß die Erde eine »fossilistische Wirtschaftsweise«, wie sie heute von den reichen Ländern betrieben wird, auf die gesamte Weltbevölkerung ausgedehnt, nicht verkraften könnte.

Ebenso unbestritten ist, daß die Erde allen Menschen gehört, daß nicht einige wenige auf Kosten aller und der Zukunft leben können. Alle Menschen, unterschiedslos, haben ein Recht auf menschenwürdiges Leben.

Dies verlangt von den Reichen, zumindest dort zu teilen, wo es um materielle Güter geht: den Verbrauch unersetzlicher Ressourcen drastisch einzuschränken, neue Ziele des Wirtschaftens zu definieren, sich auf einen Paradigmenwechsel einzulassen.

2. Reproduktions- und Eigenarbeit

Die unbezahlte Reproduktionsarbeit hat in der Erwerbsarbeitsgesellschaft den Stellenwert einer natürlichen Ressource. Wie Boden, Luft und Wasser wird diese – in der Regel von Frauen geleistete – Arbeit nicht bewertet. Ähnlich, wie man der Erde alle Belastungen zumuten zu können glaubte, erwartet man, daß Kinder genährt und gepflegt werden, daß Kranke und Alte Trost und Pflege finden, daß in den Familien Essen bereitsteht, die Müden und Hungrigen gelabt, die Traurigen getröstet werden. Diese (und eine Reihe anderer) Dienste sind unabdingbar für die Gesellschaft. Sie bilden die Basis für gesellschaftliches Zusammenleben und sind Voraussetzung, damit die Erwerbsarbeitsgesellschaft funktionieren kann.

Für die volkswirtschaftliche Gesamtrechnung existiert keine Haushaltsproduktion, die Haushalte werden als reine Konsumeinheiten betrachtet und allenfalls als sogenannte »Satelliten« in die statistische Berechnung einbezogen. In der politischen Diskussion wird mehr und mehr anerkannt, daß in den Haushalten Leistungen erbracht werden, die der öffentlichen Hand Einsparungen erlauben. So werden 80 Prozent aller Pflegebedürftigen von Familienangehörigen betreut. Die für die Gesellschaft wichtige Leistung der Betreuung von Kleinkindern wurde in den letzten Jahren zum Beispiel in Österreich mit Zuschlägen für die Berechnung der Altersversorgung anerkannt.

Eine vor einiger Zeit in Österreich unter der Leitung von Dr. Gudrun Biffl (Wirtschaftsforschungsinstitut) durchgeführte Untersuchung kam zu dem Ergebnis, daß die unbezahlte Arbeit, die größtenteils in den Haushalten geleistet wird, ein Drittel bis 40 Prozent (je nach Berechnungsart) des Bruttosozialprodukts erreicht.

Eine Mikrozensuserhebung 1992 des Österreichischen Statistischen Zentralamts über die Zeitverwendung der Österreicher und Österreicherinnen ergab, daß für Haushalt, Kinder und Pflege (einschließlich handwerklicher Tätigkeiten im Eigenbereich) insgesamt mehr Zeit aufgewendet wurde als für Berufsarbeit, und zwar 3,56 Stunden für alle Personen über 19 Jahren im Wochendurchschnitt, gegenüber 3,43 Stunden für Erwerbsarbeit. Auf Männer entfielen dabei 2,10 Stunden, auf Frauen 5,30 Stunden (Erwerbsarbeit: 5,09/2,26). Für »Freizeit« (einschließlich Familienleben, Kontakte mit Verwandten, soziale Kontakte.) verwendeten Männer 5,23 Stunden, Frauen 4,40 Stunden. Für Schlafen, Essen und andere Tätigkeiten im persönlichen Bereich standen im Wochendurchschnitt rund 11 Stunden pro Tag zur Verfügung.

Diese Arbeit als Hausarbeit zu bezahlen, würde unweigerlich dazu führen, Frauen noch stärker als bisher zu diskriminieren. Zum geringen Einkommen käme der Ausschluß vom Arbeitsmarkt, würde Hausarbeit als Erwerbsarbeit gewertet. Auch die Frage, wer was bezahlen sollte, ist nicht ohne weiteres zu beantworten. Zwar liegen Arbeiten für Kinder zweifelsohne im Interesse der Gesamtgesellschaft, andere Elemente der Haushaltsproduktion kommen jedoch den Ausübenden selbst oder dem Partner zugute. ArbeitgeberInnen haben Interesse daran, daß der Arbeitnehmer und die Arbeitnehmerin sich möglichst wenig um anderes sorgen muß und seine Kräfte auf die Erwerbsarbeit konzentrieren kann – im oberen Einkommensbereich wird das oft zum Ausdruck gebracht und indirekt durch ein höheres Einkommen mit abgegolten – einer der Gründe für die Benachteiligung von Frauen bei Karriereposten.

Tatsächlich würde eine Monetarisierung der Haushaltsproduktion höhere Zahlen für das Bruttosozialprodukt bedeuten, nicht aber den gesellschaftlichen Reichtum vermehren. Die Menge an verfügbaren Gütern und Leistungen würde sich nicht ändern, der Unterschied würde darin bestehen, daß diejenigen, die Leistungen für die Gesellschaft erbringen – meist sind es Frauen –, von dieser Arbeit leben könnten, ohne von anderen abhängig zu sein.

In anderen Formen ist hingegen die Umwandlung von bisher typischen Haushaltstätigkeiten in Erwerbsarbeit im Zunehmen begriffen: Tiefkühlprodukte, Fertigmahlzeiten, Halbfertigprodukte, Kindergärten, soziale Dienste und schließlich auch die Restaurants erlauben die Auslagerung eines Teiles der Haushaltsproduktion. Einige dieser Substitutionsprodukte sind mit hohem Aufwand an Energie und Verpackungsmaterialien verbunden, deren ökologiegerechte Entsorgung in den Haushalten zusätzliche Arbeit verursacht.

3. Trennung von Arbeitseinkommen und Existenzsicherung

Die Vorschläge, die in Europa angesichts steigender Arbeitslosenzahlen zur Sicherung des Sozialstaats vorgebracht werden, gehen in unterschiedliche, oft einander widersprechende Richtungen. Dabei sind Vorschläge wie Flexibilisierung und längere Arbeitszeiten, strikte Einschränkung der Frühpensionierungen und Einbeziehung aller Frauen in die Erwerbsarbeitsgesellschaft, um auch für sie eigenständige Sozialversicherungsansprüche zu gewährleisten, schwerlich geeignet, Arbeitslosigkeit abzubauen. In die Gegenrichtung gehen Vorschläge von Arbeitszeitverkürzung oder Karenzjahre, Lohnsubvention für die wenig Ausgebildeten und Anstrengungen im Bildungsbereich. Dazu kommen verschiedene Vorschläge und/oder Maßnahmen zur steuerlichen Entlastung persönlicher Dienstleistungen im Haushaltsbereich, um die dort weitverbreitete Schwarzarbeit in den Griff zu bekommen und einige Erwerbsarbeitsplätze zu schaffen.

Eine öko-soziale Wirtschaftsweise, deren Ziel nicht Wachstum und Beschäftigung, sondern Lebensqualität bei schonendem Umgang mit den Gütern der Erde ist, setzt eine andere Organisation von Einkommen und sozialer Sicherheit voraus. Das würde niedrigere Nominaleinkommen und weniger Abgaben für die Beschäftigten bedeuten, ebenso geringere Lohnkosten für die Betriebe. Dafür müßten höhere Steuern auf den Energieverbrauch erhoben werden. Weiter müßte die Basis für Steuern und Abgaben zur Finanzierung der sozialen Sicherheit und der sonstigen Staatsausgaben generell verbreitert werden.

Um weniger zu arbeiten und gleichzeitig die Erwerbsarbeit auf eine größere Lebensspanne aufzuteilen, reichen die derzeit diskutierten Formen der Arbeitszeitverkürzung nicht aus. Familienzeiten und Zeiten der Weiterbildung können nicht einfach vom Arbeitgeber oder einer Behörde vorgegeben werden. Damit solche Zeiten selbst gestaltet und selbstverantwortlich geplant und genutzt werden können, braucht es eine von Erwerbsarbeit unabhängige Grundsicherung.

Eine solche Grundsicherung, ob als BürgerInnengeld oder in Form des nachstehend vorgestellten Modells »Grundeinkommen«, müßte die notwendigen wirtschaftlichen und gesellschaftlichen Veränderungen stützen und absichern:

- Flexibilisierung des Arbeits- und Ressourceneinsatzes entsprechend einer Wirtschafts- und Umweltpolitik, die auf »nachhaltige Entwicklung« setzt und Lebensqualität statt Quantität zum Ziel hat;

- Stabilisierung der Wirtschaft durch Sicherung der Kaufkraft im Bereich der Grundbedarfsgüter,

- Ermöglichung arbeitsintensiver Tätigkeiten (Stichwort: Reparieren statt Wegwerfen) und Stärkung kleiner Wirtschaftskreiläufe;

- Globale Abgeltung der unbezahlten Arbeit.

4. Grundeinkommen

Unter Grundeinkommen verstehen wir (Büchele/Wohlgenannt, 1985 und 1990) einen Betrag in Geld, der jedem Mitglied unserer Gesellschaft als eine Art BürgerInnenrecht zustehen sollte. Dieses

Einkommen müßte so hoch sein, daß man – bescheiden – davon leben kann, und zwar unabhängig von Erwerbsarbeit und jeder wie immer gearteten Kontrolle von Arbeit.

Grundeinkommen bedeutet:

Allgemein, daß alle Mitglieder einer Gesellschaft – alle Österreicherinnen und Österreicher, alle Deutschen oder noch besser alle EU-BürgerInnen – in den Genuß dieser finanziellen Leistung der Gemeinschaft kommen können müssen.

Von *Existenzsicherung* durch ein Grundeinkommen im vollen Sinn des Wortes kann erst die Rede sein, wenn die zur Verfügung gestellte Summe ein zwar bescheidenes, aber dem Standard der Gesellschaft entsprechendes Leben, also die Teilnahme an allen Tätigkeiten und Lebensvollzügen, die in dieser Gesellschaft wichtig sind, ermöglicht.

Personenbezogenheit, auch wenn die meisten Menschen in Familien oder familienähnlichen Gemeinschaften leben und deshalb die Berechnung von Einkommen nach der Haushaltsgröße auf den ersten Blick gerecht und sinnvoll erscheint. Es sprechen aber gewichtige Argumente für die Einzelperson als Berechnungseinheit, so der Wegfall von Kontrollen und die leichtere Administrierbarkeit. Personbezogenheit wird allerdings im Regelfall auch bedeuten, daß eine Familie bzw. ein Haushalt vom Grundeinkommen besser lebt als Alleinstehende.

Arbeitsunabhängigkeit des Grundeinkommens bedeutet, daß keine wie immer geartete Kontrolle von Arbeit oder Verfügbarkeit für einen Arbeitsmarkt mit ihm verknüpft sein soll. Gleichwohl werden sich Menschen, die vom Grundeinkommen leben, vielerlei notwendigen, nützlichen, sinnvollen Arbeiten und Beschäftigungen widmen und widmen können.

Leistungsfreundlichkeit muß auch bei einem Grundeinkommen berücksichtigt werden. Leistung muß sich lohnen – doch wer definiert, was Leistung ist? In der Erwerbsarbeitsgesellschaft gilt im allgemeinen das als Leistung, was gut bezahlt wird, ohne Rücksicht darauf, ob damit auch ein entsprechender Nutzen für die Gemeinschaft verbunden ist.

Daß viele höchst wertvolle Leistungen – etwa die Erziehung von Kindern – sich finanziell überhaupt nicht lohnen, sondern ganz im Gegenteil durch niedrigeren Lebensstandard bestraft werden, kommt in einer erwerbsarbeitszentrierten Gesellschaft gar nicht in den Blick.

Integration von Grundeinkommen in die Einkommensteuer in Form von (auszahlbaren) Absetzbeträgen würde bedeuten, daß zusätzliches Einkommen zwar besteuert wird, das verfügbare Einkommen sich jedoch spürbar erhöht.

Wesentlich ist, daß damit keine Armutsfalle entstehen kann, wie es etwa heute bei den meisten Sozialleistungen der Fall ist, wo zusätzliche Einkommen zu 100 Prozent abgezogen werden oder überhaupt zum Wegfall der Sozialleistung führen.

Egalitär bedeutet, daß die Inanspruchnahme von Grundeinkommen nicht diskriminierend sein darf – wie etwa die Sozialhilfe.

Leicht administrierbar könnte und müßte ein Grundeinkommen dahingehend sein, daß es in Form von Absetzbeträgen mit der Steuerschuld verrechnet werden kann. Wer weniger Einkommensteuer zahlen muß als ihm oder ihr an Grundeinkommen zusteht, bekommt die Differenz ausbezahlt. Die Auszahlung könnte im voraus erfolgen, die Verrechnung am Ende des Jahres in Form eines Steuerausgleichs.

In der jetzigen Phase der Einführung der allgemeinen Veranlagung würde beispielsweise in Österreich daraus kein zusätzlicher Verwaltungsaufwand entstehen. Die Kontrollnotwendigkeiten blieben auf den Steuerbereich beschränkt.

Zur *Finanzierung* und zu den *Rahmenbedingungen*: sei zunächst allgemein angemerkt, daß Transfers im unteren Einkommensbereich Wachstum mit sich bringen. Dieses bezieht sich vor allem auf den Bereich der Grundbedarfsgüter, außerdem auf Arbeitsplätze, wobei auch zusätzliche entstehen. Ein sehr beträchtlicher Teil (Schätzungen von 50 bis 80 Prozent) würden damit durch Steuern und Abgaben in die öffentlichen Kassen zurückkommen. Auch ein Grundeinkommen in Form auszahlbarer Absetzbeträge würde dem unteren Einkommensbereich (und den Familien) zugute kommen, bei den oberen Einkommen würde der Effekt durch entsprechende steuerliche Maßnahmen neutralisiert. Einkommenssicherung bei den niedrigeren Einkommen, die großteils zur alltäglichen Bedarfsdeckung ausgegeben werden, wirkt antizyklisch, d.h. stabilisierend für die Wirtschaft.

Allerdings kann die Finanzierung nicht über erwerbsarbeitsbezogene Steuern und Abgaben geschehen, wenn das Ziel die Entkoppelung von Erwerbsarbeit und Existenzsicherung sein soll.

Notwendig ist deshalb eine Verbreiterung der Steuerbasis und insbesondere eine ökologische Steuerreform, welche die Arbeit von Abgaben und Steuern entlastet, dafür aber den Verbrauch nicht erneuerbarer Ressourcen belastet.

Ein volles, bedarfdeckendes Grundeinkommen wird vermutlich nicht mit einem Schritt einzuführen sein. In Österreich sind Absetzbeträge bereits fix im Steuersystem verankert. Erhöhung (bzw. Einführung) auch bescheidener allgemeiner Absetzbeträge würde die unteren Einkommen und Familieneinkommen anheben. Arbeitgeberbeiträge zu den Sozialversicherungen müßten schrittweise auf eine breitere Basis gestellt werden, wobei auch an eine Ökosteuer zu denken wäre. Im oberen Einkommensbereich wären Ausnahmeregelungen und Abschreibmöglichkeiten einzuschränken, damit Grenzsteuersätze nicht nur ein hohes Belastungsgefühl auslösen, sondern auch der Realität entsprechen.

5. Solidarisch leben

Ein garantiertes Grundeinkommen (allgemeines Grundeinkommen – Mindestsicherung – Grundsicherung – BürgerInnendividende) in Form von Steuerabsetzbeträgen wäre – im Gegensatz zu Modellen negativer Einkommensteuer, die in erster Linie als Lohnsubventionen gedacht sind – kein Armutsprogramm, sondern eine allen Mitgliedern der Gesellschaft gleichermaßen zukommende, d.h. demokratische, Leistung der Gemeinschaft.

Entsolidarisierungstendenzen sind heute nur allzu spürbar, nicht nur im Rahmen der Budget-Auseinandersetzungen. Unter dem Stichwort »Flexibilität« bahnt sich eine Reihe von Veränderungen an, die die gesellschaftliche Organisation der Arbeit, und als Folge davon auch die gesellschaftliche Organisation überhaupt, stark verändern werden. Eine weitere Dimension der Flexibilisierung, die unsere Arbeitsgesellschaft verändern wird, ist die Entstehung neuer

Arbeitsformen. Zeitarbeitsverträge, »neue Heimarbeit«, Werkverträge und ähnliche Vereinbarungen fallen aus dem Rahmen – und damit aus dem Schutz – bisheriger arbeitsrechtlicher Regelungen wie Sozialversicherung und Arbeitszeitregelungen.

Wenn wir eine tiefgreifende gesellschaftliche Spaltung vermeiden wollen, brauchen wir neue Formen gesellschaftlicher Solidarität. Wir brauchen eine Art neuen Gesellschaftsvertrag, der nicht – wie heute – über die Stellung in der Arbeitswelt vermittelt wird. Grundeinkommen als Element dieses neuen Gesellschaftsvertrags würde ein gesellschaftliches Teilhaberecht sichern, eine materielle Basis als Realisierung des Rechts auf Leben, und damit die Voraussetzungen schaffen, Teilnahme auch im wirtschaftlichen und politischen Bereich einzufordern und in Anspruch zu nehmen.

Die Veränderung gesellschaftlicher Ziele in Richtung einer nachhaltigen Wirtschaft, die allen Menschen dieser Welt ein gutes Leben ermöglicht, verlangt eine Änderung des Stellenwerts der Arbeit im gesellschaftlichen Gefüge, und zwar in dreifacher Hinsicht:

Ökonomisch, weil Arbeit mehr und zugleich etwas anderes ist als einfach ein »Arbeitsplatz«. Arbeit ist zielgerichtete Tätigkeit zur Befriedigung menschlicher/gesellschaftlicher Bedürfnisse, unter möglichst schonendem Umgang mit den Gütern der Erde

Sozial, weil bezahlte wie unbezahlte Arbeit flexibel eingesetzt werden sollten, etwa nach dem Vorbild weiblicher Erwerbsarbeitskarrieren – mit Familienzeiten, Weiterbildung, Eigenarbeit – auch für Männer. Solche Flexibilität ist allerdings nur möglich und zumutbar, wenn auch in Zeiten des Verzichts auf Erwerbsarbeit die Existenzgrundlage gesichert ist, eben in Form eines allen zustehenden, arbeitsunabhängigen Grundeinkommens.

Kulturell, weil die unser ganzes gesellschaftliches Leben prägende »Idealvorstellung« des erwerbstätigen Normalbürgers nach und nach ersetzt werden muß durch neue Leitbilder eines Lebens, in dem – ähnlich wie heute noch bei Frauen – Zeiten von Erwerbsarbeit abwechseln mit Zeiten von Familienarbeit, selbstgewählter Beschäftigung, freiem Engagement. Und wo auch Muße wieder als eigener Wert erkannt, anerkannt und gelebt wird.

Es ist heute noch kaum möglich, ein Bild dieser zukünftigen Wirtschaft, die mit einem Zehntel des heutigen Aufwands an Energie und sonstigem Ressourcenverbrauch auskommen soll (Schmidt-Bleek, 1994/1997), zu zeichnen. Zweifellos setzt eine nachhaltige Wirtschaftsweise eine neue Sicht des Zusammenspiels zwischen Natur und Mensch voraus, ebenso wie einen Wertewandel, der nur in Verbindung mit strukturellen Veränderungen möglich wird.

Literatur

Biffl, Gudrun, 1989: Der Haushaltssektor. Der volkswirtschaftliche Wert der unbezahlten Arbeit, in: Monatsberichte des Österreichischen Instituts für Wirtschaftsforschung, 62, 9, S. 567-576

Büchele, Herwig, Wohlgenannt, Lieselotte, 1985: Grundeinkommen ohne Arbeit, Auf dem Weg zu einer kommunikativen Gesellschaft. Wien.

Franz, Alfred e.a., 1996: Familienarbeit und »Frauen-BIP«, in: Statistische Nachrichten 1/96.

Gross, Inge, 1995: Erhebungen über die Zeitverwendung 1981 und 1991, in: Statistische Nachrichten, Österreichisches Statistisches Zentralamt, 2/1995, S. 116 ff.

Schmidt-Bleek, Friedrich, 1994 und 1997: Wieviel Umwelt braucht der Mensch? Basel und München.

Wohlgenannt, Lieselotte, Büchele, Herwig, 1990: Den öko-sozialen Umbau beginnen: Grundeinkommen. Wien.

Ruth Becker

Eigenarbeit – Modell für ökologisches Wirtschaften oder patriarchale Falle für Frauen?

Von den Freuden der Eigenarbeit in der Dualwirtschaft

Anfang der achtziger Jahre, als das Ende des fordistischen Traumes vom stetigen Wirtschaftswachstum durch stetige Ausweitung des normierten Massenkonsums in den Industrienationen und auch in den Ländern, die man dahin zu »entwickeln« versuchte, kaum mehr zu ignorieren war, verkündigten einige Autoren[1] in Büchern mit hohen Auflagen das »Ende der Arbeitsgesellschaft« (Gorz 1983, Guggenberger 1982) und propagierten ein »duales« Wirtschaftsmodell mit einem immer kleiner werdenden »formellen« und einem stetig sich ausdehnenden »informellen« Sektor (Huber 1979, 1985; Illich 1983; Brun 1985 u.a.).

Die Visionen waren keinesfalls düster, sondern ausgesprochen optimistisch, ja geradezu paradiesisch, wie es beispielsweise Gorz schon imTitel eines seiner Bücher verriet (»Wege ins Paradies« Gorz 1983): Die exponential fortschreitende Rationalisierung durch den Einsatz stetig verbesserter Technik mache immer weniger menschliche Arbeit notwendig, so die den Veröffentlichungen zugrundeliegende These. Mit anderen Worten: Was die sozialistische Revolution nicht geschafft hat, bringt der (in kapitalistischen Ländern besonders erfolgreiche) technische Fortschritt: Die Befreiung von kapitalistischer Lohnarbeit.

Zwei »kleine« Probleme waren allerdings noch zu lösen: Mit dem (weitgehenden) Verschwinden der Erwerbsarbeit geht auch der

Mechanismus verloren, der zumindest in kapitalistischen Ländern für die (wenn auch äußerst ungleiche) Verteilung des gesellschaftlichen Reichtums sorgt und über die Zuteilung von Geldeinkommen einen Zugriff auf Ressourcen vermittelt. Und es bleiben eine Reihe menschlicher Tätigkeiten übrig, die sich einer technisch induzierten Rationalisierung weitgehend zu entziehen scheinen[2], deren Erledigung gleichwohl unverzichtbar ist[3]. Dazu gehören insbesondere jene Tätigkeiten, die im feministischen Diskurs zumindest in dieser Zeit unter dem Begriff der »Reproduktionsarbeit« gefaßt wurden.[4]

Für das erstgenannte Problem erfand mann das garantierte Mindesteinkommen (siehe unten), das zweite werde sich, so zumindest ein Teil der Autoren, wie von selbst lösen, denn der vom Zwang zur Erwerbsarbeit befreite Mann werde sich freudig und streßfrei all der Arbeiten, an denen er bisher durch seine zeit- und energieraubende Einbindung in die Erwerbsarbeit gehindert war, widmen. »Wenn die normale Arbeitswoche 30 Stunden nicht überschreitet ... dann verliert auch die gegenwärtige geschlechtsspezifische Arbeitsteilung ihre ökonomische Basis und ihren Anschein von Berechtigung« (Gorz 1991: 139). Als ob die geschlechtshierarchische Arbeitsteilung diesen Anschein jemals gehabt oder eines solchen jemals bedurft hätte! Gorz meint zwar eine Tendenz ausmachen zu können, die »eindeutig in diese Richtung« (der stärkeren Beteiligung von Männern an der Hausarbeit) geht, muß aber, um einen Beleg zu finden, bis in die USA reisen, wo es immerhin 12 Prozent junge Väter geben soll, die »Urlaub nehmen, selbst unbezahlten, um sich um ihre Kinder zu kümmern« (Gorz 1991: 140) – für einige Tage oder Wochen, vergißt er leider hinzuzufügen. Und wer kümmert sich die übrige Zeit?

Andere Dualwirtschaftler sind bezüglich der Lern- und Veränderungsbereitschaft ihrer Geschlechtsgenossen weniger optimistisch und fordern deshalb einen »Sozialdienst«, zu dem »alle Bürger/-innen des Landes ... über ihre gesamte Lebensarbeitszeit hinweg verpflichtet werden« (Opielka 1985: 307; ähnlich auch Huber 1985: 170ff)[5]. Wer dabei an faschistische Institutionen wie den Reichsarbeitsdienst denkt, so Opielka weiter, hat nichts begriffen, denn der neue Sozialdienst ist »dezentral, auf kommunaler Ebene, mit persönlicher Zeitgestaltung des Einsatzes« organisiert (wie verträgt sich die Zeitsouveränität der Sozialdienstleistenden eigentlich mit dem Charakter beispielsweise von Pflege- und Betreuungsarbeit? R.B.) und »auf soziale Arbeiten begrenzt«. Der Sozialdienst soll zwar eine Verpflichtung vergleichbar dem »Steuerzahlen« sein, im Gegensatz zum Steuerzahlen soll sich der Zwangscharakter dieser Verpflichtung jedoch weder auf die Bereitschaft zur Teilnahme noch auf die Qualität der dabei geleisteten Arbeit nachteilig auswirken, im Gegenteil, nach Opielka trägt gerade die »Ent-Monetarisierung und Ent-Marktung« zur »Sensibilisierung für soziale Aufgaben«, zu einer »Ent-Anonymisierung und zu einer Aufwertung des Sozialen generell« bei (alle Zitate aus Opielka 1985: 307). Kurz – nur unbezahlt wird (zumindest im sozialen Bereich) gute Arbeit geleistet.

Hier treffen sich die Konzeptionisten des Sozialdienstes wieder mit Gorz. Er vertritt auf den ersten Blick ein konträres Konzept, da er die Verpflichtung zur Arbeit (von der auch bei ihm niemand befreit werden soll) gerade nicht im sozialen Bereich, sondern bei den Arbeiten einführen will, die heute den Kern der Erwerbsarbeit ausmachen, also vor allem in der technisch hochrationalisierten und deshalb hochproduktiven Güterproduktion und den unternehmerischen Dienstleistungen[6]. Gorz teilt jedoch mit den Protagonisten des Sozialdienstes die Auffassung, daß die Verberuflichung und Monetarisierung von sozialen und persönlichen Dienstleistungen auf jeden Fall abzulehnen sei. Denn nur durch Nichtbezahlung wird Hilfe, Unterstützung, Pflege- und Hausarbeit zur »guten« Arbeit – könnte frau die insgesamt mehrere tausend Seiten umfassenden Texte der genannten Autoren resümieren.

Das war nicht nur eine eindeutige Kampfansage gegen die mehr oder weniger zur gleichen Zeit von vielen Feministinnen erhobene Forderung nach dem »Lohn für Hausarbeit«, die Joseph Huber mit dem Satz kommentierte: »noch selten wurde in emanzipatorischer Pose eine so reaktionäre Forderung erhoben« (Huber 1979: 31)[7], sondern widersprach auch den Erfahrungen all derer, die diese Arbeit bisher (unbezahlt) leisteten, was Ingrid Kurz-Scherf zu dem Kommentar veranlaßte: »Diese nahezu rührenden Schilderungen, wie wunderbar doch die Hausarbeit ist, tragen meine empörten Randbemerkungen: Abwasch! Abwasch! Es ist überhaupt so, daß einem diese Idealisierung ... relativ schnell klar wird, wenn man das

Wort »Eigenarbeit« jeweils durch das Wort »Abwasch« ersetzt« (Kurz-Scherf 1993: 347). Für den Abwasch erfand mann die Geschirrspülmaschine, das dahinterliegende Problem allerdings löste mann mit einem Trick: Man sprach nicht von Haus- Betreuungs-, Pflege- und Putzarbeit, sondern von »Eigenarbeit« und subsumierte darunter alle die Tätigkeiten, die nicht oder nicht mehr im »formellen (Erwerbsarbeits-)Sektor« integriert sein sollten. In den teilweise epischen Schilderungen der Freuden dieses Sektors gerieten allerdings die eher repititiven Hausarbeiten zugunsten der kreativen Heimarbeit zunehmend aus dem Blick. Folgt frau diesen Schilderungen, dann wird im informellen Sektor viel häufiger gehämmert und gesägt als geputzt und gewaschen[8]. Kein Wunder, daß darüber die sozialen Komponenten der Reproduktionsarbeit vergessen wurden, zumal diesen, wie Gorz meint, teilweise der Arbeitscharakter fehlt: Die Gleichsetzung der »alle Sinne und Gefühle ins Spiel setzenden mütterlichen Beziehungstätigkeit« mit Arbeit »kommt einer *Entweiblichung* des biologisch, leiblich, sinnlich und affektiv Spezifischen der Mutterschaft gleich, als müsse die Frau die Gleichheit mit dem Mann dadurch herstellen, daß sie die Mutterschaft zu einer *geschlechtslosen*, mit männlichem Schaffen vergleichbaren *Arbeit* reduziert« (Gorz 1991: 126, Hervorhebungen im Original).

Auch bei den heutigen Autoren, die uns die Eigenarbeit im Kontext der Nachhaltigkeitsdebatte nahebringen wollen, steht »Weiblichkeit« hoch im Kurs, werden doch Frauen inzwischen zu Vorbildern hochstilisiert: »Machen wir's den Frauen nach«[9], heißt es nun – zumindest jenen, die »Frauen« geblieben sind und nicht in emanzipatorischer Verblendung einem »männlichen« Karrieremodell nachjagen und dabei oft ähnlich abgehetzt sind wie jener Hase, der es mit zwei Igeln aufnahm. »Machen wir's den Frauen nach« propagieren Wissenschaftler, die mit dicken Terminkalendern von Vortrag zu Vortrag hetzend vom entspannten Leben jenseits aller Verpflichtungen, vom Recht auf Faulheit und Muße träumen – und denken dabei wieder nicht an die Hausarbeit, sondern an die (statistisch nachweisbare) geringere Erwerbsbeteiligung und die (unterstellte) geringere Erwerbsneigung von Frauen. Frauen haben schon gefunden, so vermuten sie, was Männer noch suchen – ein Leben jenseits von Karriere und Erwerbsarbeit.[10]

260

Tatsächlich sind inzwischen aufgrund der wirtschaftlichen Entwicklungen, die üblicherweise unter dem Begriff der »Globalisierung« zusammengefaßt werden, zunehmend auch jene Bevölkerungsgruppen zu einem Abschied von der Vision vom »Normalarbeitsverhältnis« gezwungen, für die dieses bisher als Normalität galt. Das erfordert zweifellos wirtschaftspolitische und soziale Antworten. Zu fragen ist allerdings, ob eine stetig fortschreitende Reduktion der Erwerbsarbeit aus ökologischer Sicht zu begrüßen ist und als schlüssige Antwort auf die ökologische Krise gelten kann, wie dies in der Nachhaltigkeitsdebatte immer wieder vorgebracht wird. Die Begründung für diese These ist so einfach wie kurzschlüssig: Das industrielle System hat (unbestreitbar) in der kapitalistischen wie in der realsozialistischen Version zu einer Naturzerstörung gigantischen Ausmaßes geführt – und tut es weiter. Da andererseits die Erwerbsarbeit erst mit dem industriellen System zur Normalität geworden ist (wenn auch, wie wir wissen, nur für den (weißen) Mann), muß, so die Schlußfolgerung, die Erwerbsarbeit reduzieren, wer Umweltzerstörung verhindern oder zumindest mindern will. Die Zukunft heißt deshalb nicht Erwerbs- sondern Eigenarbeit. Bei dieser Argumentation bleibt allerdings zu fragen:

Ist Eigenarbeit per se ökologisch und Erwerbsarbeit per se unökologisch?

Liegt die ökologische Qualität von Arbeit an ihrer Organisation und Bezahlung oder an ihrem Inhalt? Diese Fragen will ich im folgenden anhand einiger Beispiele untersuchen.

Der Hinweis auf die immer wieder bestätigte Intensität, mit der gerade viele Kleingärtner die Giftspritze einsetzen – sei es aus Sorglosigkeit oder aus der verzweifelten Erkenntnis, sonst mit dem ebenso operierenden Nachbarn in der »Gepflegtheit« des Gartens nicht mithalten zu können – mag polemisch erscheinen, sollte aber doch jenen Ökologen, die Selbstversorgung durch Landbau propagieren (z.B. Bund/Misereor 1996: 357) zu denken geben. Mir zumindest ist nicht ohne weiteres einsichtig, warum der Selbstbau kenntnisarmer StädterInnen (wie kommen diese eigentlich zu ihren Gärten?) naturschonender sein soll als der professionelle Gemüseanbau einer gut ausgebildeten Ökobäuerin. Ähnliches gilt auch für die Eigenarbeit der Heimwerker, bei der mir angesichts des dabei üblichen Maschinenparks, der in einer typischen Bastlerwerkstatt die meiste Zeit ungenutzt herumliegt und auch der Hemmungslosigkeit, mit der dort häufig mit giftigen Materialien hantiert wird, der ökologische Nutzen bisher ebenfalls verschlossen blieb. Im Gegenteil: Diese Eigenarbeit ist m.E. vom ökologischen Standpunkt aus (Materialverbrauch, Schadstoffproduktion, nachlässig entsorgter Sondermüll usw.) häufig problematischer einzuschätzen als eine entsprechende professionelle Arbeit.

Doch vom Gemüseanbau und vom Heimwerken verstehe ich wenig, deshalb ein Beispiel aus meinem Fachgebiet:

In einem Projekt der IBA (Internationale Bauausstellung) Emscher Park mit dem programmatischen Titel »Einfach und selber bauen« wird wohnungssuchenden »Baufamilien« angeboten, ein Reihenhaus zu erwerben, wenn sie dabei im Rahmen einer organisierten Gruppenselbsthilfe Eigenleistungen im Gegenwert von 10 Prozent der Baukosten (ohne Grundstück), das sind 30.000 DM, erbringen (IBA Emscher Park, 1996). Der geschätzte Zeitaufwand für diese Eigenleistungen beträgt knapp 2.000 Stunden[11], das entspricht dem Umfang der Arbeit, die in einem »Normalarbeitsverhältnis« in rund 15 Monaten erbracht wird[12]. Der Streß dieser Eigenarbeit ist erheblich, denn ein gemächliches Arbeiten, das nach den Darstellungen der einschlägigen Autoren der Eigenarbeit eigen sein soll, ist nicht möglich, würden doch dann die durch die Eigenarbeit erzielten Kosteneinsparungen von den Zinsen für die bereits verbauten Materialien und das Grundstück aufgefressen. Deshalb müssen in den IBA-Projekten die 2 000 SelbsthelferInnen-Stunden innerhalb eines guten Jahres nach einem vorher festgelegten, rigide einzuhaltenden Zeitschema erbracht werden.[13] Die »Baufamilien« müssen also in dem Baujahr für den Wohnungsbau mehr als die Arbeit eines Vollerwerbsarbeitsplatzes erbringen – zusätzlich zu ihrer Erwerbsarbeit, die gerade in der Phase des Wohnungseigentumserwerbs keinesfalls reduziert, sondern möglichst intensiviert werden sollte, um sicherzustellen, daß die enormen Belastungen aus der Finanzierung der verbleibenden 90 Prozent der Baukosten (plus der Grundstückskosten[14]) auch tatsächlich getragen werden können. Das heißt aber auch: Selbsthilfe am Bau ist zumindest unter den gegebenen ökonomischen Bedingungen gerade für diejenigen, die dafür möglicherweise Zeit hätten, also für Erwerbsarbeitslose, nicht möglich. Selbsthilfe am Bau erfordert eine möglichst gesicherte und möglichst gut bezahlte Erwerbsarbeit, was nichts anderes bedeutet, als daß Eigenleistungen am Bau vor allem für die in Frage kommt, die bereits in hohem Maße in die Erwerbsarbeit eingebunden sind. Das aber ist das Gegenteil einer nachhaltigen Entwicklung, die nach übereinstimmender Meinung aller Autoren eine Gleichverteilung von Erwerbsarbeit und Eigenarbeit erfordert und nicht deren Konzentration auf wenige Vielbeschäftigte.

Eigenarbeit am Bau ist aber nicht nur nicht nachhaltig, sondern auch von fragwürdigem ökonomischem Nutzen. Der rechnerische Wert der Eigenleistungsstunde beträgt bei den IBA-Projekten 15.20 DM (IBA 1996: 15). Da eine BauarbeiterInnenstunde von Bauunternehmen zur Zeit mit 50 bis 70 DM verrechnet wird[15], bedeutet dies, daß die Baufamilien drei- bis viermal solange arbeiten müssen wie eine BauarbeiterIn, um die gleichen Leistungen zu erbringen[16]. Mit anderen Worten, die Eigenarbeit ist um das Drei- bis Vierfache weniger effizient als die professionelle Arbeit.

»Prima« sagen dazu die Protagonisten der Eigenarbeit und reden von der notwendigen »Verlangsamung des Lebens« und der »Entdichtung« von Zeit, die der Eigenarbeit gerade durch ihre geringere Produktivität zu eigen sein soll. Ich will nicht bestreiten, daß Rationalisierungen den Arbeitsstreß und die Arbeitsbelastungen erhöhen. Daß aber die geringe Produktivität im Falle der Eigenleistung am Bau entspannend wirkt, wage ich angesichts des Umfangs dieser Arbeiten und des Termindrucks füglich zu bezweifeln. Die Dreifachbelastung durch Erwerbsarbeit, Reproduktionsarbeit (die ja weiterhin geleistet werden muß) und die Eigenarbeit am Bau läßt sich nur durch eine sehr rationelle Zeitstrukturierung, also durch das Gegenteil von »Zeitsouveränität«, bewältigen.

Trotzdem lohnt die Mühe, sagen die Vertreter der IBA. Zum einen wegen des durch die Gruppenselbsthilfe vermittelten Gemeinschaftserlebnisses und zum anderen, weil sich die Baufamilien die

Wohnungen mangels Eigenkapitals ohne »Muskelhypothek« gar nicht hätten leisten können. Auf einen Kommentar zu der protestantischen Ethik, die dem ersten Argument eigen ist, will ich hier verzichten. Das zweite Argument ist zumindest gesamtwirtschaftlich nicht stichhaltig: Es wäre, aus gesamtwirtschaftlicher Sicht, kaum teurer, wenn die öffentliche Hand den Baufamilien die 30 000 DM als Entschädigung für den Verzicht auf Eigenleistungen schenken würde, wie sich anhand einer kleinen Modellrechnung zeigen läßt:

Die Eigenleistungen können bei professioneller Durchführung in rund 600 Stunden pro Wohnung erbracht werden[17], das sind mehr als drei Monate Beschäftigung für eine bisher arbeitslose BauarbeiterIn, die sich angesichts einer Arbeitslosenquote von 18 Prozent bei BauarbeiterInnen in NRW (ebenso wie in anderen Teilen der BRD) ohne Schwierigkeiten finden lassen müßte. Durch diese Beschäftigung würde das Arbeitsamt rund 9.000 DM Arbeitslosengeld einsparen[18] und die Sozialversicherungen rund 6.300 DM Beiträge einnehmen.[19] Das Finanzamt erhielte von der BauarbeiterIn schätzungsweise 2.800 DM[20] und vom Bauunternehmen bei einer angenommenen Gewinnrate von 5 Prozent und einem Steuersatz von 60 Prozent (einschließlich Gewerbesteuer) 900 DM[21]. Alle öffentlichen Kassen zusammen erhalten bzw. sparen also bei professioneller Durchführung der Arbeiten rund 19.000 DM. Davon führen allenfalls 3.700 DM zu späteren erhöhten Ansprüchen (Rentenversicherung und Arbeitslosenversicherung), so daß – aus gesamtwirtschaftlicher Sicht – rund 15.300 DM, also mehr als 50 Prozent der Kosten einer professionellen Durchführung der jetzt in Eigenleistung erbrachten Bauarbeiten aus zusätzlichen Einnahmen bzw. ersparten Ausgaben öffentlicher Kassen finanziert werden könnten.

Doch damit nicht genug. Ein weiterer erheblicher Teil der Kosten einer professionellen Ausführung könnte durch Kosteneinsparungen beim Bau finanziert werden, die nur bei professioneller Ausführung möglich sind. Denn die Eigenleistungen bauhandwerklicher Laien erfordern nicht nur einen zusätzlichen Koordinations- und Anleitungsaufwand (der beim Wert der Eigenleistungen bereits abgezogen ist), sondern auch eine auf die Möglichkeiten von bauhandwerklichen Laien ausgerichtete Planung, das heißt möglicherweise den Verzicht auf rationellere Bauverfahren, die qualifizierte bauhandwerkliche Kenntnisse erfordern. Längst wissen wir, daß die größten Einsparungspotentiale im Wohnungsbau nicht beim Ausbaustandard liegen (über den immer so trefflich gestritten wird), sondern bei einer optimierten, kostenbewußten Planungs- und Baukoordination. Die Nutzung dieser Potentiale wird durch die Berücksichtigung erheblicher Eigenleistungen zumindest erschwert, wenn nicht verunmöglicht, so daß in vielen Fällen die durch Eigenleistungen erzielten Einsparungen durch den Verzicht auf bestimmte Kostensparmaßnahmen zumindest zu wesentlichen Teilen wieder aufgezehrt werden.

Setzten wir die nicht genutzten Kosteneinsparungsmöglichkeiten mit 10.000 DM pro Wohnung an, so bleibt unter Berücksichtigung der Einnahmen und ersparten Ausgaben der öffentlichen Kassen (ohne Renten- und Arbeitslosenversicherung) ein Finanzierungsrest von 10.000 DM, das sind 3,3 Prozent der Gesamtkosten (ohne Grundstück). Hierbei ist bereits berücksichtigt, daß durch die angenommenen Kosteneinsparungen durch veränderte Bauplanung der Beschäftigungsumfang der für die Eigenleistung eingestellten BauarbeiterIn und damit auch die zusätzlichen Einnahmen bzw. ersparten Ausgaben der öffentlichen Kassen reduziert werden[22]. Beziehe ich den für die Eigenleistung notwendigen Arbeitsaufwand auf diese Resteinsparung, so ergibt sich ein Stundensatz für die SelbsthelferInnen-Stunde von 5 DM. Eine Finanzierung dieses Restes über einen Bankkredit würde die Belastung um 58 DM je Wohnung (0. 66 DM je qm) im Monat erhöhen.

Angesichts dieser Zahlen vermag ich den sozialen Nutzen einer (Wohnungs-)politik[23], die auf einen hohen Anteil von Eigenleistungen am Bau setzt, um auch weniger finanzkräftigen Haushalten den Erwerb von Wohnungseigentum zu ermöglichen, nicht zu erkennen. Wäre es nicht sozialer, statt Eigenleistungen zu fordern, in die Sozialwohnungsbaumittel, mit denen die IBA-Projekte sowieso gefördert werden, ein Eigenkapitalsurrogat in Form eines Zuschusses und/ oder eines Eigenkapitalersatzdarlehens zu integrieren, um die Eigenkapitalschwäche von geringer Verdienenden auszugleichen? Der Aufwand hierfür wäre, wie gezeigt, zu großen Teilen aus den bei professioneller Ausführung der Arbeiten erzielbaren Einnahmen bzw. ersparten Ausgaben und durch Kosteneinsparungen am Bau zu finanzieren, würde also die öffentlichen Kassen – gesamtwirtschaftlich gesehen – vergleichsweise wenig belasten und die »Baufamilien« von den Risiken befreien, die mit der Selbsthilfe verbunden sind (Unfallgefahr, körperliche Überbelastung mit Folgeschäden, familiäre und Nachbarschaftskonflikte usw.). Letztere hat Heiner Schäfer am Beispiel einer Gruppenselbsthilfe im Saarland beeindruckend geschildert (Schäfer 1985).

Nun geht es den Autoren, die im Kontext der Nachhaltigkeitsdebatte die Eigenarbeit am Bau propagieren, nicht um Kosteneinsparungen, sondern um die höhere ökologische Verträglichkeit der Eigenarbeit. Doch auch die ist bei den IBA-Projekten nicht zu erkennen. Durch die Eigenarbeit ersetzt werden bauhandwerkliche Leistungen, nicht aber Material- und Energieaufwand oder Abfall. Ein Nachweis, daß durch Eigenleistungen am Bau die für die ökologische Bewertung relevanten Stoffströme vermindert werden, ist bisher meines Wissens noch nicht geführt worden. Auch der vergleichsweise hohe ökologische Standard der IBA-Projekte in der Bauausführung (Solaranlagen, Regenwasserversickerung usw.) wäre bei ausschließlich professioneller Erstellung der Häuser genauso oder möglicherweise sogar besser zu erreichen gewesen.

Vielleicht, mag manche einwenden, ist ein Haus zu groß und zu kompliziert für Eigenleistungen, obwohl sich das Häuserbauen als Beispiel für mögliche Bereiche der Eigenarbeit bei den einschlägigen Autoren großer Beliebtheit erfreut (BUND/MISEREOR 1996: 357). Denken wir also an die alltäglichen Dinge, zum Beispiel an die Schule. Auf Grund demografischer Faktoren durchläuft zur Zeit mal wieder ein »SchülerInnenberg« unsere Schulen. Die Reaktion der Kultusbürokratie folgt altbekannten Mustern: Größere Klassen und – darüber wird allerdings erst diskutiert – ein höheres Lehrdeputat für die LehrerInnen. Die Alternative, die Einstellung weiterer Lehrkräfte (an denen es angesichts der großen Zahl von nach dem Referendariat nicht übernommenen LehrerInnen nicht mangeln sollte), scheitert am Geld. Prima, müßten da die ÖkologInnen rufen, wird hier doch wieder Erwerbsarbeit der arbeitslosen LehrerInnen durch Eigenarbeit der Betreuungspersonen, also meistens der Mütter, ersetzt, die die auf Grund der größeren Klasse unvermeidbare Qualitätsminderung der schulischen Ausbildung durch (unprofessionelle)

Individualbetreuung aufzufangen versuchen müssen. Daß dies zu einer Verschärfung sozialer Unterschiede führt, haben wir schon in den sechziger Jahren diskutiert – ich sehe nichts, was Anlaß geben könnte, die damaligen Analysen zu revidieren, wenn man nicht, wie Ivan Illich, die Schulbildung grundsätzlich für eine schädliche Erfindung des Kapitalismus (Illich 1974)[24] oder wie Huber zumindest für Frauen für »ambivalent« hält (Huber 1979a:31) – beides Positionen, denen ich mich nicht anschließen kann. Zwar besteht ohne Zweifel bei der Schulausbildung ein erheblicher Reformbedarf, doch ist eine Rückkehr zum Privatunterricht schon wegen der enormen sozialen Disparitäten in der BRD m. E. ausgeschlossen.

Und worin soll der ökologische Nutzen der Kompensation fehlender LehrerInnen durch die Eigenarbeit unprofessioneller Betreuungspersonen liegen? Geht es etwa um die Möglichkeit, größere Klassen räumlich dichter zu packen und damit Schulräume einzusparen? Oder geht es um den eingesparten Arbeitsweg zusätzlicher LehrerInnen, der allerdings zum Teil durch vergebliche Wege zur Erwerbsarbeitssuche kompensiert werden könnte? Rechtfertigen es diese (in ihrer Quantität äußerst unbestimmten) Einsparungen an Energie (für Verkehr und Raumheizung) und an Bodenversiegelung (durch die kleineren Schulgebäude), die soziale Komponente der Nachhaltigkeit zu ignorieren und das Recht auf Bildung bzw. die »Freiheit der Bildung und Ausbildung« (v. Weizsäcker 1992: 252), die ja wohl als Freiheit unabhängig von Herkunft und Einkommen zu verstehen ist, hintanzustellen?

Zugegeben, der Ersatz von Erwerbsarbeit durch Eigenarbeit bei der (Schul-)bildung spielt bei den neueren Autoren der Eigenarbeit keine herausragende Rolle. Beliebter ist die Eigenarbeit im Gesundheitsbereich. So schlägt z.B. das Wuppertal-Institut in seiner Studie »Zukunftsfähiges Deutschland« eine »Nachbarschaftsmedizin« vor, ohne diese freilich näher zu erläutern (BUND/MISEREOR 1996: 357). Etwas genauer ist hier Ernst-Ulrich von Weizsäcker, der »eine Rückführung von sagen wir 30 Prozent der heutigen professionell-medizinischen Leistungen in die Eigenarbeit hinein« für ökologisch nützlich und faktisch machbar hält. Der ökologische Nutzen dieser »Rückführung« liegt nach v. Weizsäcker darin, daß »man dann viel mehr auf die Umwelt und gesundes Leben« achtet und »ein sicher spürbarer Teil des energieaufwendigen, umweltschädlichen Medizinbetriebs eingespart werden kann«.

Daß Menschen ein gesundes Leben führen, wenn Krankheit sie teuer kommt, hofft auch der Bundesgesundheitsminister – und rekurriert dabei auf jenes von den neoklassischen Wirtschaftswissenschaften entwickelte Modell eines »homo oeconomicus«, dem nicht Leben und Wohlergehen, sondern einzig sein Geldbeutel am Herzen liegt. Nun wissen wir allerdings aus der neoklassischen Wirtschaftstheorie auch, daß bei jenem homo oeconomicus der Grenznutzen des Geldes mit dem Einkommen und dem Vermögen sinkt. Deshalb achtet ein homo oeconomicus um so weniger auf gesundes Leben bzw. Krankheitsvermeidung, je höher sein Einkommen ist, weil ihn die Krankheitskosten weniger schmerzen. So gesehen weist das Konzept v. Weizsäckers alle Tendenzen auf, zu einer Verschärfung der Klassenmedizin zu führen. Die Frage, wie gerade arme Menschen (für die dies in der Logik des homo oeconomicus besonders wichtig wäre) »auf die Umwelt achten«, d.h. Umweltzerstörung verhindern sollen, damit sie weniger medizinische Leistungen in Anspruch nehmen müssen, bleibt unbeantwortet. Unter Umweltzerstörung leiden bekanntlicherweise nicht nur die, die sie verursachen (und die folglich auch die Macht haben, sie abzustellen), sondern auch und vor allem die, denen solche Einflußmöglichkeiten fehlen.

Vor allem aber: Wie sehen eigentlich die Eigenleistungen aus, die den umweltschädlichen, energiefressenden Medizinbetrieb ersetzen? In den angegebenen Quellen findet sich hierzu keine Erläuterung. Zweifellos gibt es in vielen Bereichen wirksame Alternativen zur westlichen, technikorientierten Schulmedizin, deren Nutzung und Weiterentwicklung Gesundheitspolitik und Krankenkassen beoder verhindern. Doch diese Alternativen (z.B. Homöopathie oder traditionelle chinesische Medizin, um ohne Wertung zwei Beispiele unter vielen zu nennen), sind zwar nicht technisch orientiert, aber hoch professionell und deshalb nicht im Rahmen von Eigenarbeit und Nachbarschaftsmedizin, sondern nur nach einer langjährigen Ausbildung auszuüben. Sind sie deshalb weniger ökologisch verträglich als die Eigenarbeit im Gesundheitsbereich? Dieser Nachweis wurde bisher nirgends geführt. Oder anders gefragt: Wäre es nicht sinnvoller, über Strategien nachzudenken, die alternativen professionellen Methoden medizinischer Versorgung und Prophylaxe (der aus ökologischer Sicht nach dem Prinzip des »Schäden vermeiden statt reparieren« ein besonderer Stellenwert zukommt) zum Durchbruch verhelfen, statt von einer nicht mal in Umrissen erkennbaren »Nachbarschaftsmedizin« zu träumen und darauf zu hoffen, diese möge ökologisch besonders verträglich sein?

Meine Beispiele, die durch beliebig viele ergänzt werden könnten, zeigen: Die These von der ökologischen Schädlichkeit der professionellen Erwerbsarbeit und der ökologischen Nützlichkeit der Eigenarbeit beruht auf einem pauschalisierenden Fehlurteil, bei dem Erwerbsarbeit grundsätzlich mit industrieller, hochtechnisierter Arbeit gleichgesetzt und der Eigenarbeit in romantischer Verklärung ein ökologischer Bonus verliehen wird. Nachweislich ist jedoch professionelle Arbeit nicht per se ökologisch schädlich und Eigenarbeit auch nicht per se ökologisch verträglich. Gerade in den Bereichen, die den einschlägigen Autoren zufolge primär für die Eigenarbeit geeignet sein sollen, gibt es Alternativen der professionellen Ausführung, denen mindestens die gleiche, wenn nicht eine höhere ökologische Qualität zugestanden werden muß als der Eigenarbeit. Das allerdings ist nur erkennbar, wenn die Bedingungen der professionellen und der Eigenarbeit im einzelnen detailliert analysiert werden – eine Analyse, auf die die Apologeten der Eigenarbeit in ihren durchaus umfangreichen Werken bisher wohlweislich verzichtet haben.

Die notwendige Ergänzung zur Eigenarbeit: Das garantierte Mindesteinkommen

In einer Gesellschaft, in der die Erwerbsarbeit reduziert und die Eigenarbeit verstärkt wird, kann, da sind sich (fast) alle Theoretiker der Dualwirtschaft und auch die Autoren, die die Stärkung der Eigenarbeit als ökologischen Gewinn sehen, einig, der gesellschaftlich erwirtschaftete Reichtum nicht mehr primär über die Beteiligung an der Erwerbsarbeit verteilt werden. Denn obwohl die meisten Autoren die gleichmäßige Verteilung der verbleibenden Erwerbsarbeit fordern, die vor allem durch eine radikale Arbeitszeitverkürzung erreicht werden soll, sind sie so realistisch anzunehmen, daß dies zumindest mittelfristig nicht gelingen wird. Von fast allen einschlägigen Autoren wird deshalb eine »Trennung von Arbeit und Einkommen«, d.h. ein von der Erwerbsarbeit unabhängiges »garantiertes Mindesteinkommen«, »Subsistenzeinkommen«, »Grundeinkommen« oder »Bürgergeld« propagiert[25]. In der Literatur finden sich hierzu eine Vielzahl unterschiedlicher Konzepte, doch scheint sich inzwischen die »negative Einkommensteuer« als das am ehesten realisierbare durchgesetzt zu haben.

Bei der negativen Einkommensteuer wird an Personen, die kein Einkommen beziehen, ein Sockelbetrag bezahlt (Mindest-, Grund- oder Subsistenzeinkommen). Bezieht die Betreffende ein (geringes) zusätzliches Einkommen, wird dieses Einkommen nur zum Teil auf das Mindesteinkommen angerechnet, d.h. das Mindesteinkommen wird nur um einen bestimmten Anteil des zusätzlichen Einkommens gekürzt (negative Steuer). Ab einem bestimmten (von der Höhe des Mindesteinkommens und der Rate der Kürzungen abhängigen) zusätzlichen Einkommen entfällt das Mindesteinkommen ganz. Darüber hinausgehende Einkommen unterliegen (wie bisher) einer (möglicherweise veränderten) Einkommensteuer. Die Idee ist dabei, daß einerseits eine Existenzsicherung auch ohne Erwerbsarbeit möglich sein soll, daß aber, um eine Zweiklassengesellschaft zu vermeiden, die die Erwerbsarbeitenden scharf von den Erwerbslosen trennt, die Möglichkeit bestehen soll, durch Zuverdienst über das Mindesteinkommen hinauszukommen, ohne daß dazu der Zuverdienst höher sein muß als das Mindesteinkommen, wie das heute, abgesehen von einem Freibetrag für das Erwerbseinkommen bei der Sozialhilfe, der Fall ist[26.]

Das DIW hat für das Jahr 1995 mit Hilfe eines Steuersimulationsmodells Konzepte einer solch negativen Einkommensteuer in verschiedenen Varianten durchgerechnet. Das Ergebnis ist bemerkenswert: Bei einem monatlichen Mindesteinkommen von (nur) 1.000 DM für den »Haushaltsvorstand«, 500 DM für die Ehepartnerin und 400 DM für jedes Kind (das entspricht in etwa dem Bundesdurchschnitt der heutigen Sozialhilfesätze) und einem Anrechnungssatz von 50 Prozent des Zusatzeinkommens[27] würden (durch Steuerausfälle und Mindesteinkommenszahlungen) jährliche Kosten in Höhe von knapp 170 Milliarden DM entstehen, das sind 40 Prozent des nach geltendem Recht anfallenden Lohn- und Einkommensteueraufkommens (DIW, 1994, Variante 2, S. 693 f.). Die Zahlungen für das Mindesteinkommen selbst machen dabei mit 10 Milliarden Mark nur einen verschwindend geringen Teil (6 Prozent) der Kosten aus – der Großteil entfällt auf die Steuerausfälle, die dadurch entstehen, daß in der Logik des Konzepts der negativen Einkommensteuer die Steuerpflicht frühestens bei dem Einkommen ansetzen kann, bei dem kein Anspruch auf Mindesteinkommen mehr besteht. Bei einem monatlichen Mindesteinkommen von 1.000 DM und einem Anrechnungssatz für das Zusatzeinkommen von 50 Prozent sind das 2.000 DM. Mit anderen Worten, der derzeit bei rund 1.000 DM im Monat liegende steuerfreie Grundfreibetrag des Einkommensteuertarifs müßte verdoppelt werden, was nicht nur unteren Einkommensgruppen, sondern vor allem den BezieherInnen hoher Einkommen zugute käme. Wie schief der Verteilungseffekt eines solchen Konzepts wäre, zeigt das Verhältnis von Mindesteinkommenszahlungen und Steuerausfällen, das nach den Berechnungen des DIW bei 1 : 16 liegt.

Nun kann gegen die Berechnungen des DIW eingewandt werden, daß bei Einführung eines Mindesteinkommens der Steuertarif so geändert werden müßte, daß zwar die Steuerpflicht im Verhältnis zur heutigen Regelung viel später, dafür aber sofort mit einem weit höheren Steuersatz einsetzt. Ein solches Konzept liefe vermutlich darauf hinaus, daß alle Einkommen mit einem Steuersatz von ungefähr 50 Prozent besteuert würden[28], wobei ein solcher Steuersatz um so wahrscheinlicher ist, je mehr es gelingt, die Erwerbsarbeit zugunsten der (steuerfreien) Eigenarbeit zu reduzieren.[29] Die Einkommensteuer würde damit ihren progressiven Charakter verlieren, d.h. es müßte auf die bisher übliche Besteuerung nach der Leistungsfähigkeit verzichtet werden. Angesichts der derzeitigen Diskussion über die angeblich in allen Einkommensstufen zu hohe Einkommensteuerbelastung habe ich erhebliche Zweifel an der Durchsetzbarkeit eines solchen Konzepts nicht nur bei den Regierenden. Auch der im derzeitigen Steuerstreit immer wieder diskutierte Ausweg einer Erhöhung der Mehrwertsteuer wäre für das Mindesteinkommenskonzept kontraproduktiv, belastet die Mehrwertsteuer doch vor allem die unteren Einkommensgruppen, was, soll das (sowieso schon minimale) Versorgungsniveau der MindesteinkommensbezieherInnen nicht noch weiter gedrückt werden, durch eine Erhöhung des Mindesteinkommens aufgefangen werden müßte, was wiederum höhere Steuerbelastungen erzwingen würde.

Vor allem aber: Die den Berechnungen des DIW zugrunde liegenden Annahmen über die Höhe des Mindesteinkommens entsprechen nicht dem, was von den ProtagonistInnen des Mindesteinkommens versprochen wird, nämlich ein Einkommen, das eine Teilnahme am gesellschaftlichen Leben ermöglicht. Dies ist – das wird von niemandem, der die Realität von SozialhilfeempfängerInnen kennt, bestritten – bei einem Mindesteinkommen in Höhe der heutigen Sozialhilfe bei weitem nicht der Fall. Das Mindesteinkommen müßte also, soll es die versprochene Freiheit vom Zwang zur Erwerbsarbeit bringen, deutlich höher ausfallen und würde damit deutlich mehr als vom DIW berechnet kosten. Nochmals deutlich höher wären die Kosten, würde die aus feministischer Sicht unabdingbare Forderung nach einem von der Lebensform unabhängigen Mindesteinkommen realisiert und auch diejenigen bezugsberechtigt sein, die mit einer gutverdienenden PartnerIn verheiratet sind – wobei ein erheblicher Teil dieser Kosten allerdings aus der Streichung des Ehegattensplittings finanziert werden könnte (vgl. Becker 1990)

Den Autoren der Studie »Zukunftsfähiges Deutschland geht es allerdings nicht um solche Blütenträume. Im Gegenteil: Sie setzten in ihrem Modell einer negativen Einkommensteuer auf einen ökonomischen Effekt, der insbesondere bei niedrigem Mindesteinkommen zu erwarten ist: Die Bereitschaft der Mindesteinkommens-BezieherInnen, zur Aufbesserung ihrer kargen Mittel einen untertariflich bezahlten Job im, so hoffen die Autoren, auf Grund des Mindesteinkommens entstehenden »Niedriglohnsektor« zu akzeptieren. Denn »Arbeit ist genug da, sofern sie nur bezahlbar ist« (BUND, Misereor, 1996, S. 356). Neben der Erwerbsarbeit im »weltmarktorientierten Hochlohnsektor« und der Eigenarbeit soll es nach diesem Konzept also noch einen Sektor für die geben, die in den USA (wo das Niedriglohnkonzept sehr konsequent angewandt wird) »working poor« genannt werden. Denen bleibt, wie das US-amerikanische Beispiel zeigt, für die Eigenarbeit kaum Zeit – auch wenn nach dem Modell des Wuppertal-Instituts die sozialen Folgen des Niedriglohnkonzepts durch das Mindesteinkommen etwas abgemildert werden. Und was ist, so sind die Autoren zu fragen, mit denen, die das (geringe) Mindesteinkommen wegen Arbeitsunfähigkeit (oder weil sie auch keinen Niedriglohnjob finden), nicht aufbessern können? Hierauf findet sich in dem Text keine Antwort.

Bei halbwegs realistischer Betrachtung bleibt von der Vision einer Befreiung vom Zwang zur Erwerbsarbeit ohne Abstieg in die Armut also nicht viel übrig. Das mußten auch die Grünen erkennen, als sie ihr Grundsicherungskonzept durchrechneten (Fischer u.a., 1996[30]): Zwar sehen sie ein etwas höheres Mindesteinkommen vor, als das DIW, nämlich durchschnittlich 1 200 DM für Alleinstehende[31] (einschließlich einer regional differenzierten Wohnkostenpauschale in Höhe von durchschnittlich 450 DM), doch erhält auch hier die zweite und jede weitere Person einer »Kernfamilie« (worunter, wegen der Gleichstellung aller Lebensformen auch nichteheliche Partnerschaften verstanden werden) nur 60 Prozent der Grundsicherung der ersten Person, also 720 DM (450 DM Grundpauschale plus 270 DM Wohnkostenpauschale).

Um dieses Mindesteinkommen finanzierbar zu machen, schlagen die Grünen einen Anrechnungssatz von 80 Prozent[32] für zusätzliches Einkommen vor, wodurch, im Gegensatz zu »Modellen konservativer und neoliberaler Provenienz«, die Gefahr der »Subventionierung und Ausweitung niedrig entlohnter Beschäftigungsverhältnisse« gebannt sein soll (Fischer u.a. 1996: 14), weil sich die Annahme einer schlecht bezahlten Arbeit angesichts des hohen Anrechnungssatzes kaum lohnt. Aus Sicht der MindesteinkommensempfängerInnen bedeutet das allerdings, daß sie, um ihr Mindesteinkommen um 200 DM aufzubessern, 1.000 DM im Monat zuverdienen müssen.[33] Verdient eine alleinstehende Person 1.500 DM, so entfällt das Mindesteinkommen ganz, wobei es der/dem Betreffenden nach grünen Vorstellungen nicht erlaubt sein soll, einen so bezahlten Job abzulehnen und sich statt dessen ganz auf die Eigenarbeit zu konzentrieren. Denn lehnt eine GrundsicherungsempfängerIn eine zumutbare Beschäftigung ab (und eine Arbeit mit einem Einkommen oberhalb der Grundsicherung muß wohl als zumutbar gelten), dann droht ihr, falls sie arbeitsfähig ist, eine Leistungskürzung. Der Unterschied zur bestehenden Regelung im Bundessozialhilfegesetz (§ 25 BSHG)[34] beschränkt sich auf das verbale Versprechen, daß »die Absenkung gering und eher symbolisch sein soll« (Fischer u.a.1996:14). Was ist gering? 25 Prozent, so wie im BSHG?

Vergleichsweise gut geht es nach dem Konzept der Grünen demgegenüber den MindesteinkommensempfängerInnen, die älter als 64 Jahre oder »endgültig aus dem Erwerbsleben ausgeschieden« (Fischer 1996:8) sind. Sie bekommen (als Ausgleich für die fehlende Chance, das Mindesteinkommen durch Zuverdienst aufzubessern) bei den Grünen einen monatlichen Zuschlag von 80 DM.

Im übrigen haben die Grünen einen Gedanken aufgegriffen, den die (wahrlich nicht linksradikale) Expertenkommission zur Wohnungspolitik bereits 1994 entwickelt hat, aber aus sozialpolitischen Gründen nicht für durchsetzbar hielt: MindesteinkommensbezieherInnen sollen einen Teil ihrer Wohnkosten aus dem Grundbetrag finanzieren – zumindest dann, wenn ihre Miete eine bestimmte, regional differenzierte Pauschale übersteigt. Die Argumente der Expertenkommission und der Grünen für eine nur beschränkte Finanzierung der Wohnkosten von Mindesteinkommens- bzw. SozialhilfeempfängerInnen unterscheiden sich[35] – die Folgen für die Betroffenen bleibt gleich: Die Folgen ihrer Diskriminierung am Wohnungsmarkt, die gerade Arme häufig trifft und sich potenziert, wenn sie schwarz, oder alleinerziehend oder ohne deutschen Paß (oder dies alles gleichzeitig) sind und die sich in einer überhöhten Miete niederschlägt, müssen sie aus ihrer karg bemessenen Grundpauschale bestreiten. Denn auf die Hoffnung der Grünen, daß sich Vermieter einer solchen Diskriminierungspraxis enthalten, wenn sie wissen, daß MindesteinkommensempfängerInnen den Diskriminierungszuschlag nicht mehr (wie heute in der Regel bei der Sozialhilfe) vom Sozialamt bekommen, kann nur vertrauen, wer nie in die Verlegenheit kam, ohne »ordentlichen« Verdienstnachweis eine Wohnung zu suchen.

Einer Aussage in dem Papier der Grünen kann allerdings ohne Einschränkung zugestimmt werden. Das Modell ist eine »Provo-

274

kation«, allerdings nicht für die »global players« (Fischer u.a. 1996: S. 4), sondern für die potentiellen EmpfängerInnen.

Die haben sich, wohl in der Erkenntnis, daß von solchen Modellen nicht viel zu erwarten ist, in vielen Städten inzwischen zu Tauschringen zusammengeschlossen – eine interessante Variante der Arbeit zwischen Erwerbs- und Eigenarbeit. Ökonomisch gesprochen schaffen sich Tauschringe eine eigene Währung und machen damit so etwas ähnliches wie die Banken, die ja auch ihr eigenes Giralgeld schöpfen (mit dem gravierenden Unterschied allerdings, daß das Giralgeld der Banken konvertibel, also in Zentralbankgeld umtauschbar ist, während dieser Vorzug dem Ersatzgeld der Tauschringe fehlt). Dies macht die Mitglieder der Tauschringe zumindest für den beschränkten Bereich der Leistungen, die dort getauscht werden, vom formellen Markt unabhängig, nicht aber, wie Berichten aus England zu entnehmen ist, von den Prinzipien dieses Marktes. Denn bei vielen Tauschringen ist nicht mehr die Arbeitszeit alleiniger Äquivalenzmaßstab, sondern der vereinbarte Wert der Arbeit. Diese Bewertung folgt – sollte das eine verwundern? – allzubekannten Strukturen: Männer verlangen im Durchschnitt, wie R. Lee berichtet, für ihre Arbeit (die sie vorwiegend in den Bereichen anbieten, die als typisch männlich gelten) mehr als zweimal so viel wie Frauen (die sich in ihrer Angebotsstruktur ebenfalls sehr deutlich an tradierten Frauenarbeitsbereichen orientieren) (Lee 1996: 1383). Flugs hat sich also auch in den »alternativen« Tauschringen die geschlechtshierarchische Arbeitsteilung wieder etabliert – ein weiterer Beleg für die Durchgängigkeit, mit der das hierarchische Geschlechterverhältnis in unserer Gesellschaft verankert ist.

Deshalb halte ich die in der Nachhaltigkeitsdebatte immer wieder genährte Hoffnung, durch eine ökonomische Struktur mit hohem Anteil an Eigenarbeit werde die Geschlechterhierarchie quasi wie von selbst aufgelöst (oder auch nur abgebaut), für eine Illusion, die sich nur bewahren kann, wer historische Erfahrungen und feministische Analysen ignoriert, so wie offenbar die Autoren der neueren Debatte über Eigenarbeit im Kontext der Nachhaltigkeit. Diese betonen zwar durchgängig, daß nach ihren Vorstellungen Erwerbs- und Reproduktionsarbeit gleichermaßen zwischen Männern und Frauen geteilt werden solle, doch scheint mir dies vor allem der

»political correctness« geschuldet, die unter sich fortschrittlich Verstehenden kaum mehr eine andere Aussage erlaubt. Wie wenig ernst das gemeint ist, läßt auch ein Rückblick auf die (noch nicht dem Prinzip der »political correctness« unterworfenen) Autoren vermuten, die das Konzept der Eigenarbeit im Kontext der dualwirtschaftlichen Debatten der siebziger und achtziger Jahre kreiert und propagiert haben und auf die die heutigen Autoren ohne Distanzierung rekurieren. Dabei kann frau allerdings hören und sehen bzw. lesen vergehen:

Josef Huber kritisiert nicht nur, wie bereits zitiert, die Forderung nach Lohn für Hausarbeit als eine »in emanzipatorischer Pose vorgetragene reaktionäre Forderung«, sondern hält auch die »Forderung nach schulischer und beruflicher Gleichstellung der Frauen« für »ambivalent« und die Legalisierung des Schwangerschaftsabbruchs für einen Wegbereiter einer »weitere(n) technokratische(n) Manipulation unserer Körper[36] und unseres Lebens« (alle Zitate Huber 1979a: 31). Selten ist in fortschrittlicher Pose so explizit versucht worden, Frauen auf das urkonservative Modell einer ungebildeten, Kinder gebärenden und unbezahlt tätigen Eigenarbeiterin zu reduzieren.

Für Ivan Illich ist jede »geschlechtsneutrale« Arbeit (also Arbeit, die von Männern und Frauen gleichermaßen erledigt wird) ein bedauerlicher Verlust von »Genus«, eine teuflische Hervorbringung des Kapitalismus, die »außerhalb des Industriesystems undenkbar« wäre (Illich 1983: 45) und als ursächlich für das heute herrschende »Zeitalter der Knappheit« angesehen werden muß (ebd.: 127) – auch das ist wahrlich keine Argumentation, die für einen Abbau geschlechtshierarchischer Arbeitsteilung plädiert.

André Gorz schließlich definiert »Eigenarbeit« vor allem als »Arbeit für sich selbst«, die Männer und Frauen gleichermaßen jeweils für sich erledigen sollen. Das ist zwar gegenüber der heutigen Realität, in der Männer immer noch überwiegend von Frauen versorgt werden, eine deutliche Verbesserung (und hebt ihn auch von den zuvor zitierten Autoren ab), doch findet sich auch in den Texten von Gorz wenig Faßliches zu der Frage, wem die Reproduktionsarbeit für diejenigen zufallen soll, die sich nicht selbst versorgen können. Die bereits zitierte Auffassung von Gorz, große Teile dieser Arbeit seien keine Arbeit, sondern mütterlicher Liebesdienst und deshalb nicht mit »männlichem Schaffen« vergleichbar, läßt Böses ahnen (Gorz 1991: 126).

Zugegeben, die heutigen Autoren haben demgegenüber dazugelernt. So platt schreibt keiner mehr von einer spezifischen Frauenrolle, von einer Prädestiniertheit von Frauen für bestimmte Aufgabenbereiche. Trotzdem kann ich mich des Eindrucks nicht erwehren, daß auch deren schwärmerische Hoffnung auf eine von Entfremdung, von Vorteils- bzw. Konkurrenzdenken, von Techno- und Bürokratie befreite, enthierarchisierte, von Zuneigung, Liebe und Verantwortlichkeit getragene Eigenarbeit aus einer Sehnsucht nach imaginierter »Mütterlichkeit« resultiert, die die Autoren durch die zunehmende Weigerung von Frauen, tradierte Attribute der Weiblichkeit widerspruchslos zu akzeptieren, zu verlieren fürchten.

Die Konzeptionierung der Eigenarbeit als der mit »mütterlichen« Attributen versehenen Arbeit (empathisch, sozial, nachbarschaftlich, dem »Nächsten« zugewandt usw.) kann deshalb als Versuch gesehen werden, Frauen, die im Zuge ihrer Emanzipation tradierte Rollenzuschreibungen nicht mehr (durchgängig) akzeptieren, diese Rolle in modernisierter Form nahe zu bringen. Wegen der inzwischen nicht mehr zu ignorierenden Gleichberechtigungsforderung geht das allerdings nur, wenn das »mütterliche« Modell als das allgemeine, für Frauen und Männer gleichermaßen gültige deklariert wird. Wie wenig ernst dieses Bekenntnis jedoch gemeint ist, zeigt die Tatsache, daß keiner der Autoren es für notwendig hält, darauf einzugehen, durch welche Strategie diese gleichmäßige Verteilung zu erreichen sei. Mann hofft offenbar auf Einsicht – oder auf ein Wunder.

Daß für diese Hoffnung keinerlei Gründe bestehen, ist angesichts der Hartnäckigkeit der gesellschaftlichen Strukturen zur Sicherung der geschlechtshierarchischen Arbeitsteilung, die Frauen auf dem Erwerbsarbeitsmarkt die schlechteren und bei der Eigenarbeit die arbeitsintensiveren Plätze zuweist, offensichtlich. Denn trotz einer, von Feministinnen initiierten 20jährigen Diskussion über die Diskriminierung von Frauen am Erwerbsarbeitsmarkt und trotz vielfältiger »Frauenförderpläne« gilt für Frauen am Erwerbsarbeitsmarkt immer noch das, was Angelika Wetterer Wissenschaftlerinnen an der Hochschule attestierte: »Rhetorische Präsenz und faktische Marginalität« (Wetterer, 1994). Beleg hierfür ist nicht zuletzt die Einkommensrelation zwischen Frauen und Männern, die trotz aller feministischer Anstrengung immer noch (bei gleicher Arbeitszeit) 1:1,5 beträgt[37] und damit eine genauso beharrliche Konstanz aufweist, wie die bereits belegte ungleiche Verteilung der Reproduktionsarbeit.

Eine Verstärkung der Eigenarbeit und eine Reduktion der Erwerbsarbeit wird, so ist zu befürchten, diese Disparitäten noch verschärfen und Männern noch mehr als bisher die gut bezahlten Jobs zuschanzen, während Frauen auf die Eigenarbeit und eine Grundsicherung verwiesen werden, die sich als eine modernisierte, eine gleichberechtigte Teilnahme am gesellschaftlichen und sozialen Leben verwehrende Sozialhilfe entlarvt. Da zudem die Eigenarbeit, wie ich an verschiedenen Beispielen gezeigt habe, keinesfalls als die ökologisch verträglichere Variante der Arbeit angesehen werden kann, scheint es mir aus feministischer Sicht viel sinnvoller zu sein, über eine andere Utopie nachzudenken: Die Utopie der Professionalisierung.

Professionalisierung als Alternative zur Eigenarbeit

Gegen die Utopie einer Professionalisierung der Bereiche, die in den hier kritisierten Konzepten der Nachhaltigkeit der Eigenarbeit vorbehalten bleiben sollen, werden neben den bereits widerlegten ökologischen Aspekten im wesentlichen zwei Argumente vorgebracht: Zum einen wird der Eigenarbeit eine höhere soziale Qualität zugebilligt als professioneller Arbeit, zum anderen wird die Finanzierbarkeit einer solchen Utopie in Frage gestellt.

Zunächst zur Frage der sozialen Qualität. Die »Entmarktung und Entmonetarisierung« führe zu einer »Aufwertung des Sozialen« behauptet Opielka (Opielka 1985:307) und weiß sich damit mit der überwältigenden Mehrheit der Eigenarbeits-Apollogeten einig. Doch wie sehen die Verhältnisse dort aus, wo Entmonetarisierung und Entmarktung bereits realisiert ist und in großem Umfang Eigenarbeit geleistet wird, in den Familien?

Wäre die Familie eine öffentliche Institution, Sozialpolitiker und sicherlich auch Ökologen würden ihre Abschaffung fordern: Jährlich werden in der Bundesrepublik nach Ausweis der Kriminalitäts-statistik mehr als 30 Kinder von ihren Eltern (meist von den Vätern) erschlagen oder auf andere Weise getötet, werden mehr als 1.000 Fälle von »Mißhandlungen Schutzbefohlener« (unter 14 Jahren) und ebenso viele Fälle von sexuellem Mißbrauch durch Väter, Brü-der, Lebenspartner der Mütter und Onkeln von der Polizei erfaßt. Die tatsächliche Zahl der Fälle liegt um ein Vielfaches höher, da sowohl Mißhandlung wie sexualisierte Gewalt gegen Kinder und Jugendliche (überwiegend Mädchen) in der »Familie« auf Grund der Ignoranz von Nachbarn bzw. der erst in den letzten Jahren durch feministische Intervention langsam aufgebrochenen gesellschaft-lichen Tabuisierung und Verharmlosung nur sehr selten zur Anzeige gelangt. Die Schätzungen über die Zahl minderjähriger Opfer sexua-lisierter Gewalt von Tätern aus dem familiären Umfeld variieren weit und gehen bis zu der Annahme, daß jede dritte heute erwachsene Frau in Kindheit und/oder Jugend davon betroffen war – und es wegen der traumatisierenden Folgen dieser Gewalt auch heute noch ist. Auch erwachsen kann frau sich in der »Familie« nicht sicher wähnen, droht ihr doch auch dann mit einer Wahrscheinlichkeit, die in einer von gegenseitiger Achtung getragenen Gesellschaft einen täglichen Aufschrei provozieren müßte, physische, psychische und sexualisierte Gewalt. Wie sollen, so frage ich, in diesen Familien – die, das sei ausdrücklich betont, keinesfalls nur bei den »Randgrup-pen«, sondern mindestens genauso häufig in den als sozial gefestigt geltenden Bevölkerungsschichten anzutreffen sind – die Vorausset-zungen für eine empathische, zuverlässige und von gegenseitiger Achtung getragene »Eigenarbeit« für Dritte entstehen?

Die Apologeten der Eigenarbeit berührt diese Frage nicht. Von der Realität unbeirrt wollen sie die Sorge nicht nur für Kinder, son-dern auch für Kranke und Alte möglichst ganz der Familie übertra-gen, obwohl sich diese zwar nicht immer, aber doch allzu oft als Ort der Gewalt erweist. »Wenn Familien wieder mehr Zeit haben (weil sie weniger Erwerbsarbeit leisten R.B.), können sie ältere und kranke Menschen ohne weiteres im Durchschnitt drei Jahre länger vor der Isolierung im Altenheim bewahren. Der Nutzen für die Umwelt ist ähnlich wie bei der Gesundheit« schreibt Ernst-Ulrich von Weizsäcker (Weizsäcker 1992: 251) und versäumt es nicht nur, den angeblichen Nutzen für die Umwelt zu belegen, sondern geht dabei auch über die nachgewiesenen Interessen der Betroffenen hinweg. Nach einer empirischen Studie von Elisabeth Wand will die Mehrzahl der Frauen, die ihre pflegebedürftigen Eltern (oft über viele Jahre) gepflegt haben, selbst nicht von ihren Töchtern gepflegt werden (Wand 1985). Bevorzugt wird, das wissen wir inzwischen aus einer Reihe von Untersuchungen, die Selbständigkeit, d.h. das möglichst lange Verweilen in der eigenen Wohnung, gegebenenfalls unterstützt von ambulanter (professioneller) Hilfe.

Wäre es angesichts dieser Lebenskonzepte nicht angebracht, über die Möglichkeiten einer Absicherung der notwendigen professionellen Hilfe nachzudenken, statt die Eigenarbeit in der Pflege zu propagieren? Professionelle Pflege ist derzeit, das zeigen viele Berichte über die Folgen der Einführung der Pflegeversicherung, äußerst unzulänglich. Dies jedoch der Profession anzurechnen, stellt die Verhältnisse auf den Kopf. Die Mängel professioneller Pflege liegen eindeutig nicht an der Tatsache, daß diese Arbeit bezahlt wird, sondern an den finanziell motivierten restriktiven Rahmenbedingungen dieser Arbeit, die mit der Einführung der Pflegeversicherung durch Zeit- und Leistungsvorgaben noch verschärft wurden. Erst durch diese Zeit- und Leistungsvorgaben und ihre restriktive Auslegung durch die medizinischen Dienste wird professionelle Pflege auf eine minimale »Satt-und-Sauber-Pflege« reduziert und werden darüber hinausgehende Zuwendungen und Unterstützungen als überflüssig deklariert. Wer in dieser Situation die Eigenarbeit in der Pflege als die bessere, umweltschonendere Lösung propagiert und explizit oder implizit die professionelle Pflege desavouiert, trägt m.E. dazu bei, dem Anspruch auf ausreichende, gegebenenfalls auch mit staatlichen Mitteln finanzierte Hilfeleistungen, die ein würdiges Leben auch bei verminderter Leistungsfähigkeit ermöglichen, die gesellschaftliche Unterstützung zu entziehen. Werden der professionellen Pflege ein zu geringer Stellenwert und zu geringe Mittel zugewiesen, dann kann es allerdings dazu kommen, daß die Pflege in Eigenarbeit als bessere Alternative erscheint. Eine solche Politik versagt aber nicht nur allen Unterstützungsbedürftigen die Wahl zwischen der professionellen und der in Eigenarbeit geleisteten Pflege, sondern verweist auch all jene, die aus welchen Gründen auch immer, nicht auf eine pflegende Familie zurückgreifen können oder wollen, zwangsweise auf eine unzureichende Versorgung. Vergleichbares gilt auch für die Betreuung von Kindern.[38]

Ohne Zweifel kostet eine qualitativ gute professionelle Pflege oder Betreuung Geld – Geld, das diejenigen, die sie benötigen, in ihrer überwiegenden Mehrzahl nicht haben, zumal es sich – bei den Alten wie bei den Betreuungspersonen – zu einem sehr großen Teil um Frauen und damit um diejenigen handelt, denen in unserer Gesellschaft (nicht nur im Alter) ein angemessener Teil am gesellschaftlichen Reichtum verweigert wird. Ich will deshalb abschließend noch einige Hinweise zu den Finanzierungsmöglichkeiten geben:

Die Pflegeversicherung hat derzeit (August 1997) 8,5 Milliarden DM Überschuß (Frankfurter Rundschau vom 23.8.1997: 1). Die Arbeitgeber wollen eine Rückzahlung ihrer Beiträge, der Bundesarbeitsminister will das Geld horten, andere freuen sich schon auf eine finanzielle Spritze für den Bundeshaushalt. Schon das zeigt, daß durchaus Geld für eine Verbesserung der professionellen Pflege da wäre – es soll nur nicht dafür ausgegeben werden, d.h., es fehlt der politische Wille, die professionelle Pflege zu verbessern und so alten und/oder kranken Menschen die Freiheit der Entscheidung über die Art ihrer Betreuung sowie das größtmögliche Maß an Selbständigkeit zu gewähren.

Zu denken ist darüber hinaus an die Gelder, die beim Konzept einer nachhaltigen Entwicklung mit viel Eigen- und wenig Erwerbsarbeit für das garantierte Mindesteinkommen benötigt würden. Was spricht dagegen, diese Mittel statt für ein Mindesteinkommen für *zusätzliche* professionelle Arbeit auszugeben? Sicherlich, professionelle Arbeit ist nicht für den Preis zu haben, mit dem die BezieherInnen des Mindesteinkommens abgespeist werden sollen. Mit einer gegebenen Summe können deshalb mehr MindesteinkommensbezieherInnen unterstützt als professionelle Arbeitskräfte bezahlt werden. Andererseits würde die Verwendung dieser Gelder zur Schaffung von Arbeitsplätzen zu nicht unerheblichen Rückflüssen (Steuern, Versicherungsbeiträge usw.) führen, die nicht vernachlässigt werden dürfen, wie die inzwischen vielerorts existierenden Programme »Arbeit statt Sozialhilfe« zeigen. Bei diesen Programmen werden aus Sozialhilfemitteln Arbeitsplätze auf dem »zweiten« Arbeitsmarkt geschaffen[39]. Obwohl die Löhne der TeilnehmerInnen höher sind als die Sozialhilfe und zudem zusätzliche Kosten für Anleitung und Qualifizierung entstehen, rechnen sich diese Maßnahmen aus der Sicht der Kommunen zumindest auf längere Sicht, zur Zeit allerdings nur bei einem Lohn, der zwar über der Sozialhilfe, aber doch deutlich unter der für eine qualitativ gute professionelle Arbeit angemessenen Vergütung liegt. Um die für die Eigenarbeit vorgesehenen Bereiche (zumindest teilweise) zu professionalisieren, bedarf es also noch weiterer Finanzierungsquellen.

Erinnern wir uns dazu an das bereits erwähnte Beispiel der Tauschringe, die mit eigenem »Geld« Arbeitsmöglichkeiten auf einem lokalen Markt schaffen, d.h., endogene Potentiale des lokalen Marktes durch Geldschöpfung aktivieren. Was wäre, wenn sich die Bundesbank dies zum Vorbild nehmen und den Kommunen zinsloses, nicht rückzahlbares Geld überwiesen würde mit der Auflage, dieses Geld zur Verbesserung der professionellen Pflege zu verwenden, indem sie allen Pflegebedürftigen zur Finanzierung der Pflegeaufwendungen einen Zuschuß geben? Nach geltendem Recht ist dies selbstverständlich nicht möglich, trotzdem halte ich es – unter Vernachlässigung geld- und währungspolitischer Gesichtspunkte[40] – für aufschlußreich, dieses Gedankenspiel weiter zu denken – zumal ein solcher Geldsegen der Bundesbank auch heute nicht völlig ausgeschlossen ist. Darf sich der Bundesfinanzminister doch immer wieder über Überweisung der Bundesbank freuen, wenn diese auf Grund ihrer (ausschließlich an geldpolitischen Erwägungen orientierten Politik) einen Überschuß erzielt oder wenn (wie erst vor kurzem vom Finanzminister erwogen) die Reserven der Bundesbank auf Grund einer Wertsteigerung neu bewertet werden können.

Unter der Voraussetzung, daß es erwerbslose, arbeitsinteressierte Pflegekräfte gibt, hätte ein solcher, aus zusätzlichem Zentralbankgeld finanzierter Zuschuß zunächst eine Reihe positiver Auswirkungen: Die Qualität der professionellen Pflege würde verbessert und damit die Lebensqualität der Pflegebedürftigen erhöht, außerdem würden die Ausgaben für das Mindesteinkommen verringert. Sobald die Pflegekräfte ihr jetzt höheres Einkommen allerdings ausgeben, sind negative ökologische Effekte nicht auszuschließen. Sie können dann eintreten, wenn die Pflegekräfte ihr Geld nicht für ökologisch unbedenkliche Leistungen des lokalen Marktes (wie bei den Tauschringen), sondern beispielsweise für Industriegüter ausgeben, deren Produktion, Vertrieb und »Entsorgung« die Umwelt belastet. Das heißt, im Gegensatz zur Eigenarbeit oder zum Austausch von Arbeitsleistungen in Tauschringen kann professionelle Arbeit *indirekt* zur Stärkung des formellen, *industriellen* Sektors führen, ohne daß die professionelle Arbeit selbst industriell oder technisch orientiert ist.

Damit sind wir bei dem Punkt, um den es bei der These von der angeblichen höheren ökologischen Verträglichkeit der Eigenarbeit in Wirklichkeit geht: Es geht nicht darum, daß eine bestimmte Arbeit, in Eigenarbeit durchgeführt, ökologisch verträglicher wäre als bei professioneller Durchführung, sondern es geht ausschließlich darum, daß diejenigen, die diese Arbeit in Eigenarbeit leisten, daran gehindert werden, für den Gegenwert ihrer Arbeit industriell gefertigte, die Umwelt belastende Waren oder anderen umweltbelastende Leistungen (z.B. Tourismus) zu erwerben. Das hohe Lied der Eigenarbeit entpuppt sich also als der Versuch, einen Teil der Bevölkerung durch (weitgehenden) Entzug von Einkommen und durch Verweisung auf ein gerade existenzsicherndes Mindesteinkommen von der Nachfrage nach umweltschädlichen Produkten und Leistungen abzuhalten und so zu einem sparsamen Ressourcenverbrauch und einem umweltverträglichen Verhalten zu zwingen – ohne diese Absicht freilich offenzulegen.

Wäre es nicht, so ist zu fragen, weit sozialer und einer nachhaltigen Entwicklung förderlicher, direkt bei der umweltschädlichen Produktion, d.h. im formellen Sektor anzusetzen und z.B. ökologisch schädliche Produkte *für alle* zu verteuern und gleichzeitig die geistige Kreativität darauf zu verwenden, über die Möglichkeiten zur Verringerung der Einkommensdisparitäten nachzudenken, damit diese Verteuerungen alle gleichmäßig treffen? Das Konzept der Eigenarbeit ist für eine Angleichung der Einkommensverteilung genau der falsche Weg, denn er führt zu einer Verschärfung der Einkommensdisparitäten, die Frauen in besonderem Maße treffen wird: Als diejenigen, denen in vielen sozialen Bereichen eine professionelle Hilfestellung verweigert wird, als diejenigen, die das zukünftige Mindesteinkommen überwiegend beziehen werden und damit den überwiegenden Beitrag zur Abschwächung der ökologischen Krise leisten sollen und als diejenigen, die die Eigenleistungen zu erbringen haben.

Aus feministischer Sicht scheint es mir weit sinnvoller, auf den Ausbau ökologisch verträglicher Erwerbsarbeit zu setzen. Das heißt nicht, daß nun alle Frauen in den Pflegebereich oder auf die bisher frauentypischen Berufe verwiesen sein sollen. Erstens gibt es auch ganz andere Bereiche der ökologisch unbedenklichen Erwerbsarbeit (als bisher wenig beachtetes Beispiel sei nur auf die technik-kritische feministische Forschung verwiesen, die heute nur mangels Förderungsmöglichkeiten zu einem erheblichen Teil in Eigenarbeit geleistet wird), zum anderen ist der Versuch, die geschlechtsspezifische Zuteilung von Erwerbsarbeitsplätzen zu durchbrechen, mit Sicherheit leichter, wenn der Erwerbsarbeitssektor wächst, als wenn er schrumpft – auch wenn das nur eine notwendige, keinesfalls hinreichende Bedingung ist. Daß die Erwerbsarbeit umverteilt werden sollte und daß dazu eine radikale Arbeitszeitverkürzung ein wichtiges Mittel sein kann, steht außer Frage, war hier aber nicht Thema.

Um einem Mißverständnis vorzubeugen: Es geht mit nicht darum, freiwillige Eigenarbeit in irgendeiner Weise abzuwerten. Im Gegenteil, ich halte es durchaus für wichtig, infrastrukturelle Voraussetzungen für Eigenarbeit (z.B. entsprechende Gemeinschaftseinrichtungen) zu schaffen. *Meine Argumentation zielt ausschließlich auf die im Kontext der Debatte um Nachhaltigkeit entwickelten wirtschaftspolitisch- ökologischen Konzepte zur Stärlung der Eigenarbeit, die unreflektiert und mit nicht stichhaltigen Behauptungen Eigenarbeit als ökologisches und soziales Allheilmittel propagieren und, wie ich meine gezeigt zu haben, damit den Weg für einen vernünftigen, sozial orientierten Umbau der Wirtschaft verstellt.*

Anmerkungen

1 Autorinnen waren übrigens aus Gründen, die noch verständlich werden, an dieser Debatte vor allem als Kritikerinnen beteiligt. Das gilt auch für die Vertreterinnen eines subsistenzwirtschaftlichen Ansatzes (Ökofeminismus), deren Konzeptionen und Zielsetzungen sich trotz gewisser Parallelen in der Begrifflichkeit grundlegend von den dualwirtschaftlichen Konzepten unterscheiden. Die ökofeministischen Konzepte sind mit der folgenden Kritik ausdrücklich nicht gemeint – hier wäre anders zu argumentieren.

2 Seit der Debatte der 80er Jahre haben sich die Grenzen des Einsatzes technischer Entwicklungen allerdings weit jenseits des damals vorgestellten verschoben, wie beispielsweise an einem mit 5,5 Millionen DM EU-Geldern geförderten Telematik-Projekt deutlich wird: In Frankfurt wird seit 1991 ein Betreuungssystem erprobt, bei dem mit Hilfe eines in der Wohnung installierten Videosystems alten, mobilitätseingeschränkten Menschen regelmäßige Gesprächskontakte mit einer Sozialarbeiterin ermöglicht werden, ohne daß die Sozialarbeiterin ihr Büro verlassen muß. »Der tägliche Gesprächsbedarf liegt bei 10 Minuten. Ein Betreuer könnte also 120 bis 250 Teilnehmer abdecken.« (Mies 1997: 24)

3 Wie eine Vielzahl von Studien zeigt, ist die Hausarbeit trotz der inzwischen üblichen »arbeitssparenden« Maschinen kaum weniger geworden. Zum Teil hat sich der Aufwand auf zuvor unbekannte Bereiche verlagert (z.B. Begleitverkehr mit Kindern), zum Teil wird die Arbeitserleichterung durch ein durch die technischen Geräte induziertes erhöhtes Leistungsniveau kompensiert. So wird z.B. seit der Einführung der Waschmaschine Kleidung und Wäsche um ein Vielfaches häufiger gewaschen und gebügelt als zuvor.

4 Inzwischen ist der Begriff »Reproduktionsarbeit« vielfach kritisiert worden – zum einen wegen seines marxistischen Ursprungs, aber auch, weil in Haushalten nicht nur reproduziert, sondern auch produziert wird. Gesprochen wird deshalb heute oft von »Haus-, Pflege- und Betreuungs- (oder Erziehungs-)arbeit, z.T. auch von Konsum- und/oder Beziehungsarbeit. Andere Autorinnen bevorzugen den Begriff »Gebrauchsarbeit«. Obwohl ich die Kritik am Begriff der Reproduktionsarbeit in einigen Punkten teile, halte ich am ihm fest, da er m. E. alles in allem immer noch der Aussagekräftigste ist.

5 Daß es ohne so eine Verpflichtung zumindest in der Bundesrepublik tatsächlich nicht gelingt, den »Mann an die Windel« (Opielka) zu bringen, zeigt sehr deutlich eine von Jan Künzler ausgewertete europaweite Erhebung bei Familien mit Kindern: »Die Beteiligung der Männer im Haushalt ist … nicht nur auf der gesamteuropäischen EU-Ebene in den letzten Jahrzehnten signifikant gestiegen sondern auch in den einzelnen Mitgliedstaaten – nur in der Bundesrepublik Deutschland nicht!« (Künzler 1995: 126, Hervorhebung im Original). Diese Verweigerungshaltung gilt in besonderem Maße für die Männer in den alten Bundesländern.

6 Allerdings hält sich die Verpflichtung zur Beteiligung an der notwendigen Arbeit weit unterhalb des Umfangs, den heute eine Vollerwerbstätigkeit einnimmt. Gorz hielt zunächst eine Lebensarbeitszeit von 20 000 Stunden für ausreichend (Gorz 1983: 66) korrigierte diese Zahl jedoch später auf 20 bis 30 000 Stunden

(Gorz 1991: 147). Nach Gorz muß also im Paradies eine Arbeitsverpflichtung erfüllt werden, die der heute bei Vollerwerbstätigkeit in 13 bis 19 Jahren geleisteten Arbeit entspricht.

7 Die Forderung nach Lohn für Hausarbeit wurde zwar auch innerhalb des feministischen Diskurses kritisiert, doch wurden hierbei ganz andere Gründe genannt als von den Dualwirtschaftlern.

8 Der intellektuelle Mann befreit schreibend seine Bastler-Seele, könnte frau, wäre sie boshaft, diesen Literaturtyp zusammenfassen.

9 So beispielsweise Ernst-Ulrich von Weizsäcker in der Diskussion seines Vortrags zur ökologischen Weltkrise an der Universität Dortmund im Oktober 1993. Ähnlich Adalbert Evers auf einer Tagung der Akademie (Frankfurter Rundschau)

10 Auf die Idealisierung des »Weiblichen« hat Christina Thürmer-Rohr schon 1987 in ihrem Artikel »Feminisierung der Gesellschaft – Weiblichkeit als Putz- und Entseuchungsmittel« eine überzeugende Antwort gegeben, der nichts hinzuzufügen ist (Christina Thürmer-Rohr 1987).

11 »Im Projekt Duisburg-Hagenshof wurden 63 000 Stunden in organisierter Gruppenselbsthilfe erbracht und ein Wert von 958 000 DM erwirtschaftet.« Das ergibt für 30 000 DM einen Stundenaufwand für die Eigenarbeit von 1 973 Stunden (IBA 1996: 15).

12 Bei 37 Stunden pro Woche, 6 Wochen Urlaub und 2 Wochen bezahlter Krankheitszeit.

13 Pro Woche sind 25 Stunden zu arbeiten, zusätzlich muß der Jahresurlaub für die Eigenarbeit am Bau verwendet werden.

14 Bei den IBA-Projekten wurde das Grundstück in Erbpacht vergeben. Damit entfällt zwar der Grundstückskaufpreis, dafür muß aber ein laufender Erbpachtzins bezahlt werden.

15 einschließlich Lohnnebenkosten und Gemeinkosten, aber ohne Material und Maschinen.

16 Das liegt zu einem Teil auch daran, daß vom Wert der SelbsthelferferInnenarbeit die Kosten der Anleitung und Betreuung der Eigenarbeit abgezogen werden muß. In Duisburg-Hagenshof lagen diese Kosten bei 31 Prozent der durch die Eigenleistungen erzielten Bruttoeinsparungen (dfh 1996).

17 30 000 DM Einsparungen durch 50 DM/Stunde BauarbeiterInnen-Verrechnungssatz.

18 Bei einem Tariflohn von je 25 DM/Std. und einer Arbeitslosengeldquote von 60 Prozent des Bruttoentgelds (600 Stunden * 25 DM/Std. * 60 Prozent)

19 Der Bruttolohn für die 600 Stunden beträgt bei Bezahlung nach Tarif 15 000 DM (25DM/Std. * 600 Stunden). Der Beitragssatz der Sozialversicherungen liegt bei insgesamt rund 42 Prozent des Bruttolohns (Arbeitnehmer- plus Arbeitgeberanteil), das ergibt 6 300 DM.

20 Bei einer Monatsarbeitszeit von 180 Stunden entspricht ein Arbeitsumfang von 600 Stunden einer Beschäftigungsdauer von 3,3 Monaten. Der Monatsverdienst der Bauarbeiterin liegt bei 25 DM * 180 Stunden = 4 500 DM. Bei diesem Verdienst liegt der Durchschnittssteuersatz für Ledige bei 23 Prozent, für (alleinverdienende) Verheiratete bei 15 Prozent. Bei einem geschätzten Anteil von 55 Prozent alleinverdienenden Verheirateten ergibt dies eine durchschnittliche Steuerzahlung von 2 800 DM.

21 30 000 DM Gesamteinnahmen * 5 Prozent * 60 Prozent = 900 DM.

22 Wie oben errechnet, erreichen die Einnahmen und ersparten Ausgaben der öffentlichen Kassen einen Wert von etwas mehr als 50 Prozent des Werts der durch die BauarbeiterIn erbrachten Bauleistungen. Werden die notwendigen Bauleistungen durch entsprechende Bauplanung um 10 000 DM verringert, verringern sich also die Einnahmen und ersparten Ausgaben um 5 000 DM auf 10.000 DM. Zuzüglich zu den Kosteneinsparungen ergibt dies 20 000 DM, so daß ein Finanzierungsrest von 10 000 DM verbleibt.

23 Eigenleistungen am Bau werden von vielen Wohnungspolitikern zunehmend als Ausweg aus dem Dilemma zwischen dem politischen Ziel einer Erhöhung der Eigentumsquote und der Zahlungs- und Eigenkapitalschwäche vieler Haushalte propagiert. Auch die IBA versteht ihre Projekte modellhaft. Sie »sollen Beispiele sein und Anregungen geben nach dem Motto »mehr davon«« (IBA Emscher Park, o.J.: 5).

24 Illich schwärmt von vergangenen Zeiten, in denen, nach seiner Darstellung, die Söhne quasi an der Hand ihrer Väter (und wegen der strengen Trennung der Arbeitsbereiche die Töchter an der Hand ihrer Mutter) durch Beobachtung und Mitwirkung am elterlichen Arbeitsprozeß gelernt haben. Es gibt vermutlich allerdings nicht viele Väter bzw. Mütter, die ihren Söhnen bzw. Töchtern im Rahmen ihrer Arbeitsprozesse jenes Wissen zu vermitteln in der Lage sind, das notwendig ist, um die Texte von Illich mit Gewinn zu lesen.

25 Von den von mir rezipierten Autoren lehnt einzig A. Gorz ein erwerbsarbeitsunabhängiges Einkommen ab und setzt statt dessen auf eine Arbeitsverpflichtung im Erwerbsarbeitssektor, allerdings nicht in der heute als »normal« geltenden Form der lebenslangen durchgängigen Erwerbsarbeit. Vielmehr sind auch bei Gorz Erwerbsarbeitspausen vorgesehen, in denen ein Einkommen weiterbezahlt wird. Das unterscheidet sich allerdings grundlegend vom garantierten Mindesteinkommen, da dieses Einkommen auf der in der Vergangenheit geleisteten und in Zukunft noch zu leistenden Arbeit beruht, also gerade nicht von der Arbeit unabhängig ist.

26 Nach den geltenden Regelungen des BSHG wird bei der Anrechnung des Erwerbseinkommens ein Freibetrag von maximal 50 Prozent des Regelsatzes eines Haushaltsvorstandes (ohne Mietzuschuß) gewährt. Darüber hinaus werden notwendige Ausgaben für Fahrtkosten und Arbeitsmittel angerechnet. Auf diese Weise kann bei einem Zuverdienst von 1 000 DM das tatsächliche Einkommen um ca. 250 DM aufgebessert werden.

27 Der negative Einkommensteuersatz wird also in einer Höhe angesetzt, der im positiven Bereich derzeit nur für ein zu versteuerndes Einkommen jenseits von 63 000 DM im Monat bei Ledigen bzw. 126 000DM im Monat bei Verheirateten besteht und der in der derzeitigen Steuerdiskussion als leistungsdiskriminierend bezeichnet wird. (Beim Anrechnungssatz handelt es sich nicht um den in der steuerpolitischen Diskussion heftig umstrittenen »Spitzensteuersatz«, der nur für den Teil des Einkommens fällig wird, der 10 000 DM im Monat bei Ledigen bzw. 20 000 DM im Monat bei Verheirateten übersteigt, sondern um den Durchschnittssteuersatz, also dem Steuersatz, der sich aus der Relation Gesamtsteuer durch zu versteuerndes Einkommen ergibt).

28 Das ist nur eine sehr grobe Schätzung, da die Berechnungen nur mit einem komplexen Steuersimulationsmodell durchgeführt werden können, das mir nicht zur Verfügung steht.

29 Für Ernst-Ulrich von Weizsäcker gehört sogar die Steuerfreiheit bezahlter Nachbarschaftshilfe zu den fünf Aspekten der »Freiheit der Tätigkeit« (Weizsäcker 1992: 252). Damit würde der Umfang der steuerpflichtigen Arbeit möglicherweise in erheblichem Umfang weiter reduziert.

30 Das von einer Arbeitsgruppe von grünen SozialpolitikerInnen entworfene Grundsicherungskonzept befindet sich noch in der innerparteilichen Diskussion. Ich beziehe mich hier auf ein Diskussionspapier vom Oktober 1996. Inzwischen hat die Arbeitsgruppe einige Veränderungen ins Auge gefaßt, aber noch nicht endgültig beschlossen (Fischer u.a. 1997). Auf diese Modifikationen wird jeweils in den Fußnoten verwiesen.

31 Soll eventuell auf 1 250 DM erhöht werden.

32 Die Wirkung dieses vergleichsweise hohen Anrechnungssatzes soll eventuell durch einen Freibetrag für den Zuverdienst etwas abgemildert werden.

33 In vielen Fällen würden damit die MindesteinkommensbezieherInnen schlechter gestellt als heutige SozialhilfeempfängerInnen.

34 Nach § 25 BSHG verliert seinen Sozialhilfeanspruch, wer sich weigert, zumutbare Arbeit zu leisten. Die Sozialhilfe wird in diesem Fall in einer ersten Stufe um mindestens 25 Prozent des Regelsatzes (ohne Mietzuschuß) gekürzt, kann aber bis zu »auf das zum Lebensunterhalt Unerläßliche« vermindert werden.

35 Die Expertenkommission wollte mit ihrem Vorschlag, bei der Sozialhilfe nur einen Teil der Wohnkosten zu erstatten, alle SozialhilfeempfängerInnen motivieren, sich in ihren Wohnwünschen zu bescheiden. Die Grünen gehen dagegen zumindest bei »der Mehrheit der MindesteinkommensbezieherInnen« von einer »Selbstverantwortung für die Wohnkosten« aus und wollen mit ihrer beschränkten Übernahme nicht nur die unverantwortliche Minderheit zu »verantwortlichem« Verhalten veranlassen, sondern vor allem die Vermieter daran hindern, »die Wohnkosten in die Höhe zu treiben«. Eine intensive Beschäftigung mit der Preisbildung am Wohnungsmarkt verrät dieser Vorschlag nicht.

36 Diese Formulierung ist meines Erachtens ein bemerkenswertes Beispiel für die in sexistischen Gesellschaften allgegenwärtige Vereinnahmung des Frauenkörpers (»unser« Körper), deren Durchgängigkeit sich gerade darin zeigt, daß sie dem Autor vermutlich gar nicht bewußt war.

37 Vollerwerbstätige Männer verdienen im Durchschnitt 50 Prozent mehr als vollerwerbstätige Frauen.

38 Für Kinder ist der Besuch eines Kindergartens oder einer Tageseinrichtung bei guten Rahmenbedingungen keine zweitbeste oder gar Notlösung, sondern, wie hinlänglich nachgewiesen, in sehr vielen Fällen der Entwicklung förderlicher als eine ausschließliche Betreuung in der Familie. Das ist in der pädagogischen Fachdiskussion nach meinem Eindruck inzwischen unbestritten – nur konservative Politiker und Eigenarbeits-Apologeten wollen dies nicht zur Kenntnis nehmen.

39 Diese Programme sind nicht zu verwechseln mit den in § 20 BSHG vorgesehenen »Prüf-Arbeitsplätzen«, auf denen SozialhilfeempfängerInnen für eine geringe »Entschädigung« ihre Arbeitsbereitschaft nachweisen müssen. Die Grundidee der Programme »Arbeit statt Sozialhilfe« besteht darin, auf freiwilliger Basis durch qualifizierende Arbeit die Voraussetzungen für einen späteren Zugang zum ersten Arbeitsmarkt zu verbessern, auch wenn dies in der kommunalen Praxis nicht immer erreicht wird.

40 Gegen die bei einer solchen, als vereinfachte Version keynesianischen Politik
interpretierbaren Maßnahme häufig genannten negativen ökonomischen Folgen (z.B. Inflation und/ oder Verschlechterung des Wechselkurses) sind inzwischen im Kontext der Diskussion über keynesianische Wirtschaftspolitik wirksame Lösungsansätze entwickelt worden, die ich hier allerdings aus Platzgrün-
den nicht referieren kann.

Literatur

Becker, Ruth, 1990: Lohnt die Ehe wirklich? Unterschiede in der Behandlung verschiedener Formen von Lebensgemeinschaften im Einkommensteuer- und Kindergeldrecht. Analyse der finanziellen Konsequenzen. Die GRÜNEN im Bundestag, Arbeitskreises Frauenpolitik (Hrsg.), Reihe Argumente, Bonn, 96 S.

BUND/MISEREOR (Hg.), 1996: Zukunftsfähiges Deutschland. Ein Beitrag zu einer global nachhaltigen Entwicklung. Studie des Wuppertal Instituts für Klima, Umwelt, Energie GmbH, Basel/Boston/Berlin

Brun, Rudolf (Hg.): Erwerb und Eigenarbeit. Dualwirtschaft in der Diskussion. Magazin Brennpunkte, Fischer Taschenbuch Verlag, Frankfurt a.M. 1985

dfh – Siedlungsbau GmbH. Einfach und selber bauen in organisierter Gruppenselbsthilfe. Duisburg Hagenshof, (unveröffentlichte Projektabrechnung), Worms 1996

DIW, Deutsches Institut für Wirtschaftsforschung: »Bürgergeld«: Keine Zauberformel, in: Wochenbericht 41/74, 61. Jahrgang, Berlin 1994, S. 689-696

Fischer, Andrea u.a.: Die BündnisGRÜNE Grundsicherung: Ein soziales Netz gegen die Armut. Diskussionspapier. Bonn 1996

Fischer, Andrea u.a.: Diskussionsentwurf für eine BündnisGrüne Grundsicherung – Einige Änderungen und Klarstellungen. Diskussionspapier. Bonn 1997

Gorz, André: Wege ins Paradies. Thesen zur Krise, Automation und Zukunft der Arbeit, Berlin 1983

Gorz, André: Kritik der ökonomischen Vernunft. Sinnfragen am Ende der Arbeitsgesellschaft, Berlin 1989

Gorz, André: Und Jetzt Wohin? Nördlingen 1991

Guggenberger, Bernd: Am Ende der Arbeitsgesellschaft – Arbeitsgesellschaft ohne Ende? in: Benseler, Frank/ Heinze, Rolf G./Klönne, Arno (Hg.): Zukunft der Arbeit, Hamburg 1982, 63-84

Huber, Joseph (Hg): Anders arbeiten – anders wirtschaften. Dualwirtschaft: Nicht jede Arbeit muß ein Job sein, Frankfurt a.M. 1979

Huber Joseph: Anders arbeiten – anders wirtschaften. Die Zukunft zwischen Dienst- und Dualwirtschaft, in: Huber, Joseph (Hg.): Anders arbeiten – anders wirtschaften. Dualwirtschaft: Nicht jede Arbeit muß ein Job sein. Frankfurt a.M. 1979a, S.17-35

Huber, Joseph: Die Regenbogengesellschaft. Ökologie und Sozialpolitik, a.a.O., Frankfurt a.M., 1985

IBA Emscher Park: Einfach und selber bauen. Siedlungen in der Tradition der Gartenstadt, Eigenheime für »kleine Leute«. Eine Zwischenbilanz, Dokumentation, Gelsenkirchen 1996

Illich, Ivan, 1983, (1974(: Fortschrittsmythen. Reinbek

Illich, Ivan: Genus. Zu einer historischen Kritik der Gleichheit, Reinbek 1983

Künzler, Jan, 1995: Geschlechtsspezifische Arbeitsteilung: Die Beteiligung von Männern im Haushalt im internationalen Vergleich. In: Zeitschrift für Frauenforschung 13. Jg. Nr 1/2.

Kurz-Scherf, Ingrid: Fragen an eine Kritik der politischen Ökonomie der Arbeit, in: Das Argument 199, Berlin 1993, S. 339-348

Mies, Petra: Frau Schuster sieht ihren Betreuer auf dem Bildschirm. Frankfurter Rundschau vom 25. 6. 1997, S. 23-24

Lee, R.: Moral money? LETS and the social construction of local economic geographies in Southeast England, in: Environment and Planning A 1996, volume 28, pages 1377-1394

Opielka, Michael: Ökologische Sozialpolitik. Überlegungen zu einer ökologischen Sozialreform, in: Opielka, Michael (Hg.): Die ökosoziale Frage. Entwürfe zum Sozialstaat, Frankfurt a.M. 1985, S. 282-310

Schäfer, Heiner: Selbsthilfe am Bau. 1985

Thürmer-Rohr, Christina (Hg.): Feminisierung der Gesellschaft – Weiblichkeit als Putz- und Entseuchungsmittel. In: Vagabundinnen. Feministische Essays, Orlanda Frauenverlag, Berlin 1992, S. 106-121

Wand, Elisabeth, 1985: Alternde Töchter alter Eltern, Bochum (Phil.Diss)

Weizsäcker, Ernst U. von: Erdpolitik. Ökologische Realpolitik an der Schwelle zum Jahrhundert der Umwelt, Darmstadt 1992

Wetterer, Angelika: Rhetorische Präsenz, faktische Marginalität. Zur Situation von Wissenschaftlerinnen in Zeiten der Frauenförderung. In: Zeitschrift für Frauenforschung, 1+2/1994, S. 93-110

Ausblick

Die Erkundungsreise geht ihrem Ende entgegen – wie immer Sie durch das Buch gewandert und im Ausblick angekommen sein mögen. Hoffentlich hat sich niemand verlaufen. Und wenn – es wäre ebenso interessant wie naheliegend. Ist doch schon das Themenfeld »Arbeit« ein eigenes – und eigenartiges – Labyrinth, und kommt doch mit dem Themenfeld »Ökologie« nochmals ein eigenes – und eigenartiges – Labyrinth hinzu. Beide zusammengenommen sind dann nicht einmal mehr labyrinthisch, weil solcherart Wirrsale ja zumindest eine klare Begrenzung in Form von Mauern, Zäunen oder Hecken haben.

Beide zusammengenommen sind allerdings womöglich doch und insofern labyrinthisch, als sich in ihnen der Minotaurus verbirgt, jenes Ungeheuer, welches Minos auf Kreta in seinem Irrgarten ausgesetzt hat. Bei Ungeheuern ist es – vom bloßen Weglaufen einmal abgesehen – immer sinnvoll zu fragen: Um was handelt es sich?

Eben diese Frage haben wir versucht, in unserem Buch zu stellen: Zukunft der Arbeit – welcher Arbeit – welche Zukunft? Und wir meinen, daß, wenn sich schon eine Debatte – wie eben die um die Zukunft der Arbeit – wie ein Minotaurus im Labyrinth gebärdet, dann wenigstens das Fragen erlaubt sein muß.

Dieser Ausblick nun bewegt sich fragend zurück nach vorn, (wenngleich äußerst fragwürdig ist, ob Wege aus dem Labyrinth durch den Eingang führen) und beginnt mit dem Aufsatz von Ruth Becker bzw. mit ihrem Plädoyer für das Ende der Eigenarbeit. Sie knüpft mit ihrer Argumentation an eine Frage an, welche wir den eingeladenen Gästen in unserem zweiten Workshop (»Zur Morphologie der Reproduktions- und Eigenarbeit«) gestellt haben:

»*Impliziert eine Stärkung der Eigenarbeit oder eine Veränderung im Produktions-Reproduktionsverhältnis ökologische Veränderungen – und wenn, welche?*«

Von der Eigenarbeit, so wird in ihrem Aufsatz deutlich, hält Ruth Becker gar nichts. Sie birgt keinerlei ökologische Vorteile, dafür aber soziale Fallstricke und Tücken. Wir sollten uns lieber der Erwerbsarbeit zuwenden und womöglich mit Hilfe keynesianischer Staatsregulierung eine Art geschlechtergerechte Vollbeschäftigung erreichen, die ökologisch verträglich ist.

Interessanterweise hält nun Veronika Bennholdt-Thomsen offenbar auch nichts von der Eigenarbeit. Ihre Strategie ist dabei weniger die konfrontative Argumentation als vielmehr das elegante Beiseite-Lassen der Eigenarbeit, um die eigene, die Subsistenz-Perspektive zu betonen und der Erwerbsarbeit wie der Ökonomie vorzuwerfen, daß sie die elementare Orientierung am »Lebensnotwendigen« vergißt.

Die Idee der Eigenarbeit wird also in der feministischen Diskussion wenig aufgegriffen und erfreut sich dort auch wenig Beliebtheit.

Das macht uns nachdenklich.

Das feministische Mißtrauen gegenüber dem Ansatz der Eigenarbeit wird recht deutlich von Ilona Ostner formuliert. Ansatzpunkt ihrer Kritik ist, daß die Trennung von Erwerbsarbeit und Hausarbeit fortgeschrieben wird:

»*Die aktuelle Diksussion um Eigenarbeit wiederholt dabei eine Trennung, die, indem sie bestimmte Tätigkeiten herausfiltert, den Rest – das wäre dann die Hausarbeit – erst recht im diffus Unbestimmten läßt. Hausarbeit ist eine durch Ab- und Ausgrenzung bestimmte Kategorie mit unbekannten Parametern. ... .*« (1988, S. 61).

Weiter heißt es:

»*Es ist heute aktuell, Arbeit gegen Tätigkeit auszuspielen. Tätigkeit wird assoziiert mit Freiheit und Selbstbestimmung. Die gängige Unterscheidung von Erwerbsarbeit und Eigenarbeit verfährt ähnlich. Das Reich der Freiheit, der freien Zeit beginnt jenseits der Erwerbsarbeit.*« (ebenda, S. 65)

So gesehen ist Eigenarbeit tatsächlich tückisch und dem feministischen Anliegen einer geschlechtergerechten »Ganzen Arbeit« hinderlich. Gefordert wird von feministischer Seite eine »Enttabuisierung« der Hausarbeit. Diese Forderung ist vor allem deshalb interessant, weil sie ein grundlegend neues Verhältnis zu Hilflosigkeit und Abhängigkeit impliziert. Hausarbeit ist Arbeit und Sorge für andere und ist – gerade auch im Gegensatz zur Erwerbsarbeit – die Sorge für die leib-seelischen Bedürfnisse anderer (dies wird beispielsweise im Umgang mit Kindern oder bei der Pflege von Kranken und/oder älteren Menschen deutlich). Gerade weil der private Haushalt der Ort ist, an dem Abhängigkeit und Hilflosigkeit deutlich werden, wird Hausarbeit tabuisiert:

»In der Hausarbeit tritt uns zumindest ein Rest der Erinnerung
an Leib- und Naturgebundenheit, Bedürftigkeit, Verwiesenheit,
Abhängigkeit und Hilflosigkeit gegenüber. Dies hebt nicht gerade
das Selbstwertgefühl.« (ebenda, S. 64)

Die Gefahr liegt dieser Diskussion zufolge darin, daß Eigenarbeit zur weiteren Tabuisierung von Hausarbeit gerade dadurch beiträgt, indem sie der Eigenarbeit für wertbefundene Tätigkeiten von ihr abspaltet.

Wir wollen – auch wenn hier Wachsamkeit geboten ist und bleibt – die Eigenarbeit trotzdem nicht zu den Akten legen. Eigenarbeit, so hat es Ivan Illich formuliert (Illich, 1982, S. 52), ist kein fertiges Konzept. Sie ist vielmehr eine Art subversiver Suchbegriff, der all das meint, was das Gespann von fremdbestimmter, ausbeuterischer Arbeit und einem diese kompensierenden Konsum verläßt.

Das Verlassen-Müssen des derzeitigen Arbeit-Konsum-Gespanns zieht sich allerdings rotfädig durch unser Buch und wird in sozialer, kultureller und ökologischer Absicht immer wieder aufgegriffen. An diesem Punkt sind wir uns nahezu einig – Differenzen bestehen aber im Wie und vor allem im Wohin.

Ein mögliches »Wie« wird von Lieselotte Wohlgenannt dargelegt: Arbeit und Existenzsicherung müssen getrennt werden, und es bedarf eines Grundeinkommens. Dieses sei auch in ökologischer Sicht notwendig, damit der Zwang zu naturzerstörerischer Arbeit aus

Gründen der Existenzsicherung gebrochen werden kann. Damit antwortet Lieselotte Wohlgenannt auf eine weitere im zweiten Workshop gestellte Frage, die sich im Bereich der sozialen Sicherung bewegt. Gerade weil die Fixierung auf Erwerbsarbeit auch und immer noch damit zusammenhängt, daß sich das System der sozialen Sicherung auf und um Erwerbsarbeit zentriert, wäre zu überlegen, ob das »soziale Netz« nicht auf der Basis von Reproduktions- und Eigenarbeit gespannt werden sollte. In diesem Zusammenhang haben wir gefragt, welche anderen Formen und Möglichkeiten der sozialen Sicherung es gibt – und welche Bezüge sich dabei zur Ökologie herstellen lassen.

Obwohl nun Lieslotte Wohlgenannt die Notwendigkeit der Einführung eines Grundeinkommens aus sozialen wie ökologischen Gründen herausgearbeitet hat, sind wir uns beim »Wie« trotzdem nicht einig. Das liegt weniger an der Frage möglicher oder unmöglicher Finanzierbarkeit, sondern hat in der Hauptsache zwei andere Gründe. Einmal hatten wir Zweifel, ob, gerade wenn mit der negativen Einkommenssteuer ein Niedriglohnsektor entsteht, nicht erneut die Ökonomie bzw. die Unternehmensseite von ihrer sozialen Verpflichtung in unguter und im Grunde auch unzulässiger Weise freigesprochen würde.

In diesem Zusammenhang hat Gerhard Scherhorn einen interessanten Vorschlag gemacht, welchen er auf dem Jahrestreffen (1997) der »Vereinigung für Ökologische Ökonomie« in Heidelberg vorgetragen hat. Daß nun die Unternehmen die Höhe der Lohn- und Lohnnebenkosten zunehmend beklagen und mit dem Rückzug ihrer Beteiligung an der sozialen Sicherung begonnen hätten (die Diskussionen über die Finanzierung der Pflegeversicherung und über die Lohnfortzahlung im Krankheitsfalle haben dies deutlich gemacht), hieße zwar, daß der fordistische Gesellschaftsvertrag seinem Ende zuginge, aber es hieße nicht, daß keine Gewinne mehr gemacht würden.

Im Gegenteil. Und die politische Pflicht von Gesellschaften und Staaten läge nun darin, das zunehmend »frei« um den Globus fließende Kapital sozial rückzubinden, beispielsweise, indem eine einzuführende Grundsicherung mit Hilfe einer Tobinsteuer (welche das spekulative Kapital besteuert) finanziert würde.

Der andere Zweifel an einer Grundsicherung bezieht sich darauf, ob sie nicht eher zu einer Zementierung – und eben nicht zur Entzerrung – des vorhandenen Arbeit-Einkommen-Gespanns führen würde. Sie wäre nicht mehr als eine veredelte Sozialhilfe und trüge überhaupt nicht zur notwendigen In-Wert-Setzung reproduktiver, regenerierender und sorgender Arbeiten bei.

Hier nun wird es spannend. Ein Minotaurus ist noch nicht zu sehen, aber er beginnt zu rumoren und hörbar zu werden.

Zunächst sei an die Frage nach der Eigenarbeit und die Antwort von Ruth Becker erinnert. Diese Frage enthielt ja ein »Oder« – und zwar ein sehr wichtiges, auf das sich Ruth Becker kaum bezieht: »Impliziert die Stärkung der Eigenarbeit *oder* eine Veränderung im Produktions-Reproduktions-Verhältnis ökologische Veränderungen, und wenn, welche?«

Zugegeben ist es eine vertrackte Frage, in die viel hineingepackt ist. Offenbar haben die Feministinnen gar nicht gefunden, daß eine Stärkung der Eigenarbeit eine Veränderung im Produktions-Reproduktions-Verhältnis bedeutet. Allerdings hat sich Sabine Wolf in ihrem Aufsatz dem eigenartigen – und wie sie meint unzeitgemäßen – Gespann von Produktion und Reproduktion angenommen. Interessanterweise spricht sie sich nicht für eine überwiegend von Männern entwickelte *duale Ökonomie* aus, sondern sie fordert die Überwindung des *dualen Denkens* in der Ökonomie, auch mit Blick auf das Geschlechterverhältnis.

Wir nähern uns dem Minotaurus, welcher im Labyrinth zu rumoren beginnt. Unser Buch ist von Frauen und von Männern geschrieben worden. Die verschiedenen Teile des Buches stimmen etwa mit der jeweiligen Besetzung der beiden Workshops überein: Der erste Workshop war von der Besetzung her deutlich männerdominiert (der zweite Buch-Teil), der zweite hingegen deutlich frauendominiert (der dritte Buch-Teil), was angesichts des vorangehenden Männerüberhangs beabsichtigt war. Beide Besetzungen waren jeweils nicht konfliktfrei. Gerade beim zweiten Workshop, zu dem wir die Männer aus dem ersten Workshop sozusagen als stille Teilhaber überwiegend auch eingeladen hatten, gab es kräftiges Rumoren. Daß bei einem Workhop nur eine einzige Frau referiert (Christel Eckart, deren Buchbeitrag aufgrund ihrer Zeitknappheit nicht zustandekam), ist nichts Besonderes. Daß aber Männer als stille Teilhaber sich Vorträge von so vielen und überwiegend feministisch orientierten Frauen anhören, scheint gewöhnungsbedürftig.

Nun läßt sich das nicht so zuspitzen, daß sich jeweils alle Männer und Frauen untereinander einig und mit dem anderen Geschlecht uneinig waren. Zwischen Lieselotte Wohlgenannt und Veronika Bennholdt-Thomsen etwa, gibt es ebenso deutliche Differenzen wie zwischen Otto Ullrich und Ulrich Mückenberger. Gleichwohl läßt es sich dahingehend zuspitzen, daß das Verhältnis von Produktion und Reproduktion wie auch das von bezahlter und unbezahlter Arbeit ein umstrittenes ist und daß dabei die Frage nach dem Geschlechterverhältnis eine zentrale ist.

Doch erstmal genug mit dem rumorenden Minotaurus, wir werden ihm vermutlich ohnehin wieder begegnen. Angesichts von unberechenbaren Ungeheuern ist es sinnvoll, sich des eigenen Weges – und sei es im Labyrinth – und des eigenen Anliegens zu vergewissern. Dieses bestand in der fragenden Bewegung zurück nach vorn.

Dabei nähern wir uns dem ersten Workshop zu »Arbeit und Arbeitszeiten« und treffen zunächst auf Helmut Spitzley, welcher seine Vier-Felder-Wirtschaft bestellt. Er ackert mit zwei Fragen, die wir an die eingeladenen Gäste gerichtet haben:

»Unter welchen Bedingungen sind Leute bereit, mehr Zeit für weniger Einkommen einzutauschen? Zeichnen sich tragfähige Mischformen zwischen Eigen-, Lohn- und Selbständigenarbeit ab, welche als Puffer für eine Wirtschaftsschrumpfung dienen können?«

Helmut Spitzley will im Grunde viel, wenn nicht alles, und er setzt dabei auf eine solidarische Gesellschaft wie auf eine plurale Ökonomie. Das Feld der Erwerbsarbeit soll bleiben, aber kleiner werden, um anderen Feldern Platz zu machen und sich in eine Vierheit einzufügen. Eine unbezahlte Eigenarbeit möchte er auch und plaziert sie in einem zweiten Feld. Sie rückt bei ihm mitsamt ihrer Unbezahltheit in die Nähe von Hausarbeit und Reproduktionsarbeit. Damit nicht genug, möchte er ein drittes Feld für die gemeinschaftlich/soziale Non-Profit-Arbeit (bezahlt wie unbezahlt und jedenfalls ohne Profit) wie auch als viertes Feld die Arbeit an der eigenen Person. Diese bezeichnet er als ein bewußtes ›Sein-Lassen‹. Das ›Sein-Lassen‹ als Arbeit zu bezeichnen, ist eine originelle Position, welche in der Gruppe von ReferentInnen auf keine große Resonanz stieß. Wohl aber bestand Einigkeit darüber, daß es viel zu lernen gibt – auch und zum Beispiel das Sein-Lassen. Das friedliche Anpflanzen unbezahlter Eigenarbeit auf einem zweiten Feld blieb hingegen umstritten, was wir oben schon dargelegt haben.

Viel zu lernen gibt es auch bei Eckart Hildebrandt. Er hat zunächst auf dem Workshop selbst vehement und überzeugend vertreten, daß ein Weniger an Erwerbsarbeit überhaupt nicht automatisch zu einem umweltschonenderem Wohlstands- und Freizeitverhalten führt, was er mit den Ergebnissen einer Untersuchung zum VW-Arbeitszeit-Modell belegt hat. Gerade weil das so ist, gilt es, Arbeitszeit und Freizeit, Arbeitsstile und Lebensstile zusammenzudenken und gerade nicht Auswirkungen auf das jeweils andere zu erwarten, wenn das eine geändert wird. Aus ökologischer Sicht kann deshalb von einer Zukunft *dieser* Arbeit, egal, ob sie nun fünfundzwanzig, dreißig oder achtunddreißig Stunden beträgt, nichts erwartet werden, solange die Lebensstile bzw. wohl auch die Lebenswelten nicht einbezogen werden. Diese Position war wohl diejenige, welche am wenigsten umstritten war.

Eckart Hildebrandt geht an diesem Punkt auch mit Ulrich Mückenberger einig, der sich von der »Erosion des Normalarbeitsverhältnisses« nicht automatisch ökologische Vorteile verspricht (einmal abgesehen davon, daß das Normalarbeitsverhältnis so »normal« noch nie gewesen ist). Vielmehr bedarf es einer Vielfalt von Beschäftigungsformen sowie deren sozialer Absicherung. Auch dies ist wenig umstritten, streitbar ist allerdings, auf welcher Grundlage denn die vielen Beschäftigungsformen etabliert werden sollen. Anders formuliert – die vorhandene Ökonomie wird nicht besser dadurch, daß sie dual – eine zweite wird neben sie gestellt – oder plural – sie erhält viele Felder neben sich – wird. Ebenso wird die Erwerbsarbeit noch nicht ökologisch, wenn man ihr eine Vielfalt von Beschäftigungsformen zur Seite stellt. Allerdings wird das Normalarbeitsverhältnis durchaus weniger normal, wenn es viele Arbeitsnormalitäten gibt.

Es bleibt die Zeit, auf welche vor allem Jürgen Rinderspacher eingeht. Er teilt mit vielen anderen die Einschätzung, daß es bei der Zukunft von Arbeit und Arbeitszeiten um eine Verbindung von Arbeit und Leben gehen muß. Angesichts vorherrschender Arbeitszeitpolitik-Muster ist er allerdings sehr skeptisch, ob es so etwas wie Zeitsouveränität geben kann. Hier wird der teils mit schwärmend-romantischem Unterton vorgetragenen Zeitsouveränität insofern ein Dämpfer aufgesetzt, als daß sie sich derzeit weder bei Arbeitszeitverkürzung noch bei dem Modell der Jahresarbeitszeit realisieren läßt.

Erneut bewegen wir uns auf das Zentrum des Labyrinthes zu, nähern uns Grundlegendem und dem ersten Teil unseres Buches. Dort finden wir in der Mitte Otto Ullrich, der uns fragt, ob wir im Mythos der Arbeitsgesellschaft gefangen sind. Die Antwort lautet: Ja. Wir sind in ihm gefangen und befangen – und dies schlägt sich auch in unserem Buch selbst nieder. Auch wir sitzen der Arbeitsgesellschaft und deren grundlegender Teilung in Produktion und Reproduktion auf. Was – gerade wo wir uns doch in kritisch-reflexiver Absicht wirklich Mühe gegeben haben – dafür spricht, daß es sich um einen zählebigen, ja womöglich sogar heimtückischen Mythos der Arbeitsgesellschaft handelt. In die Mythos-Falle sind wir beispielsweise da gegangen, wo wir die Erwerbsarbeit kaum auf ihre reproduktiven Potentiale, Leistungen und vor allem auch Pflichten hin befragen. Wir lassen das Reproduktive viel zu sehr im Haus oder in der Eigenarbeit. Gerade dies ist auch aus ökologischer Sicht fatal, weil uns ein zentrales Anliegen ist, die naturzerstörerische Seite der Arbeit ins Blickfeld zu holen und über Veränderungsmöglichkeiten nachzudenken. Dies kann aber nicht gelingen, wenn wir Sorgendes, Pflegendes und Regenerierendes weiterhin der Haus- und/oder Eigenarbeit und damit derzeit immer noch vor allem den Frauen überlassen.

Hinzu kommt, daß dieser Bereich im Abseits der gesellschaftlichen Wertschätzung und der ökonomischen In-Wert-Setzung liegt. Ein erstes fragendes Nachdenken muß sich daher auf die Ökonomie selbst mitsamt ihrer Arbeitswertlehre beziehen. Hierzu gibt uns Klaus Grenzdörffer Anregungen, weil er »Wertvolles Arbeiten« entgegengesetzt zu den uns geläufigen Wertigkeiten beschreibt. Das

Nicht-in-Wert-Setzen wertvollen Arbeitens in der und durch die Ökonomie wird auch im eröffnenden Aufsatz zu den »Vergessenen Arbeitswirklichkeiten« von Adelheid Biesecker und Uta von Winterfeld problematisiert. Bei den vergessenen Arbeitswirklichkeiten geht es aber nun gerade nicht um eine Art Lückenanalyse; geht es gerade nicht um die Annahme, daß es mit der Erwerbsarbeit schon besser bestellt sei, wenn sie sich nur die vergessenen Arbeitwirklichkeiten auch noch aneignet. Vielmehr liegt der Ansatzpunkt gerade umgekehrt darin, daß mit der Erwerbsarbeit etwas ganz grundlegend nicht stimmen kann, wenn sie solch elementare Arbeitswirklichkeiten wie die sorgende Orientierung am Lebensnotwendigen vergißt bzw. ausblendet. Kennzeichen der historisch noch recht neuen industriellen Erwerbsarbeit ist ja gerade ihre Lebensweltvergessenheit bei gleichzeitig instrumentell-aneignendem Umgang mit ihr.

Damit sind wir wiederum in der Nähe des rumorenden Minotaurus angelangt und müssen uns nun ernsthaft fragen, um welches Gegenüber es sich handelt. Zunächst handelt es sich um eine Mixtur zweier Gattungen: Halb Tier – halb Mensch, halb Stier – halb Mann. Weiterhin ist es, bzw. er, schwer zu finden. Dafür sorgt eine Debatte um die »Zukunft der Arbeit«, welche uns zumeist davon abhält, das Ungeheuerliche der vordergründig so schützenswerten industriellen Erwerbsarbeit zu sehen. Arbeit wird in Quantitäten debattiert, und die Frage nach dem Wieviel an Arbeit bzw. Arbeitsplätzen verstellt den Blick auf das Qualitative: Welche Arbeit? Bei der Erwerbsarbeit handelt es sich erstens um ein oft naturzerstörerisches Arbeiten und zweitens um die Reduktion vieler Arbeitswirklichkeiten auf eine der engen ökonomischen Rationalität unterworfene Lohnarbeit. Beides hängt zusammen und es gilt, diesen Zusammenhang – von Engführung der Arbeit und ihrem naturzerstörerischen Potential – zu erkennen, ohne sich im Labyrinth zu verirren.

Eines sollte uns klar sein: Bei der Annäherung an den Minotaurus sollten wir nicht Theseus vorschicken, jenen treulosen Königssohn, der nicht nur sein Versprechen der Ariadne gegenüber nicht einhielt, sondern obendrein noch vergaß, das weiße Segel zu hissen (woraufhin sich Aigeus, als er das schwarze Segel sah, voller Trauer vom Felsen ins Meer stürzte). Solch ignorante Helden können wir nicht gebrauchen. Hingegen könnte uns der Ariadnefaden nützlich sein. Er ließe sich vom Wollknäuel abwickeln und bliebe damit als roter Faden hinter uns; er ließe sich aber auch mitsamt dem Wollknäuel nach vorne werfen, um einen Weg zu weisen. Das nach vorne geworfene Knäuel führt uns in Richtung eines männlichen Ungeheuers, von einigen Minotaurus, von anderen auch entfesselter Prometheus genannt. Beide stehen in Verbindung mit göttlichem Zorn gegenüber menschlicher Besitzgier.

Vom Weglaufen wiederum abgesehen, sollte nun gefragt werden, wie dieses Bündnis von Arbeit und Naturzerstörung eigentlich zustandekommt, und was es mit dem Geschlechterverhältnis zu tun hat. Eine große Frage, die wir aber ausblickend zumindest streifen wollen.

Einen guten Anhaltspunkt für den gordisch erscheinenden Knoten von Frauen, Arbeit und Natur liefert uns Francis Crick, jener Genforscher, der mit James Watson zusammen die Doppelhelix entdeckt hat und Nobelpreisträger ist. Sein Verständnis von Natur und von Arbeit liest sich so:

»Die Natur hat einige Millionen Jahre vor Henry Ford das Fließband erfunden. Dieses Fließband produziert im übrigen viele verschiedene hochspezifische Proteine, die Werkzeugmaschinen der Zelle, die ihrerseits die organischen Moleküle formen und umformen, um Rohmaterial für die Fließbänder und daneben all die Moleküle bereitzustellen, die für den Aufbau der Fabrik erforderlich sind und diese mit Energie versorgen, den Abfall beseitigen und eine Unmenge weiterer Funktionen erfüllen.« (Crick, 1983, S. 78)

Das Material, an und mit dem der Gen-Mechaniker arbeitet, ist dumpf, stumm – und weiblich:

»RNS und DNS sind die dummen Blondinen der biomolekularen Welt, in erster Linie zur Reproduktion geeignet, (mit ein bißchen Unterstützung der Proteine), aber für die wirklich anspruchsvolle Arbeit kaum zu gebrauchen.« (ebenda, S. 80)

Hier steht es schon recht gut beieinander. Natur ist mechanisch, Naturgestaltung mechanistisch, eine wirklich anspruchsvolle männliche Arbeit. Wohingegen für das anspruchslose Reproduktive die dummen Blondinen immerhin zu gebrauchen sind.

Vom reduktionistischen Reproduktionsbegriff eines Francis Crick läßt sich der Ariadnefaden weiterrollen und führt uns ins 19. Jahrhundert mitsamt seiner Evolutionstheorie. Nun allerdings tippt das Wollknäuel nur kurz den Boden an und springt sogleich weiter ins siebzehnte Jahrhundert, weil die heute noch gültige Einteilung von Produktion und Reproduktion dort ihre Wurzeln hat, während die Evolutionstheorie des neunzehnten Jahrhunderts sie schon zur Voraussetzung hatte. Dies arbeitet die Politikwissenschaftlerin und Physikerin Elvira Scheich in ihrer Dissertation über »Naturbeherrschung und Weiblichkeit« heraus:

>*»Um zum Kraftbegriff der klassischen Mechanik zu kommen, war es notwendig, von der gesellschaftlichen Arbeit zur Reproduktion der Menschen wie der Natur in der Subsistenzökonomie zu abstrahieren. In diesem Kontext entstand gleichzeitig die private Reproduktionsarbeit als besondere gesellschaftliche Arbeit der Frau in einer Form, die sie ökonomisch einer Naturressource gleichstellt. Demgegenüber abstrahieren die Kategorien der Evolutionstheorie, Art und Selektion von der Geschichte der Frau, d.h. sie beziehen ihre Arbeit mit ein, aber als eine Funktion, deren Bestimmung durch Ausgrenzung und Rekonstruktion als das »Andere« der Gesellschaft bereits erfolgt war.« (Scheich, 1993, S. 266)*

Die eigentliche »Leistung« der Evolutionstheorie des 19. Jahrhunderts liegt also darin, das Weibliche in ein System zu integrieren, welches ihr schöpferisches Potential verneint. Frauen sind für die »Erhaltung« der Arten zuständig und stehen für das Prinzip der Konstanz. Für die eigentlich anspruchsvolle Arbeit sind sie nicht zu gebrauchen. Hingegen bewirken Männer die »Entwicklung« der Arten und stehen für das Prinzip des Wandels:

>*»Der ... Entwicklungsgedanke der Moderne, dessen Konsequenzen in der Darwinschen Theorie das Bild der lebendigen Natur von Grund auf veränderte, wird auf das weibliche Geschlecht nicht angewandt. Denn die Festlegung des Weiblichen auf Repro-*

*duktion schließt in diesem Falle die Möglichkeit von Geschichte
von vornherein aus.« (ebenda, S. 215)*

Die im neunzehnten Jahrhundert insbesondere von Charles Darwin
formulierte männliche Vorstellung von Entwicklung und Fortschritt
ist also vor dem Hintergrund von Industrialisierung, industrieller
Arbeit und industrieller Arbeitsteilung zu sehen. Sie basiert auf
Naturbeherrschung und Naturausbeutung ebenso wie auf der
Abspaltung des erhaltend Reproduktiven, welches Frauen als einer
Art zweiten Naturressource zugeschrieben wird.

Daß aber selbst Naturressourcen dem historischen Wandel unterliegen, zeigt sich spätestens dann, wenn diese knapp werden. Und
so werden die industrielle Ökonomie und die industrielle Arbeit
heute in Form der ökologischen Krise von ihrer eigenen Naturvergessenheit eingeholt – womöglich auch überholt.

Eine Naturvergessenheit, welche mit einer Alltags- und Lebensweltvergessenheit eng verbunden ist, weil sie diese ins anspruchslose Reproduktive verbannt. Dabei ist der blinde Fleck nicht die Vergessenheit von »Teilen«, sondern, wie es Sabine Hofmeister formuliert, der blinde Fleck ist das Ganze, der Produktion und Reproduktion – sodenn sich das Ganze überhaupt noch mit solcherart Begriffen beschreiben läßt.

Damit sind wir am Anfang und bei der Einleitung angekommen.
Wir weisen dort darauf hin, daß mit jeder Arbeit nicht nur Fortschritt, sondern auch Abfall hervorgebracht wird – und daß wir die
dunkle und zerstörerische Seite von Arbeit kaum wahrnehmen.
Dazu bleibt anzumerken, daß es sich bei dieser Art Rohstoffe in Müll
verwandelnder industrieller Produktion mitsamt ihrer Erwerbsarbeit
um eine im historischen Prozeß entstandene bestimmte Ausprägung handelt, deren Vorhandensein uns weder schicksalhaft
anheimgegeben noch unumstößlich ist.

Nichts hält uns also davon ab, uns ganz andere Zukünfte ganz
anderer Arbeiten vorzustellen. Dazu wäre ratsam, auch mit unseren
Kategorien und Vorstellungen davon, was Fortschritt sei und was
nicht, was Reproduktion sei und was Produktion, aufzuräumen und
zu entrümpeln. Und dabei würde womöglich eine Arbeit denkbar,
die nicht Fort-Schritt, sondern Rück-Lage zum Ziel hat, nicht Natur-

ausbeutung betreibt, sondern ihr Bestreben zunächst auf die Wieder-
Herstellung natürlicher, sozialer und kultureller Vielfalt legt.

Dabei wäre dann unwichtig, ob Umweltschutz Arbeitsplätze
schafft, weil Arbeit in erster Näherung Umweltschutz wäre und in
zweiter Näherung über ihn hinausginge – oder ihn gar überflüssig
machte?

Uta v. Winterfeld und Willy Bierter
Wuppertal und Giebenach,
Oktober 1997

Literatur

Bierter, Willy (1992): Wege im Morgengrauen. Handbuch für das Labyrinth, Liestal/Giebenach (unveröffentl. Manuskript)

Crick, Francis, 1983 (1981): Das Leben selbst. Sein Ursprung, seine Natur. (Übers. F. Griese), München

Illich, Ivan, 1982: Eigenarbeit. In: ders.: Vom Recht auf Gemeinheit, S. 49-52, Reinbek

Kolbenschlag, Madonna, 1981: Kiss Sleeping Beauty Good-bye, New York (Zitate unten auf S. 76 und S. 72)

Ostner, Ilona, 1988: Die Tabuisierung der Hausarbeit. In: Frauenforschung und Hausarbeit (Hg. Hildegard Rapin), S. 55-72, Frankfurt a.M./New York

Scheich, Elvira, 1993: Naturbeherrschung und Weiblichkeit. Denkformen und Phantasmen der modernen Naturwissenschaften. Pfaffenweiler

Winterfeld von, Anne, 1997: Textbewegungen im Labyrinth der Welt. Zur autobiographischen Trilogie von Marguerite Yourcenar. Arbeit zur Erlangung des Magister Artium an der Universität Hannover (unveröffentl.)

Winterfeld von, Uta, 1997: Herrschaftsverhältnisse im neuzeitlichen Naturverständnis. Vortrag zum Symposium »Der Naturbegriff in der politischen und wissenschaftlichen Kontroverse« der Österreichischen Gesellschaft für Politikwissenschaft, erscheint voraussichtlich zu Beginn 1998 in Wien.

»Die Frauen wurden zu einer niederen Kaste reduziert …

am schlimmsten mit Beginn der Industrialisierung.

»Frauenarbeit« wurde von sinnvoller

menschlicher Tätigkeit unterschieden.«

»Der lähmende Aspekt der heutigen Arbeit

ist eine Herausforderung, unseren Einsatz

und unser Engagement zu vertiefen –

sowohl für Frauen als auch für Männer –,

um die Arbeit neu zu organisieren

und ihre Strukturen neu zu ordnen.«

Madonna Kolbenschlag

Dank

Bedanken möchten wir uns bei Rainer Lucas für seine Idee und Anregung, aus unseren beiden Workshops ein Buch zu machen, bei Dorothea Frinker für den Satz, bei Hans Kretschmer für das Layout und bei Beate Schöne für die Redaktion.

Zu den Autorinnen und Autoren

Ruth Becker, Prof. Dr.
Volkswirtin, Professorin für »Frauenforschung in der Raumplanung und Wohnungswesen« an der Universität Dortmund. Wissenschaftliche Schwerpunkte: Wohnungspolitik und Wohnungsversorgung, Stadt- und Bauökonomie, feministische Zugänge zu Planungsproblemen. Seit vielen Jahren aktiv in der autonomen Frauen- und Lesbenbewegung.

Veronika Bennholdt-Thomsen, Prof. Dr.
Geboren 1944. Ethnologin (Promotion) und Soziologin (Habilitation). Nach 13 Jahren Hochschultätigkeit jetzt Teilzeitbäuerin und Leiterin des »Institut für Theorie und Praxis der Subsistenz e.V.«, Bielefeld und Fögenhof.

Willy Bierter, Dr. phil.
Geboren 1940. Von 1992 bis 1995 Leiter der Arbeitsgruppe »Neue Wohlstandsmodelle« am Wuppertal Institut für Klima, Umwelt, Energie. Seit 1995 Direktor am Institut für Produktdauer-Forschung in Genf/Giebenach. Arbeitsgebiete: Nachhaltig zukunftsfähige Entwicklung; Arbeit und Ökologie; Öko-Design von Produkten, Systemen und Dienstleistungen; Design- und Innovationsmanagement; Ökologische Unternehmerführung.

Adelheid Biesecker, Prof. Dr.
Studiumder Volkswirtschaftslehre in Berlin – 1969 Promotion Dr. rer. pol. – Seit 1991 Professorin für ökonomische Theorie am Fachbereich Wirtschaftswissenschaften an der Universität Bremen. Leitet gemeinsam mit Klaus Grenzdörffer das Institut »Ökonomie und Soziales Handeln«.

Aktuelle Arbeitsgebiete: Geschichte der Wirtschaftstheorie, Sozial-
ökonomik, Ökologische Ökonomik und Feministische Ökonomik.

Adelheid Biesecker ist Miglied der Deutschen Sektion der Society
for the Advancement of Socio Economics (SASE) sowie der Vereinigung für ökologische Ökonomie (VÖÖ).

Klaus Grenzdörffer, Prof.
geb. 1937, Professor im FB Wirtschaftswissenschaft der Universität
Bremen, Institut für Institutionelle und Sozial-Ökonomie. Arbeits-
schwerpunkte: Arbeitsökonomie, Weiterbildungsökonomie, Non-
profit-Organisationen.

Eckart Hildebrandt, Dr.
Wirtschafts-Ingenieur. Seit 1977 am Wissenschaftszentrum Berlin,
Abt. Regulierung der Arbeit; Themenschwerpunkte: Rationalisie-
rung und Arbeitsgestaltung, Beteiligung und Transformation der
Industriellen Beziehungen; seit 1989 Arbeit und Ökologie.

Ulrich Mückenberger, Prof. Dr. jur.
Geboren 1944. Studium und Habilitation in Rechtswissenschaft
sowie Politischer Wissenschaft. Seit 1985 Professor für Arbeitsrecht
an der Hochschule für Wirtschaft und Politik Hamburg.Forschung
und Lehre auf den Gebieten des deutschen und des Europäischen
Arbeits- und Sozialrechts, der Industriellen Beziehungen, Sozialpolitik und Gesellschaftstheorie.Zahlreiche Buch- und Aufsatz-
publikationen auf diesen Gebieten: Zuletzt »Arbeit 2000« mit
Cl. Offe u.a., 1994, Rowohlt-Verlag, Reinbek; (frz. Fassung 1998 bei
Desclée de Brouwer) und mit B. Bercusson, A. Supiot u.a., Soziales
Europa – Ein Manifest, Rowohlt-Verlag, Reinbek 1996 (erschienen
auch auf frz., engl., finn. und ital.).

Jürgen P. Rinderspacher, Dr. rer. pol.
Geboren 1948 in Berlin. Studium der Wirtschafts- u. Sozialwissen-
schaften und Theologie. Mitarbeiter am Wissenschaftszentrum
Berlin (1978-82), an der Freien Universität Berlin (1983) und der
Universität Münster (1984-91). Seit 1992 Sozialwissenschaftliches

Institut der Ev. Kirche in Deutschland (SWI), Bochum. Lehrbeauftragter an der Universität Münster.

Arbeitsschwerpunkt: Zeit-Forschung.

Buchveröffentlichungen: »Gesellschaft ohne Zeit«, 1985, Frankfurt/M., New York; »Am Ende der Woche«, 1987, Bonn; »Das Ende gemeinsamer Zeit«, (hrsg. mit H. Przybylski), 1988, Bochum; »Sonntags nie?«, (hrsg. mit K.W. Dahm, A. Mattner, R. Stober), 1989, Frankfurt/M., New York; »Die Welt am Wochenende – Wochenruhetag im interkulturellen Vergleich (hrsg. mit D. Henckel und B. Hollbach), 1994, Bochum; »Erwartungen in die Zukunft«, (hrsg. mit E. Holst, J. Schupp), 1994, Frankfurt/M., New York; »Zeit für die Umwelt – Handlungskonzepte für eine ökologische Zeitverwendung«, (Hrsg.), 1996, Berlin; »Zukunft, Konzepte und Methoden der zeitlichen Fernorientierung« (hrsg. mit U. Becker, H.-J. Fischbeck), 1997, Bochum.

Helmut Spitzley, Prof. Dr.
Geboren 1948. Studium der Sozial-, Politik- und Planungswissenschaften an der TU und FU Berlin; seit 1983 Professor für Technik und Gesellschaft an der Universität Bremen, Zentrale Wissenschaftliche Einrichtung Arbeit und Region, Forschungsschwerpunkte: Arbeitszeitpolitik, Arbeit und Umwelt, Zukunft der Arbeit.

Otto Ullrich, Dr. rer. pol.
Geboren 1938. Handwerker, Ingenieur und Soziologe.

Lebt als freier Publizist in Berlin.

Publikationen vor allem in den Themenbereichen Wissenschafts- und Technikkritik, Geschichte der Industriekultur, Kritik des Industrialismus, Enerie und Verkehr.

Uta von Winterfeld, Dr. phil.
Studium der Politikwissenschaft an der Freien Universität Berlin. Dissertation über die Angst von Frauen (Politische Psychologie); 1993 Promotion zur Doktorin der Philosophie. Seit 1990 im Bereich der ökologischen Forschung teilzeitig erwerbstätig, bis 1993 am

Institut für ökologische Wirtschaftsforschung, seit 1993 am Wuppertal Institut für Klima, Umwelt und Energie in der Arbeitsgruppe Neue Wohlstandsmodelle und im FrauenWIssen.

Arbeitsgebiete: Ökologie von Zeit und Rhythmus, Arbeit und Ökologie, insbes. in der Landwirtschaft, Politische Naturphilosophie und Geschlechterverhältnis.

Sabine Wolf, Dr. rer. pol.
Diplom-Ökonomin; Arbeitsgebiete: Feministische Ökonomie, insbesondere ökonomische Theorie des Geschlechterverhältnisses; Sozialökonomische Suchtforschung mit dem Schwerpunkt Arbeitssucht.